松辽盆地北部源下致密油
形成条件与"甜点"
评价技术应用

FORMATION CONDITION AND SWEET POINT EVALUATION
TECHNOLOGY APPLICATION OF TIGHT OIL BELOW SOURCE
ROCK IN NORTHERN SONGLIAO BASIN

陆加敏　李国会　霍秋立　等著

石油工业出版社

内 容 提 要

本书以松辽盆地北部扶余油层为重点，在全面分析源下致密油形成的构造、沉积、烃源岩和储层条件，明确致密油成藏机制和富集规律的基础上，系统构建了源下致密油储层表征、资源潜力分析，以及"甜点"识别评价技术和方法，创造性提出水平井优化设计、钻探跟踪调整，以及钻后评价技术规程，基本形成了扶余油层致密储层压裂渗吸开采理论和经济有效开发模式。

本书可供油气勘探工作人员参考，也可供高等院校相关专业师生参考。

图书在版编目（CIP）数据

松辽盆地北部源下致密油形成条件与"甜点"评价技术应用 / 陆加敏等著 . -- 北京：石油工业出版社，2024.8. -- ISBN 978-7-5183-6843-3

Ⅰ. P618.130.2

中国国家版本馆 CIP 数据核字第 2024HA5384 号

出版发行：石油工业出版社
（北京安定门外安华里 2 区 1 号　100011）
网　　址：www.petropub.com
编辑部：（010）64523825
图书营销中心：（010）64523633
经　　销：全国新华书店
印　　刷：北京中石油彩色印刷有限责任公司

2024 年 8 月第 1 版　2024 年 8 月第 1 次印刷
787×1092 毫米　开本：1/16　印张：17.25　插页：3
字数：400 千字

定价：150.00 元

前　言

致密油气指夹在或紧邻优质生油层系的致密储层，未经过大规模长距离运移而形成的油气聚集，一般无自然产能，需通过大规模压裂技术才能形成工业产能。致密油的物性界限确定为地面空气渗透率小于 1mD，地下覆压渗透率小于 0.1mD。按此定义，致密油的含义更为宽泛，其中也包含了页岩层系内纳米级致密储层的页岩油，物性是核心因素。以北美威利斯顿盆地巴肯组油藏为例，2000 年在其中部的低渗透白云质粉砂岩获得致密油勘探突破后，大规模推广水平井及分段压裂技术，实现了巴肯组的规模开发，产量快速成长，开启了全球致密油勘探开发新时代。

松辽盆地北部致密油主要分布在青山口组源内的高台子油层和紧邻青山口组一段的源下扶余油层和杨大城子油层（简称扶杨油层）。针对扶杨油层勘探，大庆油田历经了长达 60 余年的艰辛探索过程。早在 1963 年，在大庆石油会战时期甩开侦查东南隆起区朝阳沟构造，部署朝 1 井在葡萄花油层获日产 0.82t 工业油流，扶余油层见到良好显示，但由于受到当时技术条件限制，认为该套油层物性差，不具备开发价值。20 世纪 70 年代中后期，压裂增产技术应用，首次在朝阳沟油田提交了亿吨级探明储量。从 20 世纪 80 年代中期开始，按照大面积低渗透岩性油藏勘探思路，应用大规模二维精细数字地震、局部三维地震技术，以及适合于薄互层的不动管柱一次压裂两层、限流法、多裂缝、CO_2 泡沫压裂等新技术，在三肇地区扶杨油层先后发现了榆树林、宋芳屯、肇州、头台等油田，形成 3×10^8t 储量规模。21 世纪初，精细勘探不断深入，扶杨油层储量持续增长，为大庆外围油田上产 500×10^4t 提供了重要资源保障。

大庆油田借鉴国外非常规勘探理念探索致密油在国内起步相对较早。2011 年，应用水平井＋大规模体积压裂技术，在大庆长垣葡萄花构造，针对扶余油层河道砂体部署垣平 1 井，压裂改造后首次获日产 71.26t 高产工业油流。与此同时，2012 年在齐家凹陷针对青二段的高台子油层三角洲外前缘远沙坝砂泥薄互层、三角洲前缘分流河道砂体分别部署齐平 1 井、齐平 2 井，压裂改造分别获日产 12t、31.96t 工业油流，展示出松辽盆地北部中浅层两套致密油层良好勘探前景，压裂改造规模也成功地突破了万立方米液、千立方米砂水平。"十二五"以来，通过不断创新致密油成藏富集理论和适用的勘探开发技术，按照先易后难、择优勘探的思路，配套成型水平井＋大规模体积压裂技术，主攻大庆长垣、拓展三肇、探索齐家—古龙，致密油勘探场面不断扩大，不同类型致密油开发现场试验成效显著，取得了一系列标志性成果。理论认识深化，压裂等增产改造技术进步，不断突破致密储层物性下限，助推了扶杨油层和高台子油层致密油规模增储和效益建产步伐。

松辽盆地北部源下扶杨油层致密油剩余资源潜力大，是目前大庆油田增储上产的重要现实领域，也是我国致密油勘探开发的主要战场之一。同国内外同类型砂岩致密油藏相比，扶杨油层具有单层砂体厚度薄、横向变化快、垂向集中程度一般的特点，这给勘探精细评价和规模开发带来巨大挑战。本书全面系统总结了松辽盆地北部源下扶杨油层致密油形成的构造、沉积、烃源岩和储层条件，详细剖析了扶杨油层成藏的主控因素和富集规律。以储层物性、含油性、流动性及可压性表征为核心，创建了扶余油层致密油"甜点"分类评价标准，形成了地质工程双"甜点"评价技术，对松辽盆地北部扶余油层致密油资源潜力和"甜点"区进行了预测，明确了扶余油层致密油开发方式。

本书共分十章。其中，第一章介绍了松辽盆地北部勘探概况，由陆加敏、李国会撰写；第二章介绍了松辽盆地北部扶余油层构造特征，由李国会、侯艳平、陈均亮撰写；第三章介绍了源下扶余油层致密油形成的沉积条件，由李国会、康德江、胡明毅、孙海雷撰写；第四章介绍了致密油形成的烃源岩条件，由霍秋立、曾花森、王雪撰写；第五章介绍了致密储层与孔隙演化特征，由王成、陆加敏、张安达撰写；第六章介绍了致密油成藏特征与分布规律，由康德江、孙海雷、李国会、侯艳萍撰写；第七章介绍了致密储层性质表征，由陆加敏、付晨东、何雪莹撰写；第八章介绍了致密油资源潜力与"甜点"评价，由康德江、杨庆杰、刘丽娟、付丽、伍英撰写；第九章介绍了水平井优化设计、钻探跟踪调整与钻后评价，由董万百、孙海雷、李国会、张祥国撰写；第十章介绍了致密油经济有效开发技术对策，由王永卓、战剑飞、韩雪撰写。本书由陆加敏、李国会最终统稿和修改。

在松辽盆地北部致密油 10 余年探索实践中，大庆油田原副总经理王玉华、冯志强，中国石油天然气集团有限公司高级专家王凤兰，大庆油田高级咨询专家、原副总地质师金成志，大庆油田首席专家崔宝文、蒙启安、庞彦明，大庆油田高级咨询专家陈树民、黄薇，大庆油田测井公司原总工程师王宏建，大庆油田采油工程研究院原总工程师张玉广，大庆油田勘探开发研究院院长白雪峰、副院长赵海波、首席专家冯子辉、林铁峰等领导和专家，都曾组织或参与了致密油勘探关键技术攻关，同时对本书的出版给予了大力支持和指导。中国石油勘探开发研究院高级专家陶士振教授在百忙之中对书稿进行了仔细审查，提出了宝贵修改意见。在此一并表示衷心感谢！

鉴于致密油勘探开发理论和技术发展迅猛，同时受著者水平所限，书中难免存在不当、疏漏之处，敬请各位读者批评指正。

目 录

第一章　松辽盆地北部勘探概况

松辽盆地北部勘探范围西起盆地边界，东至呼兰—双城一线，北起盆地北部，南至黑龙江省界，勘探面积119506km²。主要勘探目的层为黑帝庙、萨尔图、葡萄花、高台子和扶余、杨大城子油层。图1-1为松辽盆地北部中浅层石油探明储量分布图。

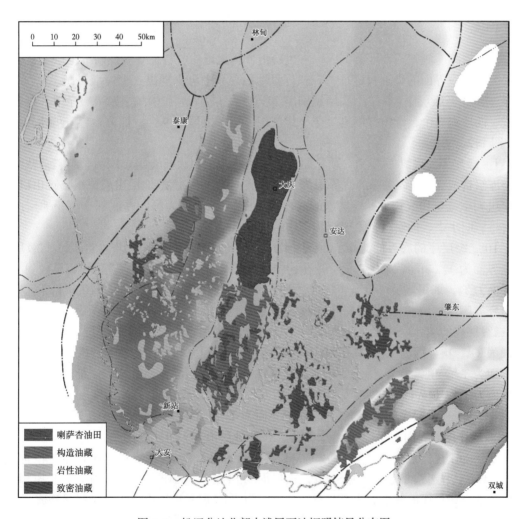

图 1-1　松辽盆地北部中浅层石油探明储量分布图

1

截至 2023 年底，在松辽盆地北部已经完成不同测网密度二维地震 $11.17×10^4km$、三维地震 $17443km^2$，完钻探井 2756 口，累计探明常规油、致密油石油地质储量 $63.71×10^8t$，生产原油 $25×10^8t$ 以上，创造了举世瞩目的辉煌业绩。其中，大庆长垣、齐家—古龙和三肇凹陷主探区中浅层平均探井密度达到 0.11 口 $/km^2$，已进入较高程度勘探阶段。从整体上看，松辽盆地北部中浅层勘探程度较高，但剩余资源大，仍是今后一个时期增储上产的重要现实领域。

第一节　松辽盆地地层层序

松辽盆地是在古生界和前古生界变质岩基底上发展起来的中—新生代大型陆相盆地，先后经历了同裂陷、裂后热沉降、构造反转和新生代断坳 4 个构造演化阶段。在中—新生代构造层形成了断陷末期、嫩江组沉积末期、明水组沉积末期和古近—新近纪末 4 个区域不整合面。

根据岩相、测井相、地震剖面、古生物组合和地球化学特征等所反映的地层不整合面及其与之对应界面的级别及特征，在松辽盆地白垩系中可识别出 3 个一级层序、9 个二级层序、31 个三级层序（其中中浅层识别出 17 个三级层序）。在中浅层四级层序中，泉头组三段、四段有 8 个，青山口组有 8 个，嫩江组二段—五段有 9 个，四方台组—明水组有 6 个（图 1-2）。

Ⅰ一级层序的底界面为 T_5，顶界面为 T_3，沉积地层由火石岭组、沙河子组、营城组和登娄库组构成；Ⅱ一级层序的底界面为 T_3，顶界面为 T_0^3，沉积地层由泉头组、青山口组、姚家组和嫩江组构成；Ⅲ一级层序的底界面为 T_0^3，顶界面为第四系底部，沉积地层由四方台组、明水组、依安组、大安组和泰康组构成。

Ⅰ0 二级层序的底界面为 T_5，顶界面为 T_4^2，沉积地层由火石岭组构成；Ⅰ1 二级层序的底界面为 T_4^2，顶界面为 T_4^1，沉积地层由沙河子组构成；Ⅰ2 二级层序的底界面为 T_4^1，顶界面为 T_4，沉积地层由营城组构成；Ⅰ3 二级层序的底界面为 T_4，顶界面为 T_3，沉积地层由登娄库组构成。Ⅱ1 二级层序的底界面为 T_3，顶界面为 T_2，沉积地层由泉头组构成；Ⅱ2 二级层序的底界面为 T_2，顶界面为 T_1^1，沉积地层由青山口组构成；Ⅱ3 二级层序的底界面为 T_1^1，顶界面为 T_0^6，沉积地层由姚家组和嫩江组一段、二段构成；Ⅱ4 二级层序的底界面为 T_0^6，顶界面为 T_0^3，沉积地层由嫩江组三段、四段、五段构成。Ⅲ1 二级层序的底界面为 T_0^3，顶界面为 T_0^2，沉积地层由四方台组、明水组构成。

Ⅱ1—q3 三级层序的底界面为 T_2^2，顶界面为 T_2^1，沉积地层由泉头组三段构成；Ⅱ1—q4 三级层序的底界面为 T_2^1，顶界面为 T_2，沉积地层由泉头组四段构成。

Ⅱ2—qn1 三级层序的底界面为 T_2，顶界面为 SB12，沉积地层由青山口组一段构成；Ⅱ2—qn2 三级层序的底界面为 SB12，顶界面为 SBqn3，沉积地层由青山口组二段构成；Ⅱ2—qn3 三级层序的底界面为 SBqn3，顶界面为 T_1^1，沉积地层由青山口组三段构成。

Ⅱ3—y 三级层序的底界面为 T_1^1，顶界面为 T_1，沉积地层由姚家组构成。Ⅱ3—n1 三级层序的底界面为 T_1，顶界面为 T_0^7，沉积地层由嫩江组一段构成；Ⅱ3—n2 三级层序的底界

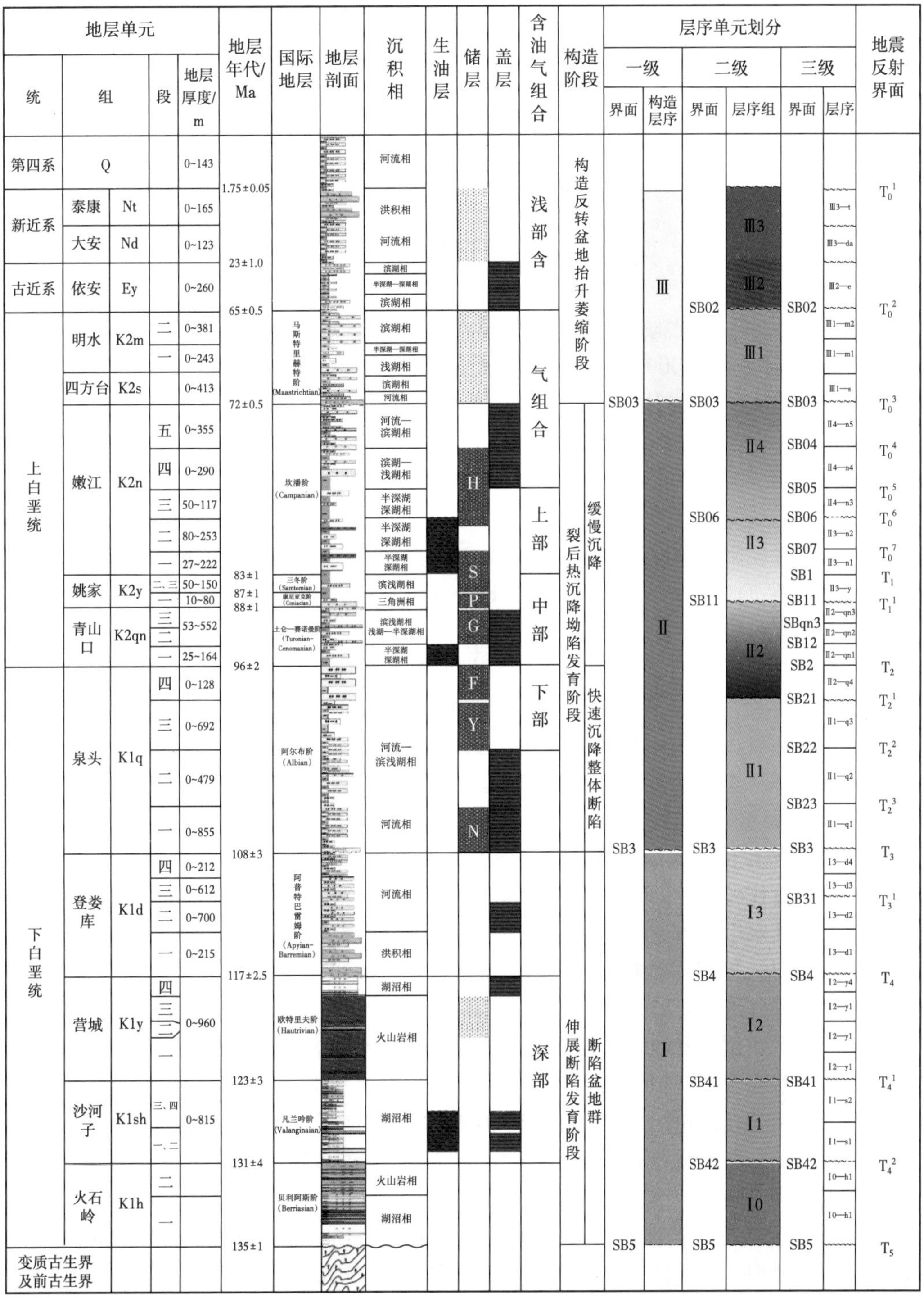

地层单元				地层年代/Ma	国际地层	地层剖面	沉积相	生油层	储层	盖层	含油气组合	构造阶段	层序单元划分						地震反射界面
统	组	段	地层厚度/m										一级界面	一级构造层序	二级界面	二级层序组	三级界面	三级层序	
第四系	Q		0~143	1.75±0.05			河流相				浅部含	构造反转盆地抬升萎缩阶段		Ⅲ	SB02	Ⅲ3		Ⅲ3-t	T_0^1
新近系	泰康 Nt		0~165				洪积相											Ⅲ3-da	
	大安 Nd		0~123	23±1.0			河流相												
古近系	依安 Ey		0~260				滨湖相／半深湖—深湖相／滨湖相						SB02		SB02	Ⅲ2	SB02	Ⅲ2-e	T_0^2
上白垩统	明水 K2m	二	0~381	65±0.5	马斯特里赫特阶（Maastrichtian）		滨湖相				气组合							Ⅲ1-m2	
		一	0~243	72±0.5			半深湖—深湖相／浅湖相										Ⅲ1		Ⅲ1-m1	
	四方台 K2s		0~413				滨湖相／河流相						SB03		SB03		SB03	Ⅲ1-s	T_0^3
	嫩江 K2n	五	0~355		坎潘阶（Campanian）		河流—滨湖相	H			上部	缓慢沉降裂后热沉降坳陷发育阶段				SB04	Ⅱ4		Ⅲ4-n5	
		四	0~290				滨湖—浅湖相								SB06	SB05			Ⅱ4-n4	T_0^4
		三	50~117				半深湖深湖相	S								SB06	Ⅱ3			T_0^5
		二	80~253				半深湖深湖相	P							SB11	SB07			Ⅱ2-n2	T_0^6
		一	27~222				半深湖深湖相									SB1		SB1	Ⅱ1-n1	T_0^7
	姚家 K2y	三、二	50~150	83±1	三冬阶（Santonian）		滨浅湖相	G			中部					SB11		SB11	Ⅱ-y	T_1
		一	10~80	87±1	康尼亚克阶（Coniacian）		三角洲相											SBqn3	qn3	T_1^1
	青山口 K2qn	三	53~552	88±1	土仑—赛诺曼阶（Turonian-Cenomanian）		滨浅湖相	F							SB2	SB12	Ⅱ2	SB12	qn2	
		二					浅湖—半深湖相	Y			下部							SB2	qn1	T_2
		一	25~164	96±2			半深湖相									SB21		SB21	q4	T_2^1
下白垩统	泉头 K1q	四	0~128		阿尔布阶（Albian）		河流—滨浅湖相					快速沉降整体断陷					Ⅱ1		q3	
		三	0~692													SB22		SB22	q2	T_2^2
		二	0~479	108±3			河流相	N								SB23		SB23	q1	T_2^3
		一	0~855				河流相						SB3		SB3		SB3			T_3
	登娄库 K1d	四	0~212		阿普特—巴雷姆阶（Aptian-Barremian）		河流相					伸展断陷发育阶段 断陷盆地群				SB31	Ⅰ3		d4	T_3^1
		三	0~612																d3	
		二	0~700	117±2.5															d2	
		一	0~215				洪积相									SB4		SB4	d1	T_4
	营城 K1y	四、三、二、一	0~960	123±3	欧特里夫阶（Hauterivian）		湖沼相／火山岩相				深部			Ⅰ			Ⅰ2		γ4/γ3/γ2/γ1	T_4^1
	沙河子 K1sh	三、四	0~815		凡兰吟阶（Valanginian）		湖沼相								SB41		SB41	s2	
		一、二		131±4			湖沼相								SB42	Ⅰ1		s1	T_4^2
	火石岭 K1h	二			贝利阿斯阶（Berriasian）		火山岩相									SB42	Ⅰ0		h2	
		一		135±1			湖沼相						SB5		SB5		SB5		h1	T_5
变质古生界及前古生界																			

图 1-2 松辽盆地地层综合柱状图

3

面为 T_0^7，顶界面为 T_0^6，沉积地层由嫩江组二段构成；II4—n3 三级层序的底界面为 T_0^6，顶界面为 T_0^5，地层由嫩江组三段构成；II4—n4 三级层序的底界面为 T_0^5，顶界面为 T_0^4，沉积地层由嫩江组四段构成；II4—n5 三级层序的底界面为 T_0^4，顶界面为 T_0^3，沉积地层由嫩江组五段构成。III1—s 三级层序的底界面为 T_0^3，沉积地层由四方台组构成；III1—m1 三级层序的沉积地层由明水组一段构成；III1—m2 三级层序的沉积地层由明水组二段构成。

第二节　松辽盆地构造单元

关于松辽盆地中浅层构造单元研究，早在 20 世纪 60 年代初就已经基本确定。高瑞祺等（1997）、侯启军等（2009）根据盆地基底结构、白垩系岩性岩相特征、中浅层构造情况和地质发育史，进一步确认了 6 个一级构造单元和 32 个二级构造单元划分方案（图 1-3 和表 1-1）。

中央坳陷区：位于盆地主体中心部位，是盆地发展过程中沉降相对占优势的大型负向构造单元，包括黑鱼泡凹陷、明水阶地、龙虎泡—红岗阶地、齐家—古龙凹陷、大庆长垣、三肇凹陷和朝阳沟阶地等二级构造单元。沉降沉积中心稳定。现今构造形态为略有起伏的大型复向斜，地层齐全，侏罗系至古近—新近系沉积岩厚度达 7000~10000m，发育有多套生储盖组合，成藏条件十分优越。

东北隆起区：位于盆地的东北部，基底起伏大，埋深 500~3000m，在坳陷盆地的边缘，地层发育不全。其中，在隆起的西侧，缺失泉头组一段、二段的一部分；向北到绥棱、海伦一带，青山口组和姚家组直接超覆于基岩之上。地层厚度明显变薄，四方台组、明水组缺失沉积。东北隆起区包括海伦隆起带、绥棱背斜带、绥化凹陷、庆安隆起带和呼兰隆起带等二级构造单元。

东南隆起区：位于盆地的东南部，基底起伏大，埋深 500~3500m，在坳陷期盆地的边缘，沉积厚度比较薄。同时，由于构造反转程度高，嫩江组和姚家组部分遭受剥蚀，缺失四方台组、明水组和古近—新近系沉积。东南隆起区包括长春岭背斜带、宾县—王府凹陷、青山口背斜、梨树—德惠凹陷、杨大城子背斜带、钓鱼台隆起带、登娄库背斜带和怀德—梨树凹陷等二级构造单元。

西南隆起区：位于盆地的西南部，基岩埋藏浅，深度为 250~1000m，白垩纪时期为一隆起区，没有登娄库组沉积，泉头组、青山口组分布范围不广，厚度较小，姚家组超覆于基岩之上。西南隆起区包括伽玛吐隆起带和开鲁凹陷两个二级构造单元。

西部斜坡区：位于盆地西部，白垩系自东向西逐层超覆，总厚度 1000~1500m，呈区域性大单斜特征，倾角 1° 左右，构造平缓，断层不发育。

北部倾没区：位于盆地的北部，基底埋藏深度为 100~3500m。形态为南北向、近方形，与隆起区相似。盖层构造呈北北东—北东向，二级构造隆凹相间，且向西南延伸，倾没于中央坳陷区。北部倾没区包括嫩江阶地、依安凹陷、三兴背斜带、克山依龙背斜带、乾元背斜带和乌裕尔凹陷等二级构造单元。

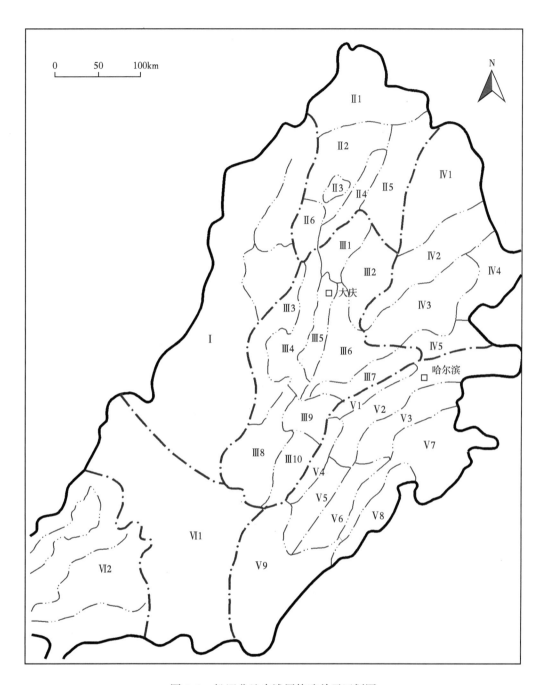

图 1-3 松辽盆地中浅层构造单元区划图

I 西部斜坡区；II 北部倾没区（II1 嫩江阶地，II2 依安凹陷，II3 三兴背斜带，II4 克山依龙背斜带，II5 乾元背斜带，II6 乌裕尔凹陷）；III 中央坳陷区（III1 黑鱼泡凹陷，III2 明水阶地，III3 龙虎泡—红岗阶地，III4 齐家—古龙凹陷，III5 大庆长垣，III6 三肇凹陷，III7 朝阳沟阶地，III8 长岭凹陷，III9 扶余隆起带，III10 双坨子阶地）；IV 东北隆起区（IV1 海伦隆起带，IV2 绥棱背斜带，IV3 绥化凹陷，IV4 庆安隆起带，IV5 呼兰隆起带）；V 东南隆起区（V1 长春岭背斜带，V2 宾县—王府凹陷，V3 青山口背斜，V4 登娄库背斜带，V5 钓鱼台隆起带，V6 杨大城子背斜带，V7 梨树—德惠凹陷，V8 九台阶地，V9 怀德—梨树凹陷）；VI 西南隆起区（VI1 伽玛吐隆起带，VI2 开鲁凹陷）

表 1-1 松辽盆地中浅层构造单元区划表

一级构造单元				二级构造单元			
代号和名称	面积 / km²			代号和名称	面积 / km²		
	南部	北部	全盆地		南部	北部	全盆地
I 西部斜坡区	18965	23017	41982				
II 北部倾没区		27904	27904	II 1 嫩江阶地		9185	9185
				II 2 依安凹陷		6700	6700
				II 3 三兴背斜带		512	512
				II 4 克山依龙背斜带		2427	2427
				II 5 乾元背斜带		7050	7050
				II 6 乌裕尔凹陷		2030	2030
III 中央坳陷区	14390	24875	39265	III 1 黑鱼泡凹陷		3410	3410
				III 2 明水阶地		3555	3555
				III 3 龙虎泡—红岗阶地	1823	1232	3055
				III 4 齐家—古龙凹陷	417	5270	5687
				III 5 大庆长垣		2472	2472
				III 6 三肇凹陷	32	5743	5775
				III 7 朝阳沟阶地	70	3086	3156
				III 8 长岭凹陷	6670	42	6712
				III 9 扶余隆起带	3530	65	3595
				III 10 双坨子阶地	1848		1848
IV 东北隆起区		31566	31566	IV 1 海伦隆起带		9300	9300
				IV 2 绥棱背斜带		6922	6922
				IV 3 绥化凹陷		7762	7762
				IV 4 庆安隆起带		4837	4837
				IV 5 呼兰隆起带		2745	2745
V 东南隆起区	40048	12144	52192	V 1 长春岭背斜带	745	860	1605
				V 2 宾县—王府凹陷	2910	6465	9375
				V 3 青山口背斜	2645	2727	5372
				V 4 登娄库背斜带	1875		1875
				V 5 钓鱼台隆起带	4228		4228
				V 6 杨大城子背斜带	1505		1505
				V 7 梨树—德惠凹陷	8327	2092	10419
				V 8 九台阶地	4526		4526
				V 9 怀德—梨树凹陷	13287		13287
VI 西南隆起区	62408		62408	VI 1 伽玛吐隆起带	37658		37658
				VI 2 开鲁凹陷	24750		24750

第三节　松辽盆地中浅层生、储、盖组合特征

松辽盆地北部中浅层油气在垂向上分布于下部、中部和上部3套成藏组合5大含油层系内，嫩一段、嫩二段和青山口组暗色泥岩和油页岩既是烃源岩，又是特定油气层的区域性有效盖层。围绕松辽盆地中浅层嫩江组、青山口组两套烃源岩，发育有常规油、致密油、页岩油3种资源类型，在空间上页岩油—致密油—常规油有序聚集（图1-4）。

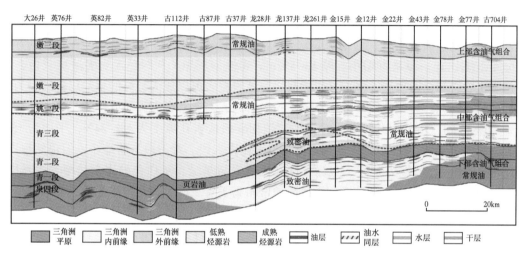

图1-4　松辽盆地北部大26井—古704井黑帝庙—扶余油层综合对比剖面图（SN）

一、上部含油气组合

上部含油气组合位于上白垩统嫩江组，是以下部嫩一段、嫩二段为生油层，中部嫩三段、嫩四段为储层，上部嫩四段、嫩五段为盖层构成的含油气组合。嫩江组分布广泛，基本上全盆地均有分布。嫩一段、嫩二段沉积范围大，多为黑色泥岩，具有底生式生油条件。其中，嫩一段厚27~222m，在全盆地广泛分布，仅在盆地东北隆起区的庆安隆起和呼兰隆起的东缘、东南隆起区的东部边缘和长春岭、登娄库等局部地区有缺失。该段岩性为灰黑、深灰色泥岩夹灰绿色砂质泥岩、粉砂岩，下部夹劣质油页岩，具菱铁矿条带和薄层或条带状膨润土。嫩二段厚50~252m，分布范围很广，盆地北部已超出现今盆地边界，在盆地东部边缘一些地区被剥蚀。该层下部为灰黑色泥岩、页岩夹油页岩薄层，中部为灰色、灰黑色泥岩，上部为灰黑色泥岩夹薄层灰、灰白色砂质泥岩、粉砂岩。中部嫩三段、嫩四段多为灰白色砂岩和灰绿、灰黑色泥岩互层。嫩三段厚47~118m，嫩四段厚0~300m，是主要的储层（黑帝庙油气层）。嫩三段分布范围比嫩二段略小，嫩四段分布范围比嫩三段略小，在盆地北部南移约40km。该组合储层物性好，孔隙度一般为20%~25%，渗透率一般大于50mD。砂岩成岩作用弱，胶结疏松，孔隙类型为原生粒间孔。嫩五段（厚0~355m）以灰绿、棕红色、灰色泥岩为主，夹白色砂岩。该段在盆地中部保存较全，边缘

地区多被剥蚀，构成具有一定厚度的泥岩盖层。目前，在大庆长垣西部及盆地南部等地区获得了商业油气流，发现了一些中小型油气田，如葡萄花气藏、龙南油气田、葡西油田和新北油田等。

二、中部含油气组合

中部含油气组合位于上白垩统姚家组和青山口组，是以青一段为生油层，以青二段、青三段（高台子油气层）、姚一段（葡萄花油气层）和姚二段、姚三段（萨尔图油气层）为储层，上部嫩一段、嫩二段为盖层所构成的松辽盆地最好的含油气组合。下部青一段除盆地西南部外均有分布，厚25~164m，是松辽盆地最好的生油层。岩性主要为黑、灰黑色泥岩、页岩夹劣质油页岩，含薄层菱铁矿条带（透镜体）及分散状黄铁矿。青二段、青三段分布范围比青一段略有缩小，厚53~552m。岩性为灰黑、灰绿色泥岩夹薄层灰色含钙及钙质粉砂岩和介形虫层，局部夹生物灰岩。该段泥岩可以成为较好的生油层，砂岩为储层，局部发育泥岩裂缝储层。砂岩以细—粉砂岩为主，通常含有泥质或钙质，孔隙度介于10%~30%之间，渗透率几至几百毫达西，湖相碳酸盐岩孔隙度为5%~24%，平均为15%左右，渗透率多数小于1mD。姚家组分布范围比青二段、青三段有所缩小，但仍然很广，厚度小于210m。岩性为紫红、灰绿、棕红色泥岩与灰绿、灰白色砂岩，呈略等厚互层。砂岩以细—粉砂岩为主，孔隙度和渗透率通常略高于青二段、青三段。该组合孔隙类型砂岩以原生孔隙为主，其次为缩小粒间孔和次生孔隙，湖相碳酸盐岩以次生孔为主。盖层是上部嫩一段、嫩二段。该油气组合具有顶生、底生、侧生三种供油方式，有较发育的砂层作为储层，又有较厚的泥岩作为盖层，是生、储、盖组合关系配置最好的层系。萨尔图、葡萄花、高台子油层是大庆油田的主力生产层。萨尔图和高台子油层主要分布在盆地西部和安达杏树岗以北，葡萄花油层在盆地北部大部分地区均有分布。

三、下部含油气组合

下部含油气组合位于下白垩统泉三段、泉四段，是以青一段为主要生油层，泉三段、泉四段砂岩（扶余、杨大城子油气层）为储层，青山口组为盖层所构成的含油气组合。青山口组泥岩厚度大，分布范围广，是非常好的盖层，同时又是非常好的生油层。构成了顶生式供油的生储模式。泉三段、泉四段分布广泛，除盆地西南外其他大部分地区均有分布。泉三段厚度最高可以达到621m，岩性为灰绿、紫灰色粉、细砂岩与紫红及少量灰绿、黑灰色泥岩呈不等厚互层，组成正韵律层。泉四段厚度最高达128m，为灰绿、灰白色粉、细砂岩与棕红色泥岩、砂质泥岩组成正韵律层。砂岩为泥质、硅质胶结，泉三段底部有浊沸石胶结。砂层一般较薄，物性通常较差，孔隙类型为原生孔隙、缩小粒间孔和次生孔隙，在宋站及朝长地区次生孔隙较发育，泰康地区原生孔隙发育。该组合砂岩孔隙度为8%~20%，局部高于20%或低于8%，除泰康和宋站及朝长地区外，该组合渗透率一般低于10mD，因此自然产能一般较低。该油气组合生、储、盖组合关系配合较好，目前在盆地南部，大庆长垣以东三肇、朝阳沟地区，大庆长垣以西地区获得了商业油气流。

第四节　松辽盆地北部致密油勘探历程

松辽盆地扶杨油层和高台子油层剩余资源以致密油为主，需要借鉴国内外致密油勘探开发经验，攻关水平井部署及大规模体积压裂关键技术，探索低品位储量升级动用的有效途径。大庆油田按照"预探先行、储备技术，评价跟进、探索有效开发模式"致密油勘探开发一体化思路，通过精细落实资源和"甜点"，在"储层精细分类、纵向精细分层、平面精细分区"的基础上，分类、分层、分区计算扶余、高台子油层致密油资源量，逐步发展完善了"水平井＋大规模体积压裂"和"直井＋缝网压裂"致密油藏增产改造技术。截至2023年底，松辽盆地北部源下扶杨油层探明石油地质储量 9.15×10^8t（图1-5）。其中，扶余油层致密油资源主要分布在三肇凹陷、大庆长垣、齐家—古龙地区，埋深1200~2800m，剩余可探明资源量 11.16×10^8t。

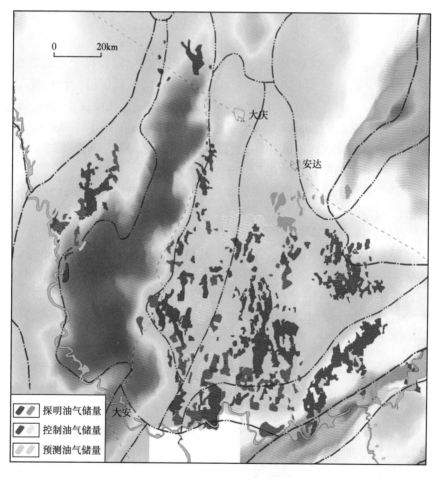

图1-5　松辽盆地北部扶杨油层勘探成果图

2011 年，位于大庆长垣葡萄花构造上，针对扶余油层分流河道砂体部署的垣平 1 井压裂改造后首次获日产 71.26t 高产工业油流。2012 年，在齐家凹陷三角洲外前缘远沙坝砂泥薄互层、前缘分流河道砂体分别部署齐平 1 井、齐平 2 井，通过压裂改造分别获日产 12t、31.96t 工业油流，展示了松辽盆地北部两套层系致密油良好勘探前景。致密油勘探开发按照"落实长垣、齐家，展开三肇，准备齐家—古龙"的思路，截至 2017 年底，在大庆长垣南部、三肇、齐家、龙西先后部署水平井 34 口、直井 28 口。水平井大规模体积压裂 19 口井，均达到了"十立方米排量、千立方米砂、万立方米液"的施工规模，平均初期日产油 35m³ 以上，是周边直井产量的 15 倍。直井缝网压裂 11 口，10 口获得工业油流，平均日产油由 0.51t 提高到 4.15t，约提高至原来的 8.1 倍。油藏评价紧跟预探发现，注重开发方式探索，开辟 3 个先导试验区，共完钻水平井 30 口，油层平均钻遇率达 87.7%。垣平 1、龙 26 两个试验区已压裂投产水平井 19 口，建成产能 10.3×10⁴t/a，初期试油单井平均稳定日产油 12.6~16.7t，累计产油 22.19×10⁴t，有效开发方式探索见到一定效果，初步证实致密油资源可升级动用。

一、长垣南部

垣平 1 井部署的目的是针对大庆长垣扶余油层薄互层储层，探索提高低渗透油层产量的有效途径。该井位于葡萄花构造，主力目的层为 FⅠ2 油层组，目标靶层为邻近葡611 井的 48 号层，分流河道砂岩厚度 4.6m，有效厚度 2.8m，孔隙度 14.6%。垣平 1 井完钻井深 4300m，水平段进尺 2660m，其中钻遇砂岩 1484.4m、油层 1158.6m，砂岩、油层钻遇率分别为 55.8% 和 43.6%。该井共设计压裂 11 段，先期实施 7 段 23 簇，加压裂液 9886m³，加砂 1084m³，初期日产油达 71.26t。

垣平 1 井突破后，开展了致密油储层分类评价。在长垣南部分层、分类落实"甜点"目标发育区 33 个，其中Ⅰ类"甜点"目标区 24 个，Ⅰ＋Ⅱ类叠合"甜点"目标区 3 个，Ⅱ类"甜点"目标区 6 个，落实"甜点"资源 5462×10⁴t。2012 年以来，向北、向南在大庆长垣扶余油层又钻探了葡平 1 井、葡平 2 井、敖平 3 井等 11 口预探水平井，平均试油日产油 27.95t，其中葡平 2 井、敖平 3 井分别获日产 74.02t 和 69.7t 高产工业油流。为落实水平井开发前景，在垣平 1 井建立水平井开发试验区，共完钻水平井 9 口，投产 9 口，初期平均单井日产量 12.6t，建产能 4.29×10⁴t/a，截至 2017 年底，垣平 1 试验区累计采油 9.25×10⁴t。

二、三肇凹陷

2013 年，借鉴长垣致密油勘探经验，在三肇凹陷北部扶余油层钻探肇平 1 井，该井水平段长 901m，钻遇砂岩 819m、油层 769m，砂岩、油层钻遇率分别为 90.9% 和 85.3%。该井压裂 8 段 22 簇，加压裂液 7369m³，加砂 922m³，初期日产油达 17.8t。

按照"先易后难、先好后差、先浅后深"的顺序，在资源、"甜点"分类评价基础上，攻关保幅高分辨率处理技术、扶余油层河道砂体储层预测技术及细分层大比例尺沉积微相制图技术，三肇水平井部署从北向南、从钻探易识别的独立砂体向复合砂体、从近物源区向凹陷中心窄小河道砂体推进。先后钻探肇平 2 井、肇平 3 井、肇平 5 井、肇平 6 井等13 口水平井，完成压裂 10 口，平均试油日产油 20.5t，其中肇平 6 井采用体积切割、局部穿层压裂方式，压裂 19 段 43 条缝，打入压裂液 24574m³，支撑剂 1906m³，试油获日产75.66t 高产油流。截至 2017 年底，肇平 6 井试采 768d，初期稳定日产油 17.4t，累计产油6288.8t，平均日产油 8.2t。三肇凹陷预探水平井成功，进一步证实了扶余油层致密油资源的可升级动用性，为开发试验区优选建设、全面推进致密油增储上产和有效动用提供了有力支撑。

三、齐家南和龙 26 区块高台子油层

齐家南高台子油层位于齐家凹陷中心部位，发育三角洲前缘河口坝和席状砂沉积，单砂层厚度一般为 0.5~3.0m，物性差、产量低，1999 年提交的 10576×10⁴t 石油预测地质储量一直无法升级。2012 年，在三角洲外前缘远砂坝砂泥薄互层、前缘分流河道砂体分别钻探的齐平 1 井和齐平 2 井，通过压裂改造分别获日产 12.0t、31.96t 工业油流，坚定了该区的勘探信心。2013—2014 年，先后在三角洲外前缘相带钻探了齐平 1-1 井和齐平1-2 井，在三角洲内前缘钻探了齐平 3 井和齐平 5 井，试油平均单井日产油 14.5t，其中齐平 5 井压裂 18 段、41 条缝，打入压裂液 30342m³，支撑剂 2176m³，试油获 25.9t/d 工业油流。通过这些井的钻探，认识到内前缘河道和河口坝砂体提产效果好于外前缘远沙坝砂体，据此圈定了有利区范围。2015 年，对新完钻的古 303 井、古 304 井进行大规模直井缝网压裂改造，分别获 9.04t/d、5.12t/d 工业油流，证实了直井提产的潜力。在直井和水平井大规模体积压裂技术支撑下，齐家南地区石油预测储量整体升级，新增控制地质储量 7400×10⁴t。

龙 26 区块位于齐家凹陷西侧龙虎泡构造上，1998 年在龙虎泡构造高台子油层新增探明石油地质储量 5537×10⁴t，面积 346.7km²，平均孔隙度 13.5%、渗透率 0.6mD、有效厚度 3.9m。该油田于 1998—2000 年陆续投产，动用地质储量 1297×10⁴t，面积 62.1km²，其中单采井区储量 877×10⁴t，面积 41.7km²，截至 2012 年底，单采井区累计采出原油73.1×10⁴t，初期产量 2t/d 左右，后期小于 0.5t/d，采出程度仅为 8.3%，表明常规技术动用效果差。受齐平 2 井成功启示，在齐家凹陷西侧的龙虎泡油田较高部位，选择与齐平 2 井相似的沉积相带，建立了高台子油层龙 26 水平井开发试验区。该区块共完钻水平井 12 口，平均完钻井深 3683m，平均水平段长度 1649m，钻遇砂岩平均 1608m，钻遇含油砂岩平均1559m，砂岩钻遇率 97.5%，油层钻遇率 94.5%，初期试油单井平均稳定日产油 16.7t，建产能 6.01×10⁴t/a。截至 2017 年底，试验区共投产 12 口井，开井 10 口，平均日产油 4.43t，累计产油 12.94×10⁴t。龙 26 开发试验区的建设，为龙虎泡—齐家地区高台子油层致密油的储量升级和整体开发动用积累了宝贵经验。

"十三五"以来，针对松辽盆地北部扶余油层致密油，进一步创新发展了致密油"甜点"综合评价技术，建立以致密储层"储集性、含油性、流动性、可压性"四品质为核心的储层分类评价标准，发展了具有自主知识产权的表层 Q 补偿和黏弹叠前偏移技术、薄层

阻抗 Z 反演技术，基本实现了 3~5m 河道砂岩的精准预测，储层预测符合率达到 86.1%。截至 2023 年底，新增致密油探明地质储量 $3×10^8$ t 以上，累计产油量达到 $700×10^4$t，年产油正向 $100×10^4$t 台阶跨越。其中，大庆长垣中南部、三肇凹陷低隆起有望形成 2 个亿吨级规模增储目标区，齐家—古龙凹陷勘探程度低，是重点突破方向。

第二章　松辽盆地北部扶余油层构造特征

松辽盆地源下扶余、杨大城子油层隶属于泉四段、泉三段，地层厚度一般为 360~500m。明水组沉积末期的构造反转作用，形成了中央坳陷区扶余油层顶面（T_2）"两凹夹一隆"构造样式，扶余油层断裂十分发育，断裂密集带呈现南北、北西、北东方向展布，沟通烃源岩与储层，为源下致密油形成提供了有利的构造条件。

第一节　中浅层构造及其演化特征

一、中浅层构造样式

松辽盆地坳陷期构造层沉积厚度较为稳定，变化不大，在剖面上呈现"平底锅"形，分布于松辽盆地北部大部分地区。晚白垩世末期至新近纪，松辽盆地北部遭受三次挤压作用，形成一系列挤压构造样式。

坳陷期挤压构造样式主要表现为逆断层，以孤立断层出现，并伴有牵引现象，主要发育基底卷入式构造，常伴有褶皱产生。通过地震剖面解释发现，挤压构造样式主要分为反转褶皱、反转断展褶皱、挤压断展褶皱及反转褶皱逆断层（表 2-1）。

表 2-1　松辽盆地北部坳陷期建造和改造构造样式模式图表

构造样式	类型	地震剖面	形成模式	分布
建造模式	"平底锅"形			松辽盆地北部
改造模式	反转褶皱			青山口背斜带、长春岭背斜带、大庆长垣

续表

构造样式	类型	地震剖面	形成模式	分布
改造模式	反转断展褶皱			大庆长垣、绥棱背斜带、克山依龙背斜带
	挤压断展褶皱			三兴背斜带
	反转褶皱逆断层			绥棱背斜带

二、中浅层构造演化历史

松辽盆地形成主要受三个动力机制的影响和控制：一是深部地幔柱构造的热动力；二是太平洋一侧板块向亚洲大陆的俯冲挤压形成的动力；三是北侧鄂霍次克海的闭合与碰撞作用形成的动力。如果要考虑新生代的演化，还要考虑印度板块与欧亚板块碰撞产生的远程应力的影响和控制。松辽盆地的演化实际上就是这三种动力学相互平衡演化的过程，当地幔柱上隆引起大陆壳张裂应力超过周缘板块的挤压应力时，盆地发生引张断陷；当周缘板块的挤压应力超过地幔柱上升产生的引张应力时，盆地则发生隆升、褶皱和反转。周缘板块构造重组事件均会在盆地充填序列中形成响应界面或发育对应的构造形迹。盆地早期断陷时期的发育主要受第一种应力控制；中晚期发育主要受第二种、第三种动力控制。由于动力性质的改变，盆地演化过程具有扭张和扭压应力的多重变化，表现为不同性质的层序界面和原型盆地的发育。

1. 构造动力学背景

对于松辽盆地的动力学，前人做了大量的研究和论述（杨万里等，1985；高瑞祺等，1997；侯启军等，2009）。从20世纪70年代末以来，我国的构造学家及石油地质学家运用板块构造理论对松辽盆地类型及动力学过程进行多种解释，主要有弧后盆地、双弧后盆地、克拉通内复合型盆地、克拉通内裂谷盆地、伸展盆地、张剪裂谷盆地、火山穹隆塌陷盆地、松辽型双俯冲伸展盆地等多种不同的认识。

海西末期运动使整个东北地区大规模隆起，由于晚侏罗世伊泽奈崎板块以北北西方向快速俯冲，松辽盆地所在的东北地区大面积隆起。穹隆作用之后地壳微弱拉张，这一时期板块俯冲速度较快，大于 6cm/a，该区处于挤压隆起状态，板块低角度俯冲，地幔发生局部熔融作用和上涌，并在地表发生大规模富钾的钙碱性火山活动。随着板块俯冲作用减弱，板块聚敛速度减慢，早白垩世营城组沉积期、沙河子组沉积期板块内变形作用加强，松辽盆地处于局部拉张应力场，形成了一系列北东、北北东向展布的小型裂谷盆地，表明此时主应力拉张方向为北西西—南东东向。

从泉头组沉积开始，盆地进入断裂后期热沉降阶段，这一时期板块的俯冲作用基本停止，通过对松辽盆地热史分析表明，裂陷期盆地具有高热流，在 130Ma 时热流最高，约为 106.4mW/m²，随后开始热衰减，经过 30 多个百万年，热流值为 63.3mW/m²。由于地壳沉降幅度大，持续时间长，堆积巨厚的沉积物。断裂后期软流圈回落产生的热沉降作用是盆地沉降的一级控制因素。同时从 T_2 界面发育的密集带状分布的正断层系可以看出，除了在泉头组和青山口组沉积时期的热沉降作用，盆地还伴有弱伸展作用，拉张作用方向为近东西方向。

从姚家组沉积开始，区域动力学背景发生了极大的变化。T_1^1 界面是松辽盆地中浅层中的一个重要的构造动力学界面，该界面发育之前盆地总体以伸展为主，而之后则显示出逐渐增强的挤压背景。根据太平洋板块动力学的研究成果，松辽盆地 T_1^1 界面的发育时期（88Ma 左右）正是太平洋一侧板块发生重大构造重组和变革的时期，太平洋以 ONTONG-JAVA 为代表的西太平洋海底火山活动突然增强（图2-1）；短时间内 Izanagi 板块停止活动，Kula 板块形成；大洋中脊扩张加速，特别是中白垩世海洋板块对欧亚板块的挤压方向由北北西 340° 快速旋转至北西西 290°（图2-2），导致 88Ma±1Ma 时期对欧亚大陆形成最强挤压，构造应力远距离传导作用导致松辽盆地内部挤压作用的形成。

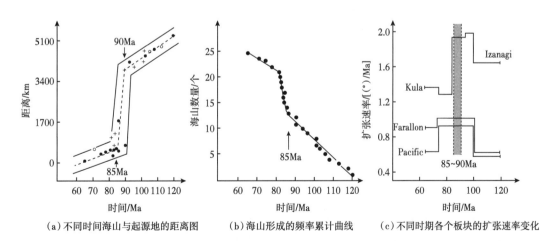

（a）不同时间海山与起源地的距离图　（b）海山形成的频率累计曲线　（c）不同时期各个板块的扩张速率变化

图 2-1　西北太平洋地区白垩纪磁静期重大板块构造运动学重组事件的地质表现

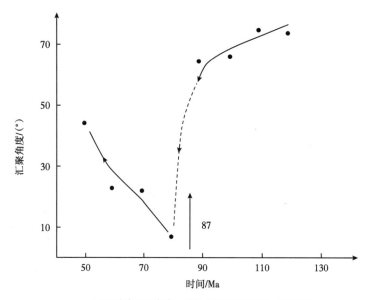

（a）日本岛汇聚角度—时间曲线（晚中生代—新生代）

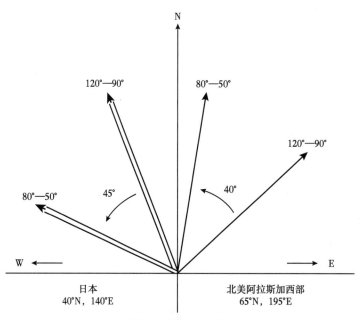

（b）太平洋与亚洲东部边缘之间的汇聚向量

图 2-2　汇聚角度与汇聚向量分布图

　　随后，在太平洋板块与亚洲大陆大角度汇聚过程中，太平洋板块脉动式加速俯冲，盆地遭受幕式挤压，导致盆内发生不同程度的反转，并形成 T_0^5、T_0^4、T_0^3、T_0^2、T_0^1 等重要反转界面及各种类型的反转构造。

由上所述，受伊泽奈崎、西太平洋板块与欧亚板块之间俯冲速度、俯冲方向及边界条件差异和日本海扩张等综合因素影响，松辽盆地在不同地质的历史时期经历了多期挤压和伸展作用的交替影响，从而形成了伸展—挤压复合式盆地。

2. 盆地内部晚期构造活动响应

晚期构造活动在松辽盆地形成了丰富的地质遗迹，最主要的表现是在盆地内部形成了大量的反转构造，其次是盆地东部斜坡带与西部斜坡带的差异翘倾等。

1）反转构造

反转构造是松辽盆地晚期构造活动最重要的构造形迹，由于其与油气藏关系密切，因而是研究的热点。

（1）时间演化特征。

松辽盆地自泉头组沉积以来经历了三次高强度的构造挤压事件，分别造成了中浅层三个重要不整合面的形成，即嫩江组沉积顶面（T_0^3）、明水组沉积顶面（T_0^2）和依安组沉积顶面（T_0^1）。构造应力来自盆地东部，三期构造应力场的最大主应力、最小主应力集中区分布相同，但最大主应力的方位变化较大。由于最大主应力方位的不同，在应力集中区的构造变形方式会有差别，特别是嫩江组沉积末期与后两期构造活动期的构造变形特征会有明显不同，前者以走滑为主，后两期构造变形则以挤压反转为主。后两期构造活动强度大于嫩江组沉积末期的构造活动强度。反转构造在嫩江组沉积末期形成了雏形，并在明水组沉积末期初步定型，在依安组沉积末期最终形成，与区域挤压构造背景吻合。

①嫩江组沉积末期。

嫩江组沉积末期，应力场作用方式为北北西—南南东向区域左行挤压应力作用，盆地内北北东向断层产生强烈的左行压扭作用，并派生出大量北西向张性断层。构造应力场呈现东强西弱的变化规律，在盆地的东部形成了一定幅度右行排列的北东向褶皱，如任民镇、朝阳沟、大庆长垣在此期形成雏形。

②明水组沉积末期。

明水组沉积末期应力场转化为南东东—北西西向挤压，北北东—南南西向伸展。所导致的构造变形机制以基底断层收缩并导致盖层反转为主，大多数北北东向、北东向近南北的断陷期控陷基底断裂开始反转，中央坳陷区和东部隆起区形成了大量正反转构造，这次构造形成了中浅层构造的基本轮廓，东部隆起区大幅度抬升剥蚀，大部分构造在此时期定型，如长春岭—登娄库构造带、大庆长垣构造带等。

③依安组沉积末期。

依安组沉积末期，盆地又一次受到南东—北西向区域挤压。这期应力场的作用仍主要是对明水组沉积末期构造变形的增强，只是应力作用方向有所改变。由于构造应力场的作用，东部隆起区和三肇凹陷边缘的北东—北东东向背斜褶皱进一步加强。北北东向断裂带发生左行走滑，夹在两条北北东向断裂带之间的齐家—古龙凹陷、大庆长垣和龙虎泡—大安阶地上发育了大量北西向张扭性断层，并在大庆长垣西侧和齐家—古龙凹陷内发育了一排北东东向鼻状扭动构造，大庆长垣也在这一时期得到进一步加强而最终定型。

（2）空间分布特征。

松辽盆地沉积晚期的三期构造反转作用在盆地内部自东向西形成了五个区域性的反转构造带：青山口反转构造带、呼兰—长春岭反转构造带、绥棱反转构造带、大庆—乾元反转构造带、克山依龙—龙虎泡反转构造带。反转构造在平面上受扎赉特—吉林断裂和滨洲断裂影响。扎赉特—吉林断裂和滨洲断裂以南的反转构造及其间的向斜走向为北北东向，而北部的反转构造（如克山依龙背斜带、青岗—任民镇背斜、呼兰背斜等）的轴向均为北东向，且均为弧形，反转强度具有东强西弱的特点，表明了反转作用的力源来自盆地的东部。

2）盆地不同部位的差异翘倾

松辽盆地晚期构造活动的另一个特征是盆地不同构造部位的差异翘倾，这种差异翘倾不仅表现在盆地局部构造的差异，也表现在盆地东部与西部、盆地凹陷中心与盆地边缘的整体翘倾。

（1）盆地东西部差异翘倾。

松辽盆地的整体翘倾在穿越盆地东部与西部的大剖面上表现明显（向才富等，2007）。以嫩江组底面为参照物，嫩江组沉积时期是一个大型凹陷盆地，盆地呈碟形，且盆地的东部斜坡与西部斜坡均为深湖相泥岩，在横向上没有沉积环境的变化，因此可以假定在晚期构造活动之前，盆地的东部斜坡与西部斜坡应该没有大的高程差。以松辽盆地西部斜坡带嫩江组底面为参照物，则盆地的东部斜坡带在晚期构造活动中至少抬升了250m，并向盆地的东部斜坡带有逐渐增加的趋势。

（2）盆地差异抬升剥蚀。

盆地西部斜坡带在整个演化阶段基本稳定，不同的层序界面之间没有大的不整合面，表现在地震剖面上无明显的削截现象，这一特征也保证了上述假设的基本可靠性。相反，松辽盆地的东部斜坡带存在强烈的剥蚀现象，盆地的三肇凹陷基本缺失依安组及其他新近纪的沉积记录，向东部斜坡带的长春岭和青山口背斜已经剥蚀到嫩江组一段，而向东部斜坡带的梨树—德惠凹陷、十屋断陷的地层已经剥蚀到泉头组。通过泥岩声波时差与磷灰石裂变径迹联合分析，认为松辽盆地东部斜坡带晚期构造活动期间的剥蚀量向东部斜坡带逐渐增加，东部斜坡带的抬升剥蚀量为1000~1500m（向才富等，2007）。

上述分析说明松辽盆地在晚期构造活动期间发生了盆地范围的整体翘倾，盆地的东部抬升约1500m，而盆地的西部斜坡带基本稳定，仍然接受了较厚的古近—新近纪沉积物。

3. 盆地内部晚期构造演化过程

通过前述分析，已经对晚期构造活动所产生的抬升剥蚀作用的量及其空间分布规律有了比较详细的了解，但是对造成这些抬升剥蚀作用的过程，即晚期构造活动的时间特性仍然知之甚少。前人对构造演化作用的过程主要通过平衡剖面或回剥的方法进行研究，由于磷灰石裂变径迹是时间和温度的函数，同时裂变径迹的长度和年龄具有丰富的地质信息，因此可以借助计算机模拟的方法，定量地探讨构造活动的历史。

1）构造演化历史分析

由于晚期构造演化在背斜和阶地部位表现得最为明显，这些部位的裂变径迹年龄

（图 2-3）显示了盆地构造演化的幕式性。

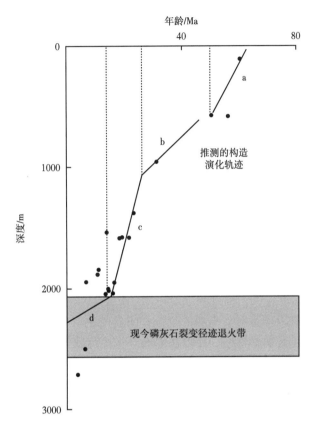

图 2-3　松辽盆地的构造演化轨迹和幕次

a—第一幕快速冷却；b—第一幕缓慢冷却；c—第二幕快速冷却；d—第二幕缓慢冷却

松辽盆地背斜和阶地部位的磷灰石裂变径迹年龄表现为两大幕四小幕（图 2-3）：第一幕快速抬升阶段为晚白垩世—古近纪末期，抬升剥蚀速率位于 30~50m/Ma（图 2-3a 段）；第一幕缓慢抬升阶段为古近纪—始新世末期，抬升剥蚀速率相对较小（图 2-3b 段），局部存在加热作用，特别是大庆长垣以西地区，由于沉积了泰康组和依安组，向斜部位的地层温度升高。第二幕快速抬升阶段为渐新世—中新世，抬升剥蚀速率大于 50m/Ma（图 2-3c 段）；第二幕缓慢抬升阶段为中新世—现今（图 2-3d 段），现今退火带中心部位样品的裂变径迹从理论上来说积累了现今的年龄，抬升剥蚀速率相对较小，小于 10m/Ma。分析测试数据的分散性是样品来自不同的构造单元所造成的，但这些数据依然共同反映了盆地构造活动的幕式性。

2）晚期构造演化与区域板块活动的耦合

晚期构造活动的空间分区性和时间演化的幕式性是对欧亚板块、太平洋板块、澳洲板块、菲律宾板块和印度板块之间在中—新生代系列板块拼贴和重组事件的响应，特别是对太平洋板块向欧亚板块俯冲，日本海的拉张与闭合的响应。

盆地的第一幕快速抬升剥蚀作用主要是对燕山主幕运动的响应，这一抬升剥蚀事件可能始于嫩江组沉积末期的构造运动（77Ma），并持续到始新世中期（43.5Ma）。由于晚期构造活动的主要力源可能来自盆地东部的地体拼贴事件，因此东部的抬升剥蚀可能始于嫩江组沉积末期（77Ma），此时伊泽奈崎板块俯冲消亡，盆地由古太平洋域进入现代太平洋域的演化阶段，燕山主幕运动（65Ma）在盆地东部可能发生了地体的拼贴事件，造成广泛的反转构造（李娟，2002）。

推测该幕抬升剥蚀作用可能持续到了始新世，主要是基于：（1）新生代最重要的板块重组事件发生在始新世末期（约43.5Ma），这个时期夏威夷Emperor火山链的迁移方向及菲律宾洋壳磁异常资料显示太平洋板块的绝对运动方向由北北西向转变为北西西向，并向欧亚大陆正向俯冲；同时印度次大陆与欧亚板块的碰撞始于始新世初期（56Ma），最终也在始新世末期（43.5Ma）与欧亚板块全面碰撞，即所谓的"软碰撞"转变为"硬碰撞"，导致了欧亚大陆内部强烈的变形。这些构造活动可能对盆地的构造活动产生重要的影响，表现在板块汇聚速率高，相应的抬升剥蚀速率高（图2-3a段）。（2）盆地内部至今没有发现从白垩纪末期到始新世中期的沉积记录，表明该时期盆地始终处于抬升剥蚀阶段。第一幕缓慢抬升是紧随这些重大构造活动之后应力松弛的反映，盆地沉积了古近系依安组，相应的板块汇聚速率也大幅度降低，抬升剥蚀速率低（图2-3b段）。

盆地的第二幕构造活动是对日本海的拉张和闭合的响应。日本海始于28Ma的扩张使地幔热流向盆地东部的日本海转移，导致盆地进一步冷却收缩，相应的抬升剥蚀速率很高（图2-3c段）。17—15Ma时菲律宾板块北端与日本群岛碰撞，导致了日本海盆和南海海盆的关闭。日本海的关闭使流向日本海的地幔热流重新分配在盆地的东部和大兴安岭地区，松辽盆地进一步小幅度沉积、沉降，相应的抬升剥蚀速率大幅度降低，对应着盆地的第二幕缓慢抬升阶段（图2-3d段）。随后的构造板块汇聚速率虽然进一步提高，但主要是菲律宾板块运动，并导致了冲绳海槽的拉张，对盆地的远程影响相对较小。表现在盆地西部持续小幅度沉降，抬升剥蚀速率相对较小。

通过上述分析可以发现，松辽盆地晚期构造作用过程具有幕式性，盆地的热演化历史经历了两期快速冷却和紧随快速冷却之后的两期慢速冷却过程。

第二节　T$_2$构造层特征

前述多期构造作用影响下，扶余油层经历了多期构造演变，变形前后构造特征发生了翻天覆地的变化。

一、构造平面特征

泉头组沉积期到嫩江组沉积期，松辽盆地已统一成一个巨大的湖盆，进入大型坳陷发展全盛时期。自泉一段开始，盆地沉积范围超越前期存在的中央隆起，沉积范围逐渐扩大，各层段向盆地边缘超覆，形成中间低、四周高的构造格局。中央坳陷区受近南北向中央古隆起带的分隔，发育东、西两个深凹陷区，西侧凹陷中心发育在古龙—长垣一带，东侧凹陷中心发育在三肇—长春岭一带（图2-4）。

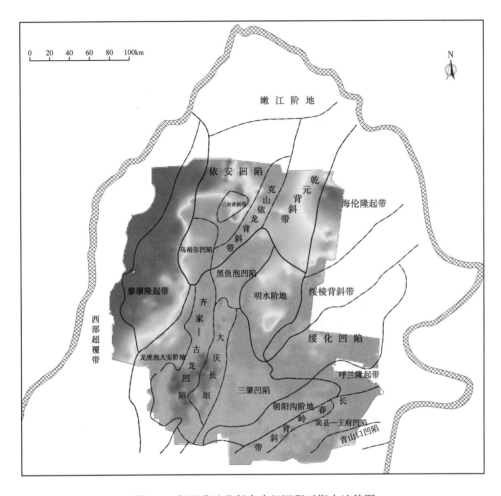

图2-4　松辽盆地北部泉头组沉积时期古地貌图

扶余油层沉积之后，盆地在多期挤压作用下，其构造面貌发生了较大的改变，最明显的变化表现为一系列北北东—北东向构造反转带斜向排列，形成凹隆相间的构造形态，自东而西依次为青山口反转构造带、长春岭反转构造带、呼兰反转构造带、绥棱反转构造带、乾元反转构造带、大庆长垣反转构造带、克山依龙反转构造带、龙虎泡反转构造带。东南和东北部挤压作用强变形幅度也较西部大，东南和东北部剥蚀量和剥蚀面积也大，部分青二段、青三段都遭受了剥蚀。从隆起强度和剥蚀程度上看，变形具有东强西弱的特点，表明反转作用的力源来自盆地的东部（图2-5），松辽盆地现今的构造格局是白垩纪末反转变形的结果。克山依龙背斜带、长春岭背斜带，以及大庆长垣变形前均为负向构造或单斜，青山口背斜带、长春岭背斜带及大庆长垣为典型的反转构造，同时也伴生了宾县—王府凹陷、三肇凹陷和齐家—古龙凹陷3个负向构造的形成，现今的背斜构造往往是早期的沉降和沉积中心。

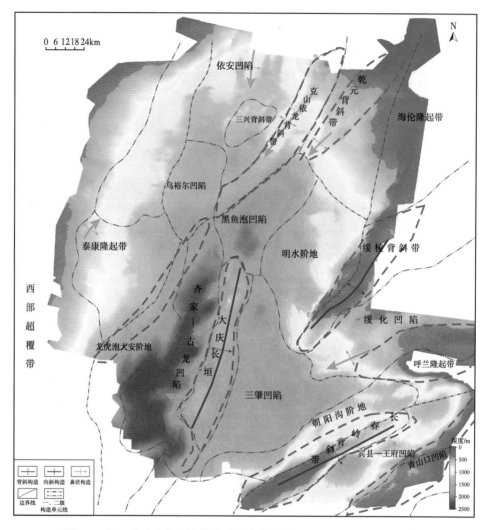

图 2-5　松辽盆地北部反转构造平面分布特征（T_2 构造，扶余油层顶面）

二、反转构造带

1. 青山口反转构造带

该构造带位于盆地东南角，构造长轴呈北东向，发育部位和规模受先存北东向基底断裂的控制，其规模大于先存构造，其主体部分遭受抬升剥蚀，局部地区已经剥蚀到了姚家组；构造带下部有较厚的早期断陷沉积，说明当时处于张性环境。后期受挤压作用，盖层随之变形，形成反转褶皱（图 2-6）。

2. 呼兰—长春岭反转构造带

该反转构造带位于盆地的东南隆起区，受北东向基底断裂控制，走向北东向，在平面上为两个背斜侧向排列。反转构造保留了多期反转构造的痕迹，包括早期泉头组的反转构造形迹，其中以嫩江组沉积末期和白垩纪末期的反转构造形迹最为明显。以穿越长春岭背斜的典型剖面来看（图2-7），剖面具有比较明显的负花状构造的特征，反映了嫩江组沉积末期反转构造压扭应力场的特征，而该背斜形态最终定型于白垩纪末期。

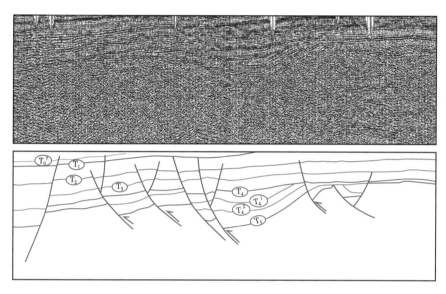

图 2-6　太平庄—青山口反转构造带剖面图

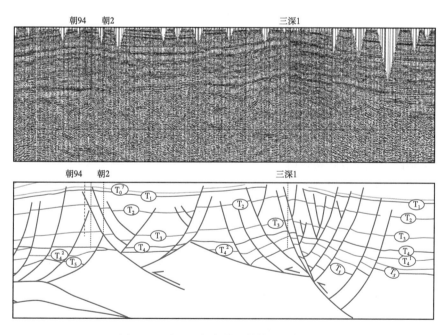

图 2-7　呼兰—长春岭反转构造带剖面图

3. 绥棱反转构造带

该反转构造带位于研究区的东北隆起区，走向为北东向，从平面上看为背斜构造，绥棱背斜带上发育的断层基本都是断距较大的复合断层，对早期沉积起着重要的控制作用

（图2-8）。后期区域性挤压构造运动下，地层隆起、挠曲，发生了明显的缩短作用，原本为断陷的 T_4 之下的地层反转形成背斜构造，原本为拉张断陷的正断层和调节断层发生了紧缩，隆起形成了逆冲断层。地层顶部遭受了强烈的剥蚀，缺失嫩江组 T_0^6—T_0^3 的地层，表明该构造在嫩江组沉积末期发生了强烈的反转形成了剥蚀。

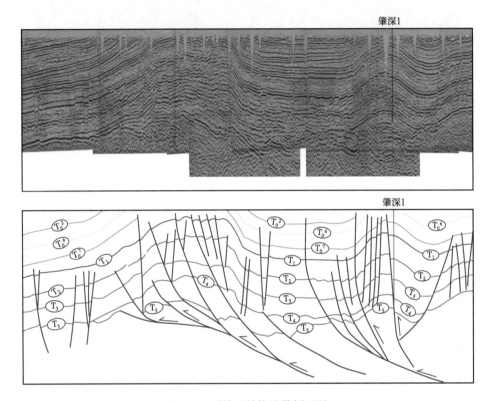

图 2-8　绥棱反转构造带剖面图

4. 大庆长垣—乾元反转构造带

大庆—乾元反转构造带是松辽盆地最重要的反转构造带，该反转构造带孕育了大庆油田的主要圈闭，是一个西翼陡、东翼缓的背斜形态，背斜的顶部遭受了部分剥蚀，已经剥蚀到嫩江组，地层发生了完全反转（图2-9）。

大庆长垣由 7 个呈雁列的局部构造组成，7 个局部构造自南而北分别是敖包塔构造、葡萄花构造、太平屯构造、高台子构造、杏树岗构造、萨尔图构造及喇嘛甸构造。大庆长垣两翼不对称，具有西陡东缓的特征，岩层倾角由下向上变大，岩层厚度具有顶厚翼薄特征。在喇嘛甸构造及萨尔图构造的西翼发育了北东向逆断层，与局部构造的长轴方向一致。近南北向延伸的大庆长垣主要由雁列式展布的北东向局部构造构成，北东向局部构造包括喇嘛甸构造、萨尔图构造、高台子构造、敖包塔构造，以及萨西、杏西和葡西鼻状构造。大庆长垣上发育大量的北西向断层，北西向正断层具有数量多、规模大和发育滞后的特点，常组成左行斜列的北西向地堑带和地垒带。北西向断层把大庆长垣中浅层地层切割为大小不同的条带状块体，形成了北西向地垒带和地堑带相间格局。

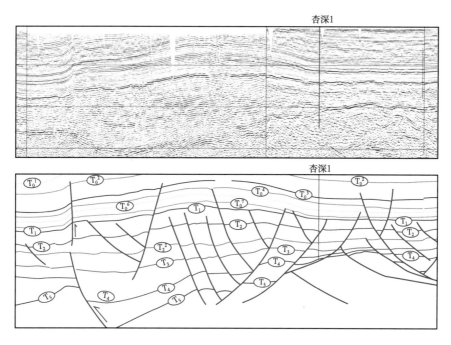

图 2-9 大庆长垣—乾元反转构造带剖面图

5. 克山依龙—龙虎泡反转构造带

该反转构造带以滨洲断裂为界,分为两部分,南部断层走向北东向,而北部断层走向北北东向。断层的反转强度较弱,多表现在地层的缩短和微弱抬升(图 2-10)。

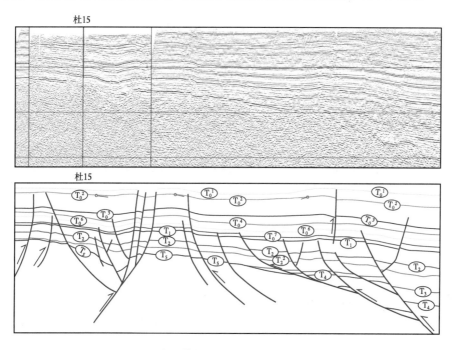

图 2-10 克山依龙—龙虎泡反转构造带剖面图

第三节　扶余油层断裂特征

松辽盆地坳陷构造层以沉降作用为主，充填的地层厚度大，厚度变化小，大型断裂不发育。受区域伸展作用及差异压实作用影响，扶余油层顶面 T_2 反射层发育了数量多、延伸短的小型正断裂，形成特色的 T_2 断裂体系；少数基底深大断裂持续活动，影响 T_2 伸展断层的形成、发育、展布特征。

一、断裂垂向分层性

很多学者都关注到了松辽盆地断裂的垂向分层性，但是对关于松辽盆地断裂系统划分观点不尽相同，高瑞祺等（1997）将断裂分为四类，即裂陷期同生断裂、沉陷期伸展断裂、正反转断裂和浅层张性断裂。云金表等（2002）和迟元林等（1999）按照断裂形成和发育时期，认为可以划分为断陷期断层、沉陷期断层、反转期断层和长期发育的断层，垂向上可划分为三个断裂层系：（1）基底断裂层系，分布于 T_5、T_4，少数向上延至 T_2 直至 T_0^6 反射层；（2）登娄库组—嫩江组断裂层系，断裂主要发育于 T_2、T_1、T_3 和 T_0^6 反射层，以 T_2 反射层最发育；（3）四方台组—更新统断裂层系，该层系由于缺少平面构造图，其平面展布不明确，但剖面上可清楚地看出断层数量并不少，而且仅断至明水组或四方台组，不再向下切割。

实际上，三种分类方法均反映断裂形成演化历史。断陷期断裂多为基底断裂，控制断陷的形成及地层的沉积特征，大部分断层具有同生性质，部分断层长期活动向上断至 T_2 反射界面，甚至 T_0^6 反射界面，这些断裂晚期部分反转，具有正反转断层的性质。登娄库组—嫩江组断裂层系即坳陷期断层，以 T_2 高密度断层发育为代表。四方台组—新近系断裂层系为反转期断裂，大部分为反转过程中形成的张性正断层。因此，三种类型的断裂系统划分方案具有一致性，均反映断裂形成演化历史。

断裂垂向分层性说明三个层系断层的连通性较差（图 2-11），但并非相互无关，基底断裂尤其是较大的基底断裂，对上覆地层的断裂有较强的控制作用。具体表现在：（1）较大的基底断裂在其上部（ T_2、T_1 ）多有断裂带（群）出现，而基底断裂并不直接与其上断裂连通；（2）基底断裂向上继续延伸，直接控制上部断裂；（3）反转断裂一般都是基底卷入型，其上地层部分被断开，再向上则形成断展褶皱。

二、T_2 断裂剖面组合样式

断层组合样式是断层的运动学特征的真实反映，不同类型的断裂，其运动规律也有所不同，通过彼此间的组合可以产生不同的断层组合类型。T_2 断裂多为层控型小断裂，90% 以上断裂仅断穿 T_2 反射界面，只有部分断层上延切过青山口组顶面，或向下切过登娄库组顶面，剖面上组合样式可以划分为 3 个类型，分别为似花状、阶梯式和堑垒式。

似花状构造：剖面上，是由一组相对而掉正断层向下聚敛而形成的构造，内部被切，地层多呈背形，与走滑形成的花状构造形态有些差异，故称为似花状构造。组成似花状构造的断层组合形态有 Y 字形、反 Y 字形和 V 字形（图 2-12）。

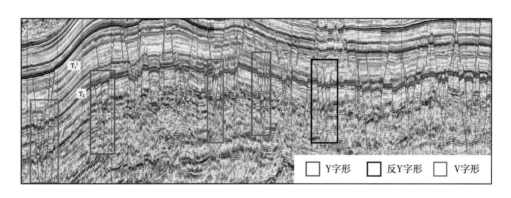

图 2-12　扶余油层似花状构造组合样式

阶梯式构造：剖面上，多条倾向同向的断裂依次而掉，呈阶梯状排列（图 2-13）。

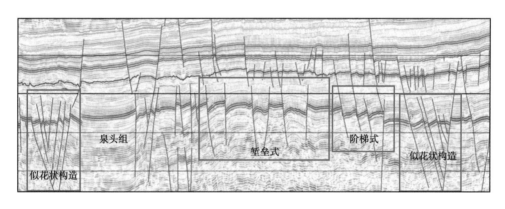

图 2-13　扶余油层断裂组合样式剖面图

堑垒式构造：剖面上，倾向相反的断裂交替发育，形成地堑与地垒交替发育的地貌形态（图 2-13）。

三、T$_2$ 断裂平面分布

从断裂平面分布图（图 2-14）可以看出，断裂发育具有数量多、密度大、单条规模小的特点。断裂密度在各区发育不均衡，密度从 0.61 条 /km^2 到 0.94 条 /km^2，平均密度 0.81 条 /km^2（表 2-2）。单条断裂规模小，延伸短，最大垂直断距为 120m，一般为 10~80m，延伸长度从几十米到数千米不等，多数为数百米到 3km 之间，最大不超过 14km，平均 1.3km。断裂平面走向以近南北向、北北西向、北北东向为主（图 2-15），发育少量北西向和近东西向断裂，其中近东西向断裂延伸长度均很小，一般不超过 3km。

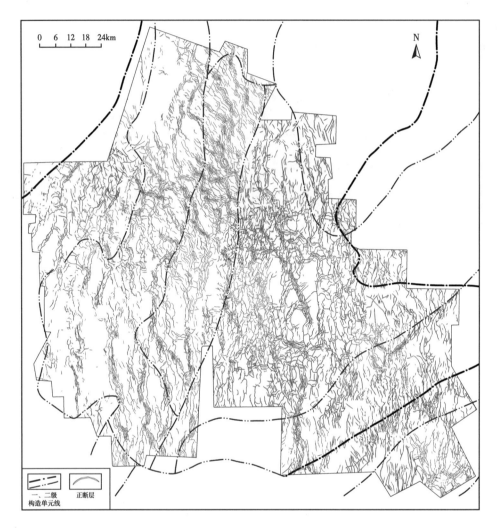

图 2-14　松辽盆地北部扶余油层断裂分布图（T₂ 反射界面）

表 2-2　松辽盆地北部扶余油层断裂统计表（T₂ 断裂）

地区	断裂面积 /km²	断裂条数	断裂密度 /（条 /km²）
龙虎泡	2100	1828	0.87
齐家—古龙	4646	2819	0.61
长垣	2562	2412	0.94
三肇	5813	5188	0.89
三肇周边	2963	2098	0.71
总计（平均）	18084	14345	0.81

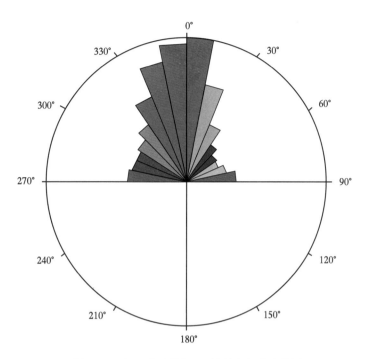

图 2-15　松辽盆地北部 T_2 断裂走向玫瑰花图

T_2 断层在平面上延伸长度不大，每条断层在延伸方向上都以同向或对向或汇聚型转换带形式过渡到另一条断层上。单一断层在平面上往往表现为弧状弯曲、尖端分叉等特征，这些特征完全可以与典型伸展断层平面特征对比。

从平面展布上看，T_2 断裂平面分布不均，条带性明显，高密度区断裂具有密集成带的特性。不同方向、不同性质的断裂在平面上以不同的方式组合在一起，形成不同的断裂密集带形式，常见的有近于平行的断裂平行分布形成的平行式断裂组合、两侧近于平行的断裂与其间小角度断裂形成麻花状分布的发辫式断裂组合，以及不同方向断裂交织分布形成的交织状断裂组合。

在松辽盆地北部 T_2 构造层（扶余油层顶面）共识别 4 个方向断裂密集带共 146 条（图 2-16），包括近南北向 79 条、北西向 41 条、东西向 14 条、北北东向 12 条。南北向断裂密集带发育最多，分布最广泛，主要分布在齐家—古龙、长垣南和三肇凹陷，密集带内次级断层与密集带走向呈低角度相交；北西向密集带主要分布在齐家—古龙—长垣北，其他地区有零星分布，断裂带内次级断层与断裂带展布方向近平行；北东向密集带发育较少，仅在齐家—古龙以西零星分布，断裂带内次级断层与断裂带走向呈锐角相交；东西向断裂带发育最少。

四、断裂形成期次划分

根据断层所断开的地质层位并有利于分析油气运移规律的原则，可以将 T_2 断裂分为两种类型六种组合（图 2-17）：

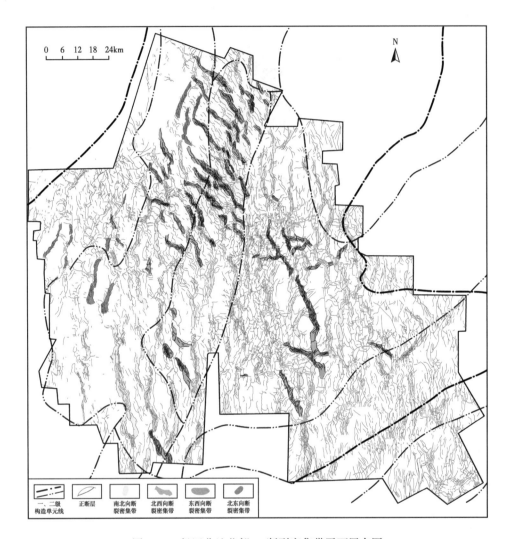

图 2-16　松辽盆地北部 T_2 断裂密集带平面展布图

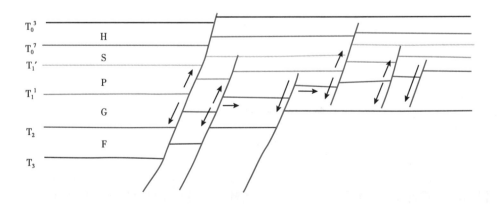

图 2-17　松辽盆地北部 T_2 断裂期次划分图

（1）仅断开 T_2 界面的断裂，活动时间短，仅仅在坳陷期活动，这类断裂数量最多；

（2）从下部（T_5、T_4、T_3）断至 T_2 界面的断裂，断陷期发育，断至 T_2 后停止发育，该组断层数量并不多，仅少数基底大断裂向上延伸至 T_2 界面；

（3）断穿 T_2—T_1 界面的断裂，在坳陷期发育，向上断至 T_1，发育相对集中；

（4）断穿 T_2—T_0^7 界面的断裂，只在坳陷期发育，断穿层位较多；

（5）断穿 T_2—T_0^3 界面的断裂，坳陷期发育，断穿 T_0^3 的断层，对浅层油气有破坏作用；

（6）从下部（T_5、T_4、T_3）断至 T_0^3 界面的断裂，为长期活动的断裂，断陷期发育，坳陷期至反转期持续活动。

T_2 断裂虽组合方式较多，但是从油气运移角度分析，可以划分为两个类型：Ⅰ型断层指向上消亡于青山口组内部、向下断至扶余油层的断裂，这类断裂起到上部青山口组烃源岩与下部储层的沟通作用，油气具有单向下排的特征，仅向扶杨油层输导油气；Ⅱ型断层指向上断至高台子及以上储层，向下断至扶余油层，断裂沟通烃源岩与多套储层，油气具有双向上下排的特点。从断裂对油气输导作用来看，Ⅰ型断层是扶余油层最主要的输导通道，Ⅱ型断裂在适当的情况下，也具有向扶余油层运移油气的条件。

从平面分布上看，Ⅰ型断层数量大，分布广，中央坳陷区 T_2 断裂共 13414 条，断至青山口组的Ⅰ型断层共 12184 条，占比 90.9%；断穿 T_1^1 的Ⅱ型断层共 1230 条，占比 9.1%。从断裂发育规模上看，Ⅱ型断层规模大，延伸长度 0.299~20.983km，平均长度 3.169km；Ⅰ型断层延伸长度 0.062~18.045km，平均长度 1.281km。Ⅰ型和Ⅱ型断层延伸方向都以北西—近南北向为主（表 2-3 和图 2-18），Ⅱ型断层表现更为明显。

表 2-3　中央坳陷区 T_2 断裂特征统计表

断层分类	走向	长度 /km	断层数量 / 条	断层数量占比 /%
Ⅰ型断层		$\dfrac{1.281}{0.062 \sim 18.045}$	12184	90.9

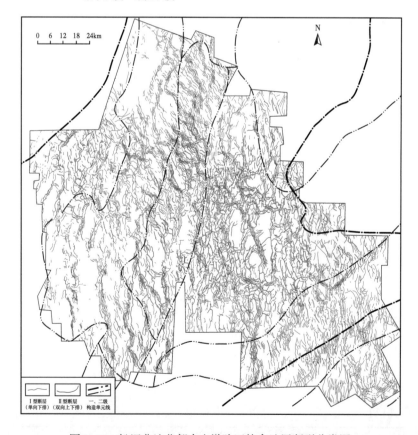

续表

断层分类	走向	长度/km	断层数量/条	断层数量占比/%
Ⅱ型断层	 0° 330° 30° 300° 60° 270° 90° 240° 120° 210° 150° 180° 0 条数 209	$\dfrac{3.169}{0.299\sim20.983}$	1230	9.1

注：表中长度数据格式为 $\dfrac{\text{平均延伸长度}}{\text{最小长度}\sim\text{最大长度}}$。

图 2-18　松辽盆地北部中央坳陷区扶余油层断裂分类图

第四节　扶余油层构造形成及成因机制

一、T₂构造形成应力环境

泉头组沉积期至青山口组沉积期盆地以沉降为主，沉积地层厚度稳定，构造活动相对较小，大型断裂不发育，主要发育数量多、延伸短的小型正断层。青山口组沉积期是T₂断裂主要形成时期，此时，由于伊泽奈崎（Izanagi）板块和法拉隆（Farallon）板块的俯冲，盆地受北北西向挤压应力影响，在盆地内形成近南北向的伸展应变区和近东西向的挤压应变区，伸展应变区内发育张性和张扭性断裂；挤压应变区内发育压性和压扭性断裂。T₂断裂主要发育北北西—南北向、北西向、北北东向和近东西向四个方向的断裂，北北西—南北向断裂为张性断裂，北西向、北北东向为张扭性断裂，近东西向断裂为压性断裂（图2-19）。张（扭）性断裂数量多，发育范围广，压性断裂分布相对较少（图2-20）。

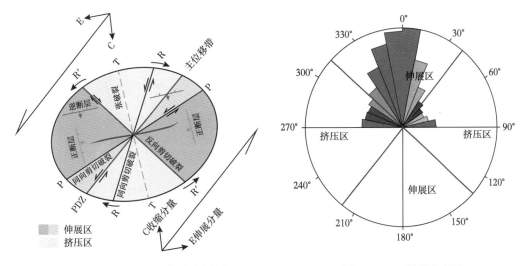

图2-19　青山口组沉积期应变椭圆　　　　　　图2-20　T₂断裂应力图

明水组沉积末期，Izanagi板块与太平洋板块合并，Kula板块从Farallon板块脱离，共同向欧亚板块俯冲，太平洋板块绝对运动方向由北北西调整为北西西，欧亚板块的绝对运动方向由早白垩纪的南南西向转为南南东向，对欧亚大陆产生一幕强烈的挤压。强大的挤压应力传递到板块内部的松辽盆地，盆地经历北北西—南南东向持续挤压，产生构造反转响应，不同方向上形成不同的应变状态（图2-21），形成北西—北北西向张性正断层，近北北西向和近南北向张扭性断层，北北东向、北东向和北西西—近东西向压扭断层（图2-22）。

T₂界面在这次构造运动中形成了一系列北东向雁列式褶皱，并在构造强烈变形部位伴生与之垂直的北西向断裂，形成北西向断裂密集带（图2-23）。

新生代以来，盆地周缘板块经历过多次调整，总体以近东西向挤压为主，盆地自东向西构造反转隆升剥蚀，西部局部有沉积。直到新近纪末期，板块构造活动相对减弱，构造反转减弱，在全盆地沉积了第四纪沉积物。

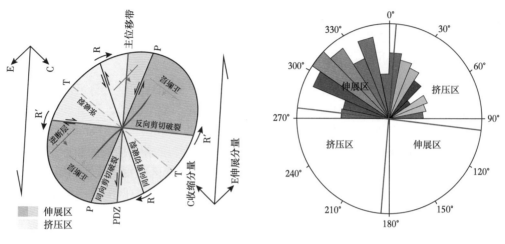

图 2-21　明水组沉积末期应变椭圆　　　　图 2-22　T_0^3 断裂应力分析

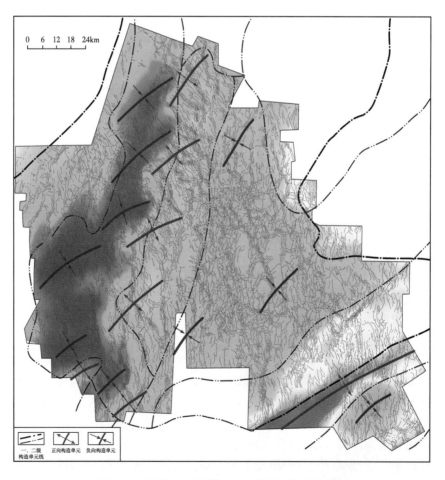

图 2-23　明水组沉积末期 T_2 反转界面褶皱分布图

二、断裂密集带形成机制

1.基底断裂控制 T₂ 断裂密集带的展布

T_2 断裂空间分布格局存在两种情况：一种是基底断层向上传递形成贯穿性的断层；另一种是仅断开 T_2 反射层的断层，该类断层既不能向下与基底断层相连，也不能向上与浅层断层相连，断层的这一发育模式受控于区域拉张变形量与登娄库组超压泥岩的发育程度（图 2-24）。

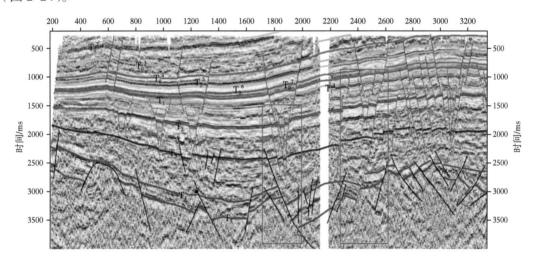

图 2-24　基底断裂与 T_2 断裂接触方式解释图

如果基底断裂附近不发育登娄库组超压泥岩，基底断层一般直接向上传递形成贯通式断层，局部甚至切穿了 T_1 反射层，长春岭背斜带上发育的断层即属于这种情形。反之，如果发育该套超压泥岩，断层一般只能隐约与上部断层相连，泥岩中也许发育了系列的微裂隙。

随着拉张量的扩大，T_2 反射层将发育系列的基底断层间接传递的断层；随着拉张量的进一步扩大，顺泥岩层走滑的结果是在尾部形成两个原本与基底断层隐约相连的正断层，三肇凹陷内部徐家围子附近的组合形式属于这一模式。

从剖面上看，受塑性泥岩层水平拆离影响，大部分 T_2 断裂密集带与深部断陷层断裂并不直接相连，但早期断裂作为先存构造可以对密集带起到控制作用，即早期断裂作为薄弱带控制坳陷层断裂密集带的形成及密集带的组合模式。

深部断裂活动对浅部地层应力场有一定的扰动作用，离断层越近的地层应力扰动越明显。在靠近断层时，垂直主应力增加而最小水平主应力却减小，也就是说，在深部断层附近的上部往往是差应力集中的地方，易于优先生成断层。浅部的应力场扰动直接造成了浅层次级断层走向变化和密度分布的不均匀性，在断层的端部、转折段和附近扰动非常明显；另外，次级断层的走向和密度还受深部断层的形态及其相互关系影响。

基底断裂对 T_2 断裂的影响有两种模式：一种是继承性断裂直接传递模式，深部断层向上延伸至浅层；另一种是先存断裂与新生断裂间接传递模式，深部断层没有直接断至浅层，但是深部断层的应力间接地影响浅部断层的形成（图 2-25）。

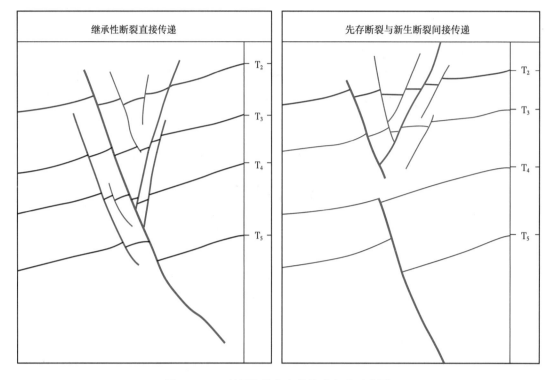

图 2-25　T_2 断层拉张应变的传递方式示意图

除先存断裂外，基底古斜坡、古隆起也控制晚期断裂的发育程度。斜坡部位和古隆起区，T_2 断裂都比较发育（图 2-26）。

2. 区域应力场控制断裂密集带的形成

除基底断裂对上部地层的继承性影响外，古应力场的转变是形成 T_2 断裂密集带的根本原因。松辽盆地北部经历断陷、坳陷、反转 3 个演化阶段，古应力场发生了多次的转变（图 2-27）。断陷构造格局和基底深大断裂展布直接影响反转构造带的发育部位和反转变形程度，同时，盆地的晚期构造反转变形反过来又制约和改造坳陷构造层的原有构造格局。

在盆地坳陷演化阶段，断陷期的地幔柱及火山作用均已经处于强烈热衰减阶段，其上拱的引张应力明显减弱，主要发生区域热沉降作用。该时期太平洋板块与欧亚板块相互作用并远程传递水平应力，受其影响，发生多期强烈活动，形成多期断裂作用，高密度的 T_2 断裂系统是其中最为典型的一期。从反转作用影响较小的三肇凹陷 T_2 断裂延伸方向主要为近南北向推测，青山口组沉积期区域应力场方向为近东西向的拉张应力场，这种应力场与不同走向先存断陷期构造配置，使断裂发生张扭变形，形成不同方位不同性质的断裂密集带，包括走滑断裂系统、张扭断裂系统、拉伸断裂系统、调节断裂系统。

盆地坳陷期主要为南北主压地应力，东西为最小地应力，有利于形成南北走向的拉张断层，这些断层形成后在反转期受局部右旋应力场的影响有扭动变形，所以表现为拉张扭动形态，形成张扭断裂系统密集带，朝阳沟阶地表现尤为突出。

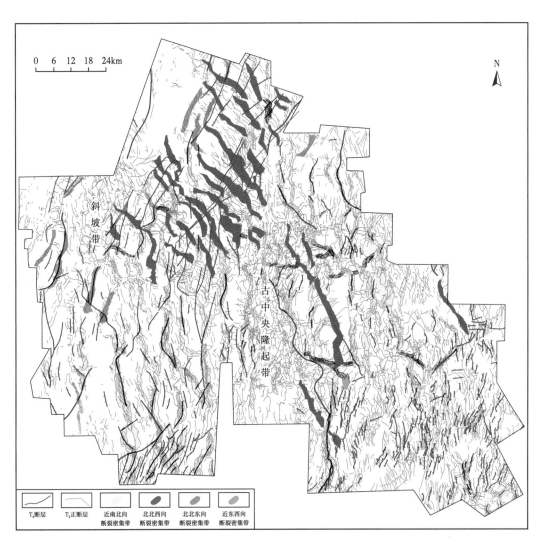

图 2-26　T_2 断裂与基底古构造叠合图

　　此外，盆地坳陷期主要为南北主压地应力、东西为最小地应力的情况，容易形成北北西走向的剪切断层和北北东走向的共轭剪切断层，但是北北东走向的断层在反转期受左旋应力场的影响表现为伸展的正断层密集带，表现为张剪切断层，北北西走向的这些断层形成后在反转期受局部左旋应力场的影响下走滑分量加大，应力场平行向外传播，形成许多北北西向的走滑断裂密集带，这些走滑断裂密集带表现为压剪性质，在断裂密集带的地堑中心的 T_2 构造层局部有上凸现象。走滑断裂密集带特征最明显的区域在徐中走滑断裂的上部区域。伸展断裂密集带特征最明显的区域在徐中走滑断裂的两侧，与走滑断裂系统成共轭关系，在许多走滑断裂系统的两侧都是伸展断裂密集带发育的区域。

　　调节断裂系统密集带是由平衡伸展断裂系统密集带、走滑断裂密集带、张扭断裂密集带而形成的。

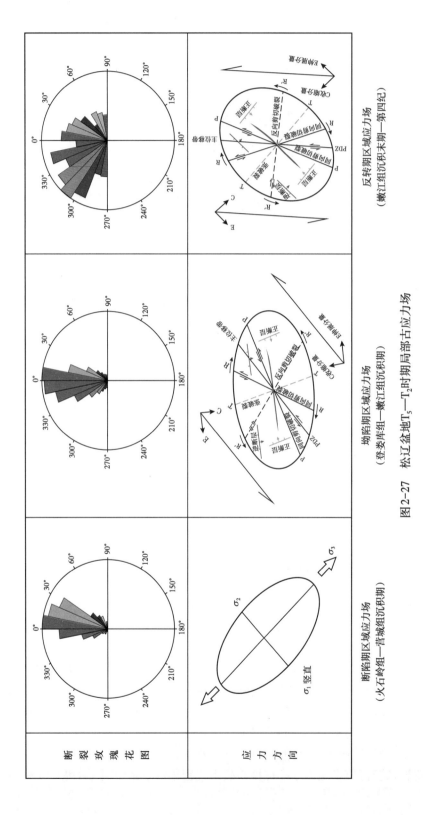

图2-27 松辽盆地T₅—T₂时期局部古应力场

第五节　构造对油气的控制作用

一、油源断裂控制油气藏分布

由于早期拉张形成的正断层在后期挤压应力场中，北东向断层由开启变为封闭，可以形成遮挡，而北西向断层可以继续作为油气运移的横向和纵向通道，可以说岩性油气藏的形成，无论从整体上，还是从局部角度上，都与断层有密切关系。继承性断裂控制了中浅层断裂—背斜带及相关油气藏分布。

扶余油层是典型的上生下储的成藏组合，断裂为油气下排的重要通道，油气成藏期活动沟通储层和烃源岩的断层为油源断层。T_2构造层发育两种油源断层：Ⅰ型断层指未断穿T_1^1，油气只能下排至扶余油层；Ⅱ型断层指断穿T_1^1，油气既能上排至中部含油气组合，也能下排至下部含油气组合的扶余油层。两种油源断层都是油气向下运移的通道，都可以向扶余油层提供油气。研究表明，继承性活动断层的规模、活动期次与烃源岩生排烃期次的匹配关系是油气聚集成藏的关键因素。以T_2反射层构造图及扶余油层勘探成果图为基础，结合地震剖面分析，Ⅰ型断层12184条，有效控藏断层626条，占比5%；Ⅱ型断层1230条，有效控藏断层379条，占比31%。Ⅰ型断层和Ⅱ型断层均控藏，Ⅱ型断层控藏有效比更高。

从古龙凹陷—大庆长垣—三肇凹陷断裂类型与油气分布关系图可知，Ⅱ型断层控制油气的分布，控制油气储层边界，且Ⅱ型断层附近有利于油气向上运移，葡萄花油层油气产量明显高于扶余油层（图2-28）。

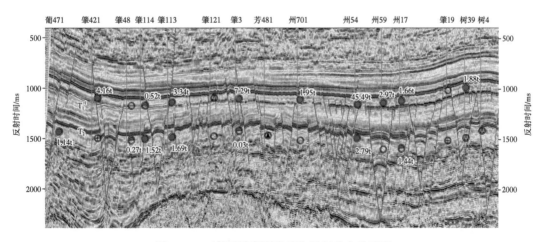

图2-28　三肇凹陷断裂类型与油气分布关系图

断垒和断阶构造更有利于油气富集，似花状地堑形成的密集带不利于油气聚集。从油气分布看，油气主要赋存于堑垒构造垒块上或阶梯构造高部位，工业井沿着密集带外边界分布，断裂密集带夹持的区块油层产量、丰度相对较高。断裂密集带边界断裂为油运移的输导通道，同时也是油气成藏期活动的油源断层，油气通过油源断裂向下输导之后，断裂密集带内断裂与砂体对接，有利于油气侧向运移，为油气长距离运移提供通道。

二、反转构造或凹陷内继承性低隆起带油气富集

反转构造运动使地层受到挤压弯曲并发生拱张，产生张裂缝和微裂缝，改善储集系统的储集性，有利于油气的运移和成藏。更为重要的是，反转构造运动给油气运移提供了通道，将油气圈闭在相应的构造中。从烃源岩成熟时间和构造运动发生时间分析，以青山口组和嫩江组为主的烃源岩主要在嫩江组沉积之后才大规模进入生油门限，嫩江组沉积末期之后的构造运动无疑会对油气藏的形成产生重要影响。因此，松辽盆地构造反转的油气生成、运移和聚集条件在时空上呈较好匹配，形成比较优越的储集条件。

通常情况下，盆地反转之前一般都经历了断陷、坳陷阶段，沉积了巨厚的生、储油岩系，反转构造直接覆于生油凹陷之上，反转挤压应力和由此引起的断层的逆向再活动为油气运移提供了动力和通道。如果油气运移期与反转构造形成期吻合且封盖条件比较好，必将有丰富的油气聚集。松辽盆地在嫩江组沉积末期、明水组沉积末期为盆地构造反转的主要时期，形成断展背斜、断弯背斜、挤压滑脱背斜和再活动断层下盘断鼻或断块等具有油气勘探意义的反转构造圈闭。中央坳陷区在相当于嫩一段、嫩二段和青山口组烃源岩排烃窗口的时间（大致自嫩江组沉积晚期至明水组沉积末期，特别是明水组沉积末期排烃最高峰），与挤压反转构造运动时期（嫩江组沉积末期至明水组沉积末期）配合得相当好，因而油气运移至反转构造形成的圈闭中，形成如大庆长垣、朝阳沟等油气田。

通过对松辽盆地北部泉三段顶面古构造发育史进行分析，大庆长垣构造的形成过程表现了构造的"反转"历程。从横穿大庆长垣的北西—南东向古构造发育剖面和平面古构造图上可见，现今大庆长垣的位置底部发育有断陷，泉头组和青山口组沉积时期为沉降中心，沉积了巨厚的生油岩，而明水组沉积末期反转构造作用使之反转为正向背斜构造。大庆反转构造带不仅直接覆于伸展构造期形成的生油岩之上，而且坳陷期的生油区就位于其东西两侧。因此，此带是形成大、中型油气田的最佳地区。

在朝阳沟—长春岭反转构造带内，伸展期生油岩很发育，生油条件好，但成熟度低。该构造单元紧邻中央坳陷区三肇主生油区，油气源充足，具有很好的油源条件。其中，长春岭背斜在隆起之后遭受剥蚀，构造高点最大剥蚀量为 1200~1500m。构造发展剥蚀过程造成了部分油气散失，使储层压力降低，地层呈现欠压特点，断穿 T_1—T_2 地震界面的"通天"断层是油气散失、压力排泄的主要通道。

在望奎—任民镇反转构造带中，伸展构造期和坳陷构造期生油岩均不太好，加之远离盆地中央坳陷区伸展期及坳陷期的生油区，尽管其他条件具备，由于缺乏烃源岩，很难找到大、中型油气田。

从整体上看，大庆长垣、朝阳沟阶地、龙虎泡构造，榆树林、茂兴鼻状构造，以及三肇凹陷内部肇州—宋芳屯继承性低隆起是致密油富集的主要部位。

第三章　源下扶余油层致密油
形成的沉积条件

松辽盆地扶余、杨大城子油层沉积时期，盆地周边发育了六大沉积体系，由于受物源方向、沉积物供给、沉积时期古地貌和古坡折等因素影响，不同方向物源体系在沉积体系规模、砂体类型与展布方向上都存在差异，西南保康、南部长春—怀德，北部拜泉、讷河物源体系规模大，对扶余、杨大城子油层的沉积起到明显控制作用，形成了坳陷区满凹含砂场面，奠定了扶余、杨大城子油层致密油形成的储层基础。

第一节　扶余油层主要界面识别

松辽盆地源下扶余油层致密油发育于泉头组，形成于盆地坳陷期的初始阶段，属于泉四段和泉三段上部地层。泉三段沉积时期，盆地处于沉降时期，沉积范围较大，发育一套河、湖交替性沉积体系，湖泊与河流平面上成连通体，洪水期湖水外溢与河岸两侧蓄水体连成一片，形成了湖泛沉积体系，范围很大、水体较浅，洪水后期湖泊较小，由于古地形上的差异，相互分割，形成许多大小不一的蓄水体。泉四段沉积时期，盆地构造沉降相对稳定，地形平缓，盆地周缘大型河流体系十分发育，向坳陷中心部位汇集，在整个盆地范围内形成了广泛分布的河流相—浅水三角洲沉积。青一段沉积时期，松辽盆地大面积湖侵，形成三套广泛分布的油页岩发育段。

一、扶余油层顶部界面识别及特征

扶余油层顶部与青一段油页岩不整合接触，青一段沉积时期，盆地进入稳定坳陷期，沉积了数百米厚的深湖—半深湖相黑色泥岩，在青一段下部有三组页岩、泥灰岩与劣质油页岩互层的岩性组合，介形虫化石成层富集，其中第二套油页岩分布最为稳定，是松辽盆地最大的湖泛期的产物，是长期基准面上升至下降的转换点。下白垩统泉头组与下伏登娄库组呈整合—假整合接触，并超覆于不同层位老地层之上，按岩性特点自下而上可以划分为四段，扶余油层位于松辽盆地中生界白垩系泉三段、泉四段之内，为冲积河流环境形成的砂泥互层沉积，呈向上变细旋回。

扶余油层顶界面电性特征明显，位于青山口组一段厚层低阻平滑曲线（深湖相泥岩）之下的三组高阻层，呈现 3 个"笔架形尖峰状"，在微电极、深浅三侧向曲线上，3 组高阻层特征极为明显，0.25m、0.45m、2.5m、4m 视电阻率曲线为较明显高阻，声波时差为明显的高时差,向下明显整体减小。青一段 3 个高阻层两两相距约 9m,间隔稳定,其构成扶余油层顶部标准层。界面之下是扶余油层顶部一套厚约 20m,以灰绿色、紫红杂灰绿色泥岩与具小型交错层理薄层砂岩、泥岩互层组合,含粉末状或结晶黄铁矿,发育有双壳类、腹足类、叶肢介化石。青山口组底部与扶余油层顶部灰色或绿色泥岩呈突变接触。据此将扶余油层顶界划在青一段最下部油页岩以下的黑色泥岩和下伏灰色或灰绿色泥岩分界处,电性界线划在青一段底部 3 组"笔架形"高电阻层以下极低值、声波时差曲线拐点处,一般在下部高电阻层以下 4m 处(其间为稳定的泥岩,微电极和电阻率曲线平缓),微电极曲线突变抬起,自然伽马值向上明显增大。该标准层为区域性一级标准层(图 3-1)。

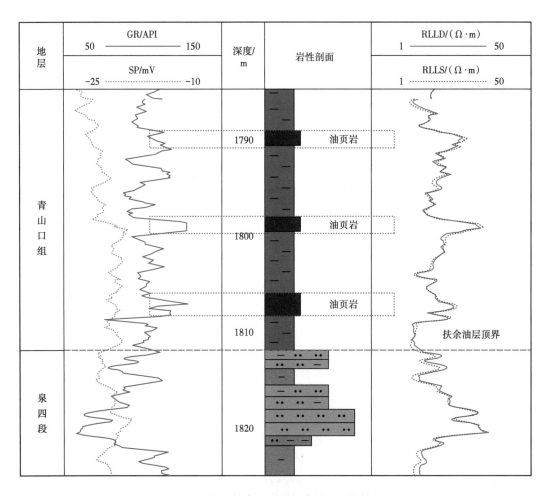

图 3-1 研究区扶余油层顶部岩性、电性特征图

在地震反射上表现为具有时间地层意义的标志层 T_2,该层为一强振幅连续反射,与其上部的中强反射波相伴出现,形成一组稳定的反射同相轴(图 3-2)。T_2 反射层全区分布非常稳定,在全盆地内可连续追踪对比。

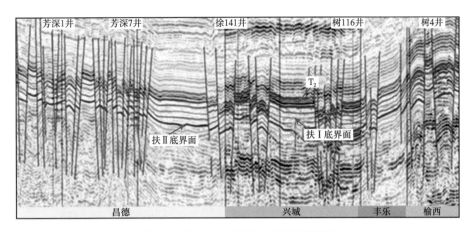

图 3-2 扶余油层顶部地震反射特征图

二、扶 I / 扶 II 界面（泉三段、泉四段分界面）

泉三段和泉四段的分界面是基准面由下降转至上升的沉积转换面，即层序界面。岩性特征上，该界面通常位于 3 套正旋回岩性组合的底部，界面之上为分布较为广泛的河道砂岩，砂岩厚度较大，一般为 3~6m 的细砂岩或粉砂岩，底部常见冲刷面，为沉积间断面或小型不整合面［图 3-3（a）］；界面之下为分布广泛的古土壤层，含有钙质结核和植物碎屑，局部见大型干裂，代表长期的地表暴露。

（a）灰白色粉砂岩（1719.29m）

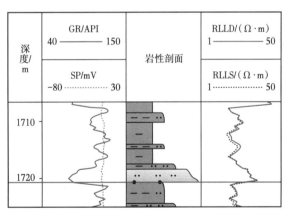

（b）测井曲线特征

图 3-3 扶 I/ 扶 II 界面测井曲线、录井岩性和岩心特征（源 155 井）

测井曲线响应特征上，界面之上表现为低自然伽马值、低声波时差及高电阻率值的"两低一高"特征，而且经常出现齿状或指状较低自然伽马值及较高电阻率值和向厚层块状低自然伽马值及高电阻率值变化，界面之下为明显的高自然伽马值、高声波时差、低电阻率值特征，电性曲线整体表现为上部为钟形或箱形，下部为漏斗状［图 3-3（b）］。在地震反射上表现为具有时间地层意义的次一级标志层，该层为一较强振幅连续反射，局部稳定可连续追踪对比（图 3-2）。

三、扶Ⅱ底部界面识别及特征

扶Ⅱ油组岩性以暗紫红色、紫灰色泥岩、过渡岩、紫红色、灰白色粉—细砂岩为主，内部发育有两个完整的中期旋回。扶Ⅱ油组砂体相对发育，且上下组砂岩分布大致相当。扶Ⅱ油组层序界面上部多为细—粉砂岩，砂体底部见冲刷侵蚀现象，富含泥砾；界面之下多为紫红色泥岩沉积，岩性剖面上表现为岩性转换的界面，测井曲线则多表现为明显的突变（图3-4）。此外，层序界面附近有时可见钙质结核和泥裂等地表暴露标志。

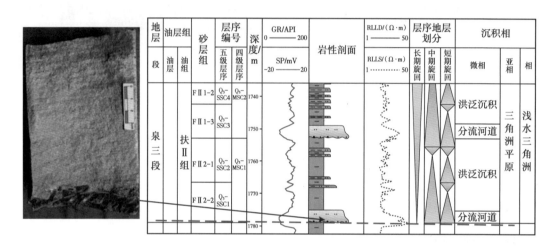

图3-4 扶Ⅱ界面底部测井曲线、录井岩性和岩心特征（茂404井）

四、层序划分及特征

松辽盆地北部扶余油层划分为扶Ⅰ（FⅠ）、扶Ⅱ（FⅡ）、扶Ⅲ（FⅢ）三个油组，对应泉四段、泉三段上部地层，其下部为杨大城子油层。根据泉头组层序界面特征分析，FⅠ、FⅡ油组共划分为5个中期层序旋回，对应5个油层组。在此基础上进一步细分12个短期旋回，对应12个砂层组。以肇261井为例，该井钻遇泉头组FⅠ油组和FⅡ油组共计150.2m，属于浅水三角洲沉积，发育三角洲平原和三角洲前缘两个亚相，划分为5个中期旋回，12个短期旋回，分别为 Q_3-SSC1、Q_3-SSC2、Q_3-SSC3、Q_3-SSC4、Q_3-SSC5、Q_4-SSC1、Q_4-SSC2、Q_4-SSC3、Q_4-SSC4、Q_4-SSC5、Q_4-SSC6、Q_4-SSC7（图3-5）。

Q_3-SSC1层序：该层序井段1922.3～1934.2m，顶、底界面均为分流河道的下切面。在层序底部发育一套厚约3.8m的分流河道粉砂岩沉积，向上沉积物变细。总体来看，该层序为以上升半旋回为主的不完全对称型（C_2型）短期基准面旋回。

Q_3-SSC2层序：该层序井段1909.4～1922.3m，顶界面为岩相转换面，底界面为分流河道的下切面。岩性主要为紫红色泥岩和灰白色粉砂岩，在层序底部发育一套分流河道砂体沉积。总体来看，该层序为以上升半旋回为主的不完全对称型（C_2型）短期基准面旋回。

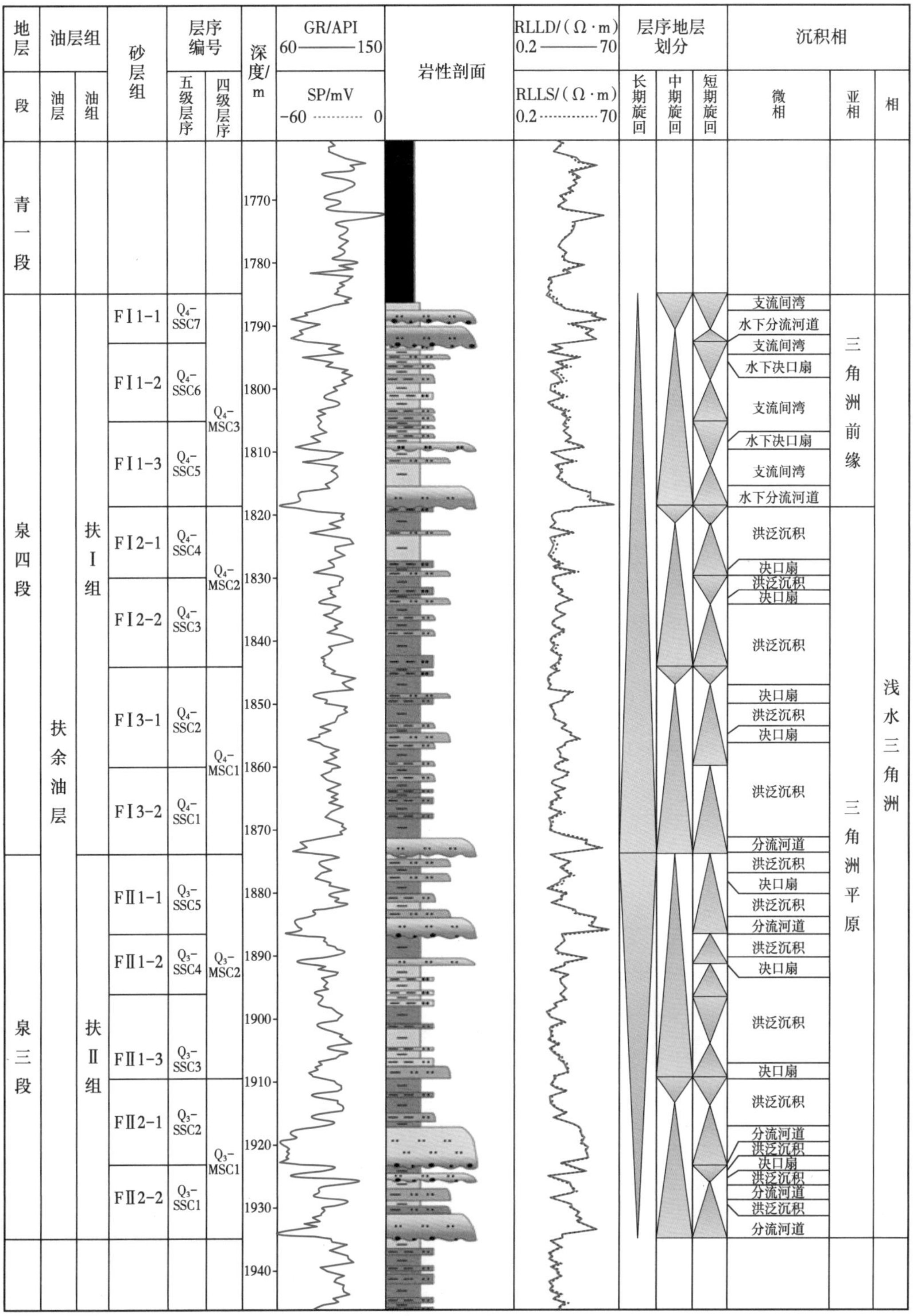

地层	油层组		砂层组	层序编号		深度/m	GR/API 60——150 / SP/mV -60……0	岩性剖面	RLLD/(Ω·m) 0.2——70 / RLLS/(Ω·m) 0.2——70	层序地层划分			沉积相		
段	油层	油组		五级层序	四级层序					长期旋回	中期旋回	短期旋回	微相	亚相	相
青一段						1770 / 1780									
泉四段	扶I组	扶余油层		FI1-1 / Q4-SSC7		1790							支流间湾	三角洲前缘	浅水三角洲
				FI1-2 / Q4-SSC6	Q4-MSC3	1800							水下分流河道 / 支流间湾 / 水下决口扇 / 支流间湾		
				FI1-3 / Q4-SSC5		1810							水下决口扇 / 支流间湾 / 水下分流河道		
				FI2-1 / Q4-SSC4	Q4-MSC2	1820 / 1830							洪泛沉积 / 决口扇 / 洪泛沉积 / 决口扇	三角洲平原	
				FI2-2 / Q4-SSC3		1840							洪泛沉积		
				FI3-1 / Q4-SSC2	Q4-MSC1	1850 / 1860							决口扇 / 洪泛沉积 / 决口扇 / 洪泛沉积		
				FI3-2 / Q4-SSC1		1870							分流河道		
泉三段	扶II组			FII1-1 / Q3-SSC5		1880							洪泛沉积 / 决口扇 / 分流河道		
				FII1-2 / Q3-SSC4	Q3-MSC2	1890							洪泛沉积 / 决口扇 / 洪泛沉积		
				FII1-3 / Q3-SSC3		1900 / 1910							决口扇 / 洪泛沉积		
				FII2-1 / Q3-SSC2	Q3-MSC1	1920							分流河道 / 洪泛沉积 / 决口扇 / 洪泛沉积 / 分流河道		
				FII2-2 / Q3-SSC1		1930 / 1940							洪泛沉积 / 分流河道		

图 3-5　肇 261 井层序地层综合分析图

Q_3-SSC3 层序：该层序井段 1895.9~1909.4m，顶、底界面均为岩相转换界面。该层序内整体以洪泛沉积为主，岩性主要为紫红色泥岩。在层序底部发育一套水下分流河道粉砂岩沉积。总体来看，该层序为完全—近完全对称型（C_1 型）短期旋回。

Q_3-SSC4 层序：该层序井段 1886.3~1895.9m，底界面为岩相突变面，顶界面为分流河道的下切面。该层序整体为三角洲平原沉积环境，以决口扇与洪泛沉积为主，岩性主要为紫红色泥岩和泥质粉砂岩。该层序为低可容纳空间向上"变深"的非对称型（A_1 型）短期旋回。

Q_3-SSC5 层序：该层序井段 1873.9~1886.3m，底界面为岩相转换界面，顶界面为一套全区广泛发育的分流河道下切面。该层序整体为三角洲平原沉积，分流河道与决口扇发育，主体为灰色泥岩、粉砂质泥岩，局部发育少量粉砂岩。总体来看，该层序为低可容纳空间向上"变深"的非对称型（A_1 型）短期旋回。

Q_4-SSC1 层序：该层序井段 1860.0~1873.9m，底界面为一套全区广泛发育的分流河道下切面，顶界面为岩性转换界面，界面附近测井曲线表现为幅度突变。该层序整体为三角洲平原沉积，主体为紫红色泥岩，属于洪泛沉积，层序底部发育分流河道沉积。该层序为低可容纳空间向上"变深"的非对称型（A_1 型）短期旋回。

结合短期旋回样式、岩性特征、测井曲线特征等方法，建立了高精度层序地层综合划分方案，进一步将扶Ⅰ油组划分为 3 个中期基准面旋回、7 个短期基准面旋回，分别对应层序 Q_4-SSC7、Q_4-SSC6、Q_4-SSC5、Q_4-SSC4、Q_4-SSC3、Q_4-SSC2、Q_4-SSC1；将扶Ⅱ油组划分为 2 个中期基准面旋回、5 个短期基准面旋回，分别对应层序 Q_3-SSC5、Q_3-SSC4、Q_3-SSC3、Q_3-SSC2、Q_3-SSC1。各中期和短期基准面旋回与岩石地层单位划分方案中的砂层组、段的对应较好（表 3-1）。

表 3-1 三肇凹陷扶余油层组高精度层序划分方案

短期旋回名称	短期旋回样式	岩性	GR	相当于的层	
Q_4-SSC7	C_3、C_2	顶部油页岩，底部砂岩底面或泥岩	平底，相对低值或渐变，相对高值	FⅠ1-1	FⅠ1
Q_4-SSC6	C_3、C_2	底部砂岩底面或泥岩	平底，相对低值或渐变，相对高值	FⅠ1-2	
Q_4-SSC5	C_1、C_2	底部砂岩底面或泥岩	平底，相对低值或渐变，相对高值	FⅠ1-3	
Q_4-SSC4	C_1	底部砂岩底面或泥岩	平底，相对低值或渐变，相对高值	FⅠ2-1	FⅠ2
Q_4-SSC3	C_1	底部砂岩底面或泥岩	平底，相对低值或渐变，相对高值	FⅠ2-2	
Q_4-SSC2	A_1、A_2、C_1	底部砂岩底面	平底，相对低值	FⅠ3-1	FⅠ3
Q_4-SSC1	A_1、A_2	底部砂岩底面	平底，相对低值	FⅠ3-2	
Q_3-SSC5	A_1、A_2	底部砂岩底面	平底，相对低值	FⅡ1-1	FⅡ1
Q_3-SSC4	C_1、A_1、A_2	底部砂岩底面	平底，相对低值	FⅡ1-2	
Q_3-SSC3	C_1、A_2	底部砂岩底面或泥岩	平底，相对低值或渐变，相对高值	FⅡ1-3	
Q_3-SSC2	C_1	底部砂岩底面或泥岩	平底，相对低值或渐变，相对高值	FⅡ2-1	FⅡ2
Q_3-SSC1	C_1	底部砂岩底面或泥岩	平底，相对低值或渐变，相对高值	FⅡ2-2	

第二节　沉积相类型及特征

一、岩相类型及其特征

岩相（岩石成因相）是沉积环境在岩性上的综合表现，包括岩石的颜色、成分、碎屑颗粒结构、沉积构造等特征，以这些特征为依据可反映各沉积成因单元砂体形成过程中的水动力条件强弱及沉积物搬运方式的差异，进而恢复其沉积环境。扶余油层中划分出 3 大类 24 小类岩相类型。

岩相代码的大写字母代表岩性或粒度，如 G 代表砾岩相；S 代表砂岩相，包括细砂岩、中砂岩、粗砂岩及含砾砂岩；F 代表粉砂岩相，包括泥质粉砂岩和粉砂岩；M 代表泥岩相，包括泥岩和粉砂质泥岩。小写字母主要反映岩相所具有的沉积构造或颜色，如槽状交错层理（t）、板状交错层理（p）、平行层理（h）、块状层理（m）、楔状交错层理（w）、波状层理（c）、变形层理（d）、含砾层理（g）、虫孔构造（b）、沙纹层理（r）、冲刷构造（e）、黄铁矿（p）等。岩相类型按照岩性划分为 3 个大类，即细砾岩—细砂岩相、粉砂岩相、（粉砂质）泥岩相，再依据岩石颜色、成分、结构、沉积构造类型和规模、遗迹化石种类及沉积变形等特征来划分。

1. 单期次河道岩相组合

该组合类型为浅水三角洲单期次河道岩相组合，仅发育单个期次河道，主要有以下 3 种类型（图 3-6）：

（1）类型 1：Gm-Sg-Sm-St-Sp-Sw-Sh-Fr-Mp。

该组合类型为正韵律沉积组合，底部常见冲刷面，由下至上岩性依次为泥砾岩（部分出现），灰色、灰绿色细砂岩、粉砂岩、泥质粉砂岩、粉砂质泥岩，灰绿色、紫红色泥岩，沉积构造丰富，角度较大，且向上依次出现粒度由粗变细、层理规模逐渐减小的岩性—构造相组合在一起，反映一个能量逐渐减弱的沉积过程，河道弯曲，含砂率高，能量高，通常为曲流河道沉积。

（2）类型 2：Sg-St-Ft-Fp-Fw-Fh-Fr-Mp。

该组合类型整体为正韵律沉积组合，沉积构造丰富，角度中等，河道较弯曲，含砂率中等，能量中等，底部常见冲刷面，由下至上岩性依次为泥砾岩，灰色、灰绿色细砂岩、粉砂岩、泥质粉砂岩、粉砂质泥岩，灰绿色、紫红色泥岩，且向上依次出现粒度由粗变细、层理规模逐渐减小的岩性—构造相组合在一起，反映一个能量逐渐减弱的沉积过程。层理发育规模相对较大，河道单层厚度较大，且弯曲度较大，该类型河道多为紫红色泥岩、粉砂质泥岩伴生，且局部见钙质结核，反映陆上氧化沉积环境，通常为三角洲平原分流河道沉积。

（3）类型 3：Fg-Fp-Ft-Fw-Fm-Fr-Fc-Mg。

该组合类型整体为正韵律沉积组合，层理规模小，能量低，河道单层厚度较薄，且河道多次分叉，平面构织呈网状，含砂率低，底部见泥砾，具底冲刷构造，由下至上岩性依次为泥砾岩、灰白色细—粉砂岩（油侵）、粉砂岩，灰绿色泥质粉砂岩、粉砂质泥岩，紫红色泥岩，向上依次出现粒度由粗变细、层理规模逐渐减小的岩性—构造相组合在一起，反映一个能量逐渐减弱的沉积过程，该类型河道多与灰色、灰绿色泥岩、粉砂质泥岩相伴生，且局部可见黄铁矿晶体，反映水下沉积环境，常出现在三角洲前缘水下分流河道沉积。

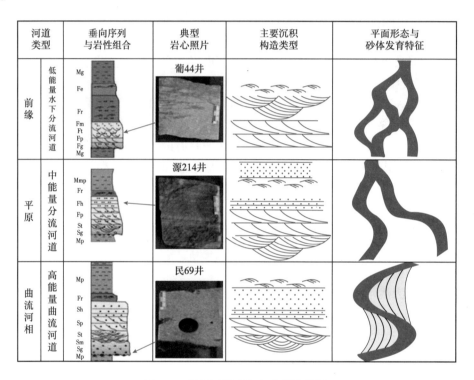

图 3-6　单期河道岩相组合规律特征

2. 多期河道沉积

该类型河道岩相组合一般由多个单期次河道岩相组合构成，垂向上表现为多个正韵律的相互叠置，具体分为以下三种类型（图 3-7）：

（1）切割型。

该组合类型由 1~3 个河道组成，能量高，多期河道冲刷强烈，泥岩一般冲刷完全，呈切割型，通常为曲流河道沉积。

（2）叠置型。

该组合类型由 1~2 个分流河道组成，能量中等，多期分流河道冲刷，泥岩一般冲刷不完全，形成夹层，河道在空间上呈相互叠置，通常为三角洲平原分流河道沉积。

（3）孤立型。

该组合类型由 1~3 个水下分流河道组成，能量低，整体来看，该类型岩相组合沉积物粒度较细，上、下水下分流河道之间由较厚层的泥岩夹层隔开，河道空间上呈现孤立型，常出现在三角洲前缘水下分流河道沉积。

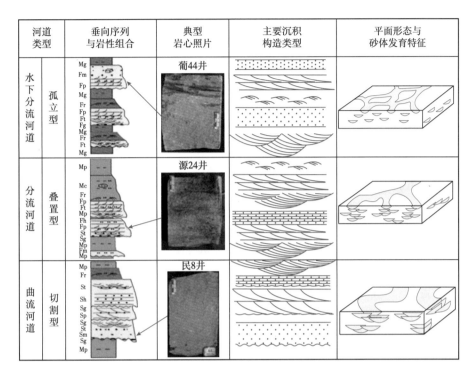

图 3-7　多期河道岩相组合沉积特征

二、沉积相类型

根据岩性、沉积构造、古生物特征、沉积序列特征、岩石组合特征及其测井相等将研究区扶余油层（扶Ⅰ组、扶Ⅱ组）划分为曲流河相和浅水三角洲相，进一步划分为三角洲平原亚相、三角洲前缘亚相，细分出多种微相类型（表 3-2）。

表 3-2　扶余油层沉积相特征表

相	亚相	微相	岩性特征	层理
曲流河	河床	曲流河道	灰白色、浅灰色细砂岩、粉砂岩，分选较好	平行层理、块状层理、板状交错层理、槽状交错层理、楔状交错层理
	堤岸	天然堤、决口扇	紫红色、灰色、浅灰色泥质粉砂岩、粉砂岩	复合层理、小型交错层理、沙纹层理、爬升层理
	河漫	冲积平原	紫红色、杂色粉砂质泥岩、泥岩	块状层理、沙纹层理、波状层理
浅水三角洲	浅水三角洲平原	分流河道	灰色细砂岩、粉砂岩、泥质粉砂岩	槽状、楔状、板状交错层理
		天然堤、决口扇	灰色泥质粉砂岩与紫红色泥岩互层	小型交错层理、波状层理、沙纹层理、复合层理
		洪泛沉积	紫红色、灰绿色粉砂质泥岩、泥岩	块状、生物扰动
	浅水三角洲前缘	水下分流河道	灰色粉砂岩、灰白色粉砂岩	槽状、楔状、板状、交错层理
		水下天然堤、水下决口扇	灰色粉砂岩、泥质粉砂岩	小型交错层理、波状层理
		支流间湾	灰绿色、灰色泥岩、粉砂质泥岩	块状、生物扰动

1. 曲流河相

曲流河最重要的砂体主要发育在 F Ⅱ1-1 砂层组，具典型的"泥包砂和细脖子泥岩与厚层砂岩的正旋回"的曲流河特征；具河流相二元结构；曲流河以冲积平原发育，造成泥质沉积比河道砂发育，这是曲流河区别于辫状河的主要特征之一；河道砂岩具有一定厚度，较三角洲发育。冲积平原泥岩具典型的陆上强氧化环境及淤积特征：泥岩发育且较为单一、厚层，为块状层理、紫或暗紫色，见干裂、植根、大量虫孔、扰动构造（图 3-8）。

1）河床亚相

河床亚相主要细分出曲流河道微相，沉积物一般较粗，为灰白色、浅灰色细砂岩、粉砂岩，分选较好，可见平行层理、块状层理、小型板状—槽状—楔状交错层理等。河道底部富含泥砾，泥砾呈定向排列，泥砾大小一般为 0.2~3cm，河道厚度较厚，一般为 3~15m，累积厚度较大，夹层发育，单一砂体较小，因此可见多期冲刷面，并含泥砾沉积。电测曲线上表现为高幅度变化的箱形、钟形。

2）堤岸亚相

堤岸亚相为曲流河道溢岸沉积产物，颗粒较河床滞留沉积细，可细分为天然堤微相和决口扇微相。天然堤一般沉积于河床滞留沉积的两侧部分，岩性主要为紫红色、灰色、浅灰色泥质粉砂岩、粉砂岩，岩心观察上可见有复合层理、小型交错层理、沙纹层理、爬升层理等。天然堤沉积横向分布不稳定，厚度较小，一般为 1.5~2.5m，电测曲线上呈高幅度的指状、漏斗状的特征。决口扇是由于河道决口形成的，为突发事件，岩性一般为灰色、浅灰色泥质粉砂岩、粉砂岩。底部有时可见冲刷面，小泥砾，下部发育小型槽状交错层理，上部发育沙纹层理、爬升层理，整体呈正旋回结构特征，电测曲线上表现为高幅度变化的指状、漏斗状的特征。

3）河漫亚相

河漫亚相分为冲积平原微相，在研究区发育广泛，岩性主要为紫红色、杂色粉砂质泥岩、泥岩。泥岩单层厚度较大，最大可达十几米，可见块状层理、沙纹层理、波状层理。电测曲线上为弱齿状、线形。

2. 浅水三角洲相

1）浅水三角洲平原亚相

浅水三角洲平原一般位于水面以上，只有出现周期性或季节性湖平面上升时，可短时期处于水下环境，其仅受河流能量作用且长期处于氧化环境。整体表现为强氧化—弱还原沉积环境。浅水三角洲平原亚相多以洪泛沉积和分支河道沉积为主，河道砂岩主要由薄层状的粉砂岩构成，底部可见底砾岩，具有明显的底部冲刷面构造，发育小型槽状交错层理、水平层理、流水沙纹层理等层理构造，砂体的展布受分支河道的控制影响较大。洪泛沉积中泥岩颜色以紫红色、杂色为主，生物化石数量种类较少，反映了陆上强氧化—弱还原的沉积环境，可明显区别于水下泥质沉积。根据不同部位沉积物岩性及测井响应特征，三角洲平原亚相可进一步划分为分流河道、决口扇和洪泛沉积等微相。

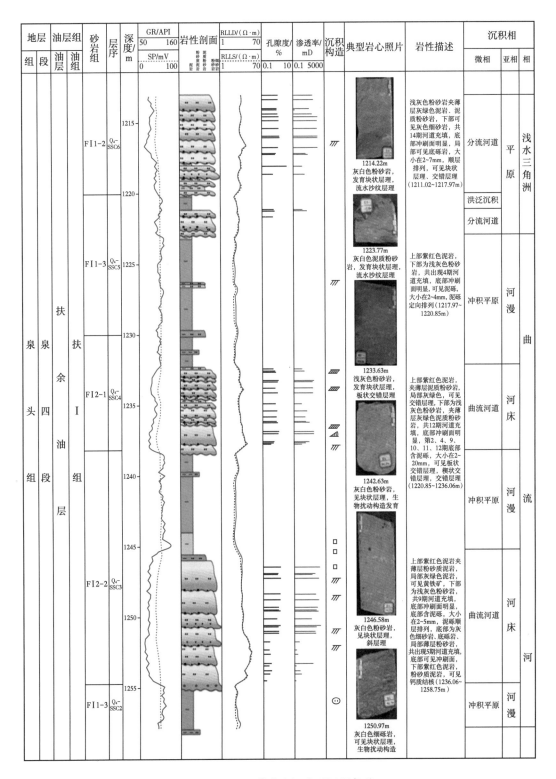

图 3-8　民 8 井曲流河典型沉积序列

（1）分流河道微相。

分流河道是浅水三角洲平原亚相的沉积骨架，岩性主要为灰、灰白色粉砂岩夹泥质粉砂岩，夹有少量细砂岩，与曲流河相的河床滞留沉积较类似，但沉积规模稍小，沉积物的粒度更细。整体上，沉积物的分选性、物性较好，可见到明显间断性正韵律的二元结构。砂岩底部可见冲刷面和泥砾，沉积砂体局部被油侵呈棕褐色。发育平行层理、块状层理、交错层理等，均反映出较强水动力条件。在岩性剖面上，沉积物粒度表现为下粗上细的正旋回沉积特征。在电测曲线上，总体表现为中—高幅度差的钟形或箱形，齿状—微齿状、顶底部突变接触的特征，反映了较强的水动力沉积条件。

（2）决口扇微相。

决口扇沉积物粒度一般介于分流河道和天然堤之间，沉积厚度较薄，一般小于 2m，为洪水期分流河道决口而在河道外形成的扇状沉积体，以紫红色、浅灰色粉砂岩、泥质粉砂岩为主，粒度较细，泥质含量较高，局部可呈现出小规模的正韵律变化特征，底部具冲刷面或突变面，发育小型交错层理或沙纹层理。电测曲线上表现为中等幅度差指状或漏斗形，呈底突顶渐变特征。

（3）洪泛沉积微相。

洪泛沉积是三角洲平原沉积主体，沉积厚度大，分布范围广，其沉积物粒度一般很细。整体以较厚层紫红色、杂色泥岩、粉砂质泥岩沉积为主，泥岩具明显氧化色响应特征。该微相常见炭化植物碎片、虫孔构造、黄铁矿等，含钙质结核，生物化石少见，发育水平、垂直生物钻孔及生物扰动构造。电测曲线上表现出厚层的低幅度变化的直线形、微齿状。

总体沉积序列如下：垂向上，每期河道多由多次旋回垂向砂体叠加组成，每次旋回底部发育冲刷面，可见泥砾，局部河道砂体油浸呈褐色，自下而上呈粒度变细的正韵律（图 3-9）。

2）浅水三角洲前缘亚相

三角洲前缘亚相区别于三角洲平原沉积，其主要为水下还原—弱还原环境，可划分为水下分支河道、水下决口扇、支流间湾 3 种类型微相。其总体特征如下：（1）泥岩颜色较深，以灰绿色为主，还原性自生矿物发育（如黄铁矿、菱铁矿等），氧化色大大减少，反映出一种弱还原—还原的沉积环境；（2）沉积物岩性粒度较细，以粉砂岩、泥岩、粉砂质泥岩为主，粉砂岩和泥岩呈极薄互层状，反映了沉积水动力明显减弱的沉积过程；（3）化石增多，见植物碎屑或炭化碎屑；（4）相对于三角洲分流平原亚相，其层理更为发育，特征明显，但一般微细，层理类型以湖能层理为主，包括波状、韵律、透镜状、搅动构造等；（5）水下分流河道沉积厚度一般较薄，发育规模较小且遭受冲刷侵蚀作用较弱，但其发育广泛，水下延伸较远，分叉改道现象常见（图 3-10）。

浅水三角洲类型属于建设性三角洲，由于特殊的地形地貌导致可容纳空间较小，形成的河口坝砂体规模偏小，且在短时期内相变化速率快，河流能量较强，三角洲前积速率快。于是，受河道的频繁改道过程影响，早期沉积的河口坝砂体容易被后期的水下分流河道冲刷侵蚀，河口坝消失殆尽。因此，浅水三角洲河口坝不发育，亦难见到远沙坝、席状砂微相。

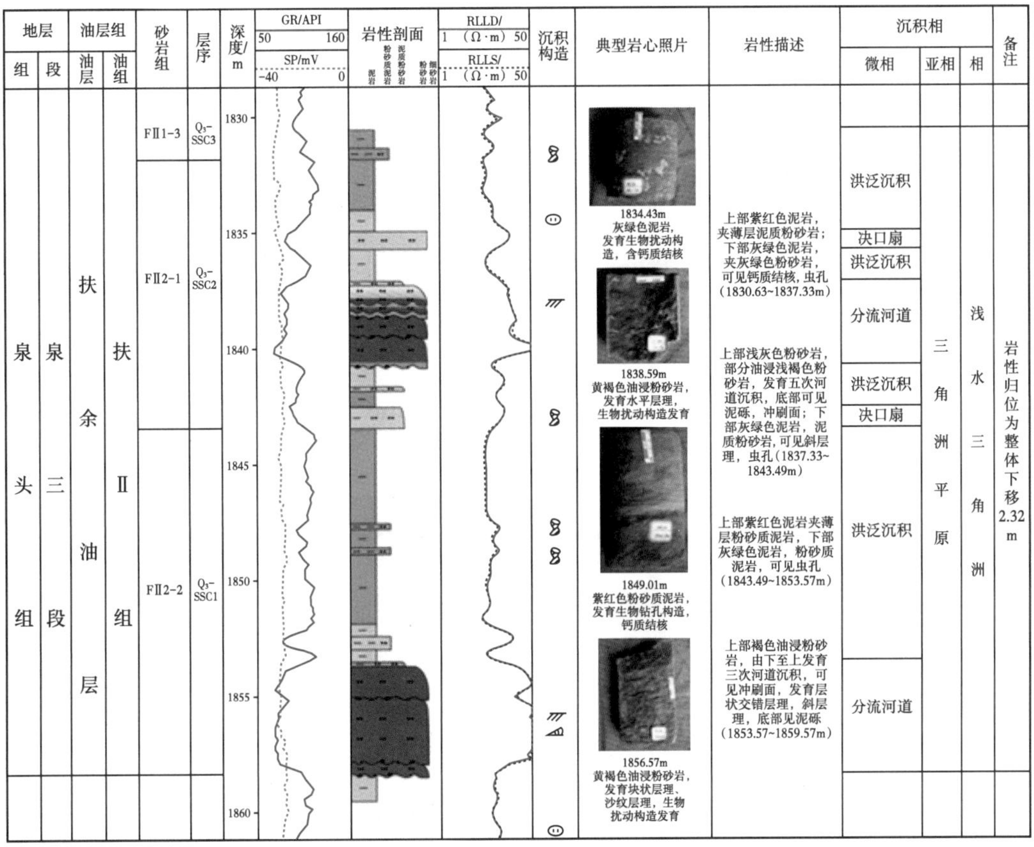

图中（图3-9）为州132井浅水三角洲平原亚相典型沉积序列测井柱状图，包含如下信息：

地层		油层组		砂岩组	层序	深度/m	GR/API 50–160 / SP/mV −40–0	岩性剖面	RLLD 1–50 / RLLS 1–50 (Ω·m)	沉积构造	典型岩心照片	岩性描述	沉积相 微相	亚相	相	备注
组	段	油层	油组													
泉头组	泉三段	扶余油层	扶II油组	FII1-3	Q3-SSC3	1830					1834.43m 灰绿色泥岩，发育生物扰动构造，含钙质结核	上部紫红色泥岩，夹薄层泥质粉砂岩；下部灰绿色泥岩，夹灰绿色粉砂岩，可见钙质结核，虫孔（1830.63~1837.33m）	洪泛沉积 / 决口扇 / 洪泛沉积 / 分流河道	三角洲平原	浅水三角洲	岩性归位为整体下移2.32m
				FII2-1	Q3-SSC2	1835–1843					1838.59m 黄褐色油浸粉砂岩，发育水平层理，生物扰动构造发育	上部浅灰色粉砂岩，部分油浸浅褐色粉砂岩，发育五次河道沉积，底部可见泥砾，冲刷面；下部灰绿色泥岩，泥质粉砂岩，可见斜层理，虫孔（1837.33~1843.49m）	洪泛沉积 / 决口扇			
				FII2-2	Q3-SSC1	1845–1860					1849.01m 紫红色粉砂质泥岩，发育生物钻孔构造，钙质结核；1856.57m 黄褐色油浸粉砂岩，发育块状层理，沙纹层理，生物扰动构造发育	上部紫红色泥岩夹薄层灰绿色泥岩，下部灰绿色泥岩，粉砂岩，可见虫孔（1843.49~1853.57m）；上部褐色油浸粉砂岩，由下至上发育三次河道沉积，可见冲刷面，发育层状交错层理，斜层理，底部见泥砾（1853.57~1859.57m）	洪泛沉积 / 分流河道			

图 3-9　州 132 井浅水三角洲平原亚相典型沉积序列

（1）水下分流河道微相。

水下分流河道为陆上分流河道的水下延伸，具有与陆上分流河道相类似的沉积特征，河道底部一般可见底冲刷构造，且在岩性剖面上多呈正韵律旋回特征。由于该微相以水下沉积为主，整体受湖能阻力及顶托作用的影响较大，使得水下分流河道具有不同于陆上分流河道的沉积特征，主要表现为以下几个方面：①与水下分流河道相伴生的泥质沉积物多表现为灰色、灰绿色等还原色；②河道底冲刷能力减弱，河道冲刷面多表现为平直的岩性突变面，底部泥砾含量明显减少；③河道沉积砂体一般规模较小，单层沉积厚度较薄，其沉积物粒度明显变细，多以粉砂岩为主；④河道内多发育泥质夹层，发育与之相对应的水平层理及湖能层理；⑤纵向上河道宽度呈递变式，一般距岸越近、河道越宽，距岸越远、河道越窄，且湖能沉积特征也愈加明显。电测曲线特征与分流河道曲线特征相似，多为高幅度差钟形，呈顶部突变式，少量为箱形，沉积厚度较小。

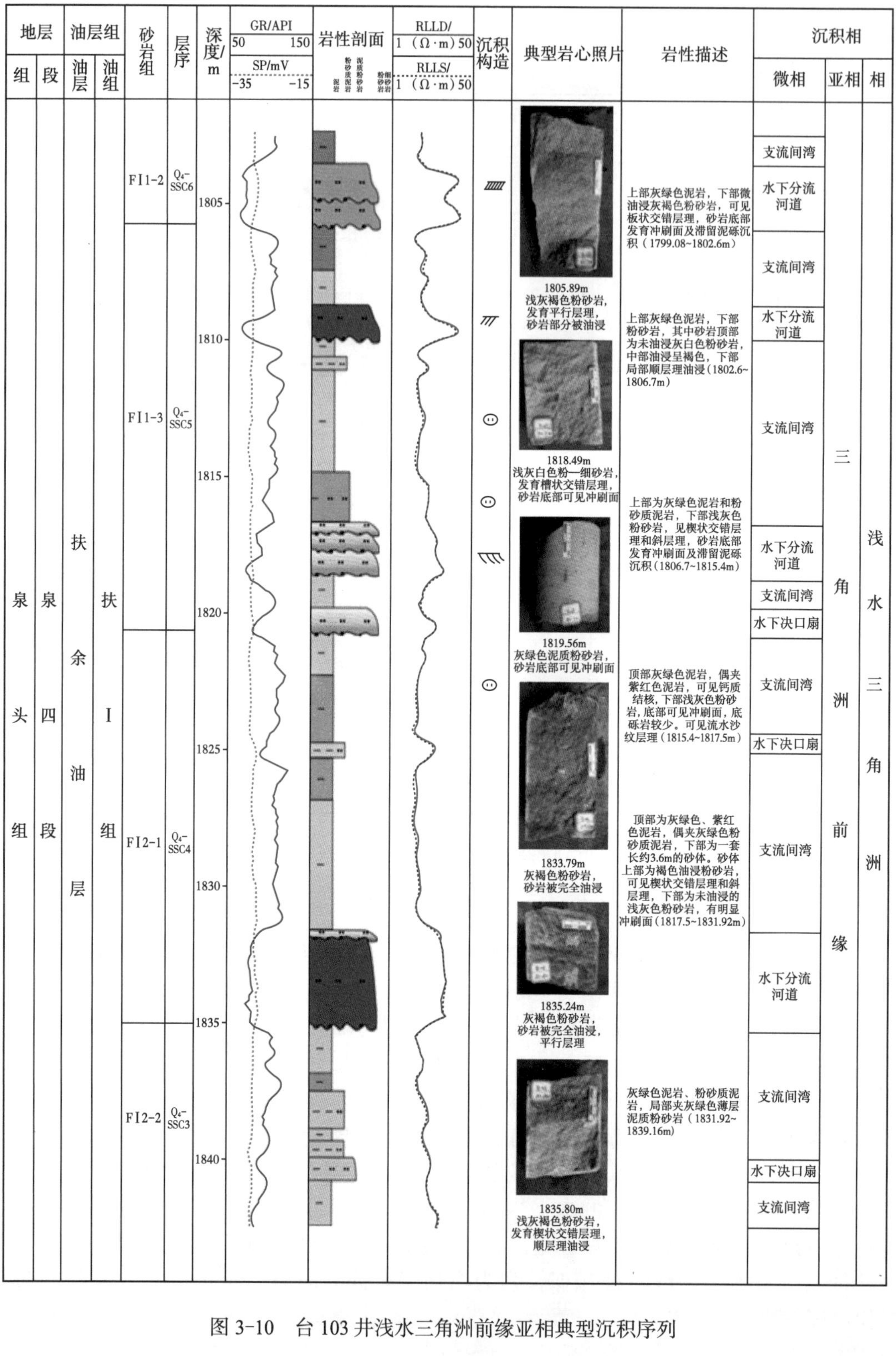
地层
组
段
油层组
油层
油组
砂岩组
层序
深度/m
GR/API
50 150
SP/mV
-35 -15
岩性剖面
泥岩
粉砂质泥岩
泥质粉砂岩
粉砂岩
粉细砂岩
RLLD/1（Ω·m）50
RLLS/1（Ω·m）50
沉积构造
典型岩心照片
岩性描述
沉积相
微相
亚相
相
泉头组
泉四段
扶余油层
扶I组
FI1-2
Q4-SSC6
FI1-3
Q4-SSC5
FI2-1
Q4-SSC4
FI2-2
Q4-SSC3
1805
1810
1815
1820
1825
1830
1835
1840
1805.89m
浅灰褐色粉砂岩，
发育平行层理，
砂岩部分被油浸
1818.49m
浅灰白色粉—细砂岩，
发育槽状交错层理，
砂岩底部可见冲刷面
1819.56m
灰绿色泥质粉砂岩，
砂岩底部可见冲刷面
1833.79m
灰褐色粉砂岩，
砂岩被完全油浸
1835.24m
灰褐色粉砂岩，
砂岩被完全油浸，
平行层理
1835.80m
浅灰褐色粉砂岩，
发育楔状交错层理，
顺层理油浸
上部灰绿色泥岩，下部微油浸灰褐色粉砂岩，可见板状交错层理，砂岩底部发育冲刷面及滞留泥砾沉积（1799.08~1802.6m）
上部灰绿色泥岩，下部粉砂岩，其中砂岩顶部为未油浸灰白色粉砂岩，中部油浸呈褐色，下部局部顺层理油浸（1802.6~1806.7m）
上部为灰绿色泥岩和粉砂质泥岩，下部浅灰色粉砂岩，见楔状交错层理和斜层理，砂岩底部发育冲刷面及滞留泥砾沉积（1806.7~1815.4m）
顶部灰绿色泥岩，偶夹紫红色泥岩，可见钙质结核，下部浅灰色粉砂岩，底部可见冲刷面，底砾岩较少。可见流水沙纹层理（1815.4~1817.5m）
顶部为灰绿色、紫红色泥岩，偶夹灰绿色粉砂质泥岩，下部为一套长约3.6m的砂体。砂体上部为褐色油浸粉砂岩，可见楔状交错层理和斜层理，下部为未油浸的浅灰色粉砂岩，有明显冲刷面（1817.5~1831.92m）
灰绿色泥岩、粉砂质泥岩，局部夹灰绿色薄层泥质粉砂岩（1831.92~1839.16m）
支流间湾
水下分流河道
支流间湾
水下分流河道
支流间湾
水下分流河道
支流间湾
水下决口扇
支流间湾
水下决口扇
支流间湾
水下分流河道
支流间湾
水下决口扇
支流间湾
三角洲前缘
浅水三角洲

图 3-10　台 103 井浅水三角洲前缘亚相典型沉积序列

（2）水下决口扇微相。

水下决口扇沉积物较水下分流河道细，砂体中泥质含量较多，颜色以还原色为主，单层厚度较薄，单层砂体厚度一般为0.5~2m，底部具冲刷面，规模上小于陆上决口扇，常有小型层理发育，与上、下部泥岩之间存在岩性岩相突变面。电测曲线上显示低幅齿状线形和指形。

（3）支流间湾微相。

支流间湾微相是区别水下与陆上的最重要标志之一，常见于水下分流河道之间相对凹陷的浅湖地区，为低能还原环境。三角洲向前推进时，在分流河道间形成一系列尖端指向陆地的楔形泥质沉积体，称为泥楔，故支流间湾以泥质沉积为主，且发育有水平层理、变形层理、透镜状层理等，可见浪成波痕和生物介壳，虫孔及生物搅动构造发育。电测曲线上通常表现为极低幅值或低幅值的直线形状或微齿状。

总体沉积序列如下：垂向上，每期河道由多次旋回垂向砂体叠加，砂体沉积粒度较细，且厚度较薄，泥岩夹层增多，形成自下而上粒度呈间断性变细的正旋回。

第三节　沉积相展布特征与沉积演化规律

一、单井沉积相

扶余油层扶Ⅰ、扶Ⅱ油组共划分了5个中期基准面旋回、12个短期基准面旋回，自下而上分别为Q_3-SSC1—Q_3-SSC5、Q_4-SSC1—Q_4-SSC7。为了能够更精细地分析沉积体系分布特征及沉积相的横纵向变化规律，以岩心精细观察描述及典型的单井剖面相分析为基础。

源18井位于三肇凹陷，目的层扶余油层主体上表现为浅水三角洲沉积，发育两个亚相，下部为三角洲平原沉积，上部为三角洲前缘沉积（图3-11）。岩性主要为紫红色、灰色或灰绿色泥岩，粉砂质泥岩，泥质粉砂岩，粉砂岩和少量细砂岩，砂岩以河道沉积砂体为主，局部河道砂发生油浸呈褐色。测井曲线形态上，自然伽马测井曲线表现为中—高幅度钟形、箱形或指形和低幅度线形，均表现为锯齿状，光滑线形少见，表明当时沉积水体波动频繁。

源18井扶余油层自下而上划分为3个油组——FⅢ、FⅡ、FⅠ。对FⅠ和FⅡ两个油层组进行细分，自下而上可进一步划分为12个小层，其中FⅡ细分为FⅡ2-2、FⅡ2-1、FⅡ1-3、FⅡ1-2、FⅡ1-1，对应5个短期基准面旋回（Q_3-SSC1、Q_3-SSC2、Q_3-SSC3、Q_3-SSC4、Q_3-SSC5）。FⅠ细分为FⅠ3-2、FⅠ3-1、FⅠ2-2、FⅠ2-1、FⅠ1-3、FⅠ1-2、FⅠ1-1，对应7个短期基准面旋回（Q_4-SSC1、Q_4-SSC2、Q_4-SSC3、Q_4-SSC4、Q_4-SSC5、Q_4-SSC6、Q_4-SSC7）。在此单井中，从Q_3-SSC1到Q_4-SSC2，沉积水体由深变浅，其中Q_3-SSC1—Q_3-SSC4主要为三角洲平原亚相沉积，Q_3-SSC5主要为曲流河河漫沉积；从Q_4-SSC1到Q_4-SSC7，沉积水体由浅逐渐加深，主要为浅水三角洲平原和前缘亚相沉积。

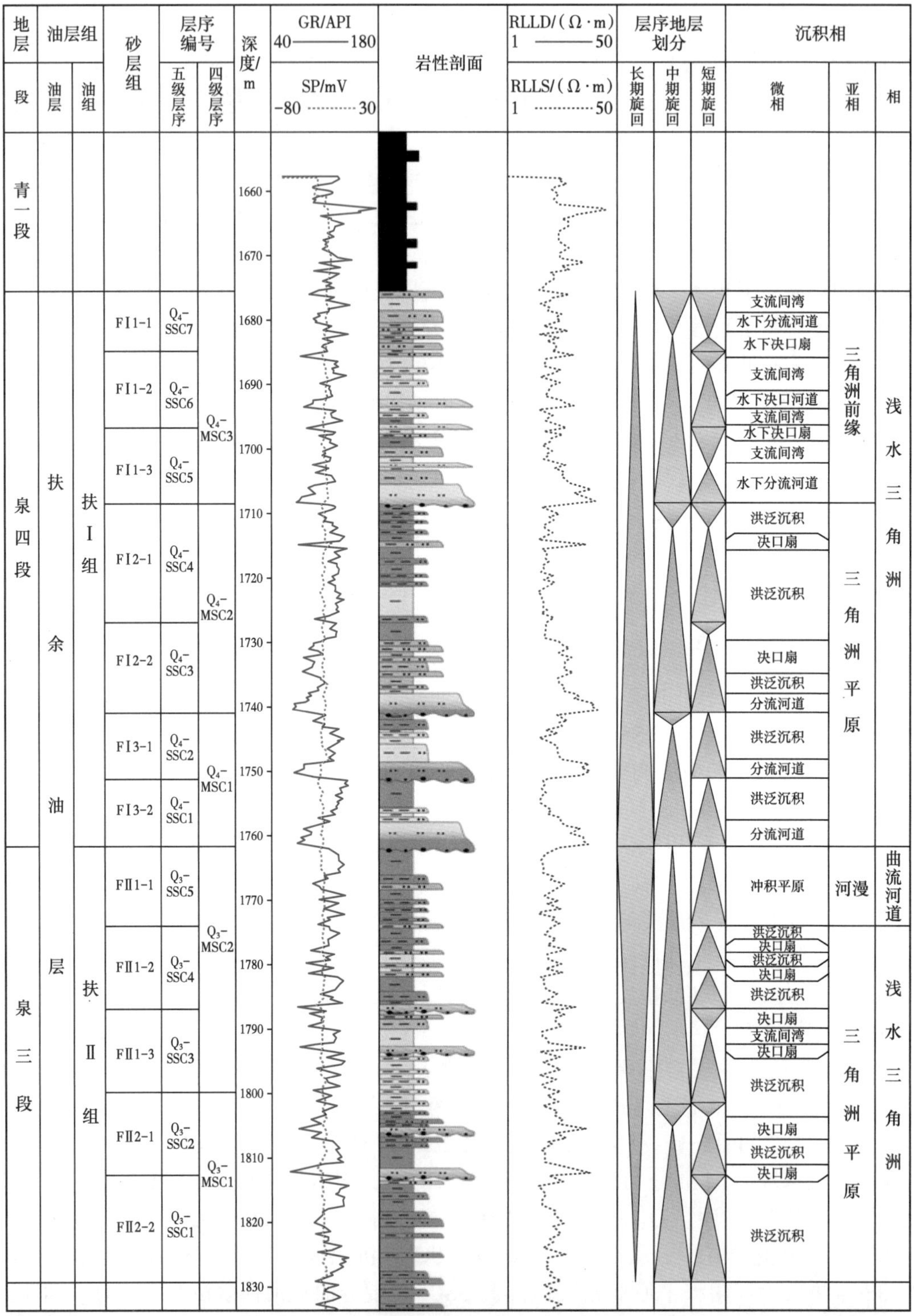

地层	油层组		砂层组	层序编号		深度/m	GR/API 40——180 SP/mV -80······30	岩性剖面	RLLD/(Ω·m) 1——50 RLLS/(Ω·m) 1······50	层序地层划分			沉积相		
段	油层	油组		五级层序	四级层序					长期旋回	中期旋回	短期旋回	微相	亚相	相
青一段						1660 1670									
泉四段	扶余油层	扶I组	FI1-1	Q₄-SSC7	Q₄-MSC3	1680							支流间湾	三角洲前缘	浅水三角洲
			FI1-2	Q₄-SSC6		1690							水下分流河道		
													水下决口扇		
													支流间湾		
													水下决口河道		
													支流间湾		
													水下决口扇		
			FI1-3	Q₄-SSC5		1700							支流间湾		
						1710							水下分流河道		
			FI2-1	Q₄-SSC4	Q₄-MSC2	1720							洪泛沉积	三角洲平原	三角洲
													决口扇		
													洪泛沉积		
			FI2-2	Q₄-SSC3		1730							决口扇		
						1740							洪泛沉积		
													分流河道		
			FI3-1	Q₄-SSC2	Q₄-MSC1	1750							洪泛沉积		
													分流河道		
			FI3-2	Q₄-SSC1		1760							洪泛沉积		
													分流河道		
泉三段		扶II组	FII1-1	Q₃-SSC5	Q₃-MSC2	1770							冲积平原	河漫	曲流河道
			FII1-2	Q₃-SSC4		1780							洪泛沉积		浅水三角洲
													决口扇		
													洪泛沉积		
													决口扇		
			FII1-3	Q₃-SSC3		1790							洪泛沉积		
													决口扇		
													支流间湾	三角洲平原	
													决口扇		
			FII2-1	Q₃-SSC2	Q₃-MSC1	1800 1810							洪泛沉积		
													决口扇		
													洪泛沉积		
													决口扇		
			FII2-2	Q₃-SSC1		1820 1830							洪泛沉积		

图 3-11　源 18 井沉积微相精细分析图

Q$_3$-SSC1 沉积期：沉积水体较浅，主要表现为三角洲平原亚相沉积，可进一步分为洪泛沉积和决口扇两种微相。岩性主要为紫红色泥岩、粉砂质泥岩，灰色泥质粉砂岩。该沉积时期砂体不是很发育，仅有较薄的决口扇泥质粉砂岩。测井曲线形态上，自然伽马曲线显中—高幅钟形和箱形，微齿状；自然电位曲线平缓，表现为中—低值；深浅双侧向感应电阻曲线为中—低值齿状。

Q$_3$-SSC2 沉积期：沉积水体缓慢变浅，仍然为一套三角洲平原亚相沉积，可进一步分为决口扇和洪泛沉积两种微相。岩性主要为紫红色泥岩，灰色、浅灰色泥质粉砂岩和粉砂岩。分流河道砂不发育，仅有较薄决口扇砂体发育，总体上表现为泥包砂的特征。测井曲线形态上，自然伽马、自然电位和深浅双侧向感应电阻曲线均表现为中—低幅齿状，在砂体发育部位表现为高幅度齿状。

Q$_3$-SSC3 沉积期：沉积水体进一步变浅，仍为一套三角洲平原亚相沉积，可进一步分为洪泛沉积和决口扇两种微相。岩性主要为紫红色泥岩，灰色、浅灰色泥质粉砂岩和粉砂岩，局部出现灰绿色泥岩。砂岩单层厚度较薄，为 0.8~1.4m。测井曲线形态上自然伽马、自然电位和深浅双侧向感应电阻曲线均表现为中—低幅齿状，在砂体发育部位表现为中幅度指形。

Q$_3$-SSC4 沉积期：沉积水体继续变浅，为三角洲平原亚相沉积，继承了 Q$_3$-SSC3 砂组沉积特征，以大段紫红色、灰绿色泥岩、粉砂质泥岩发育为特征，砂体不发育，属于洪泛沉积。测井曲线形态上，自然伽马、自然电位和深浅双侧向感应电阻曲线均表现为中—低幅齿状。

Q$_3$-SSC5 沉积期：整段岩性为灰绿色、紫红色泥岩，粉砂质泥岩，沉积水体稳定较浅，为曲流河道沉积，可进一步分为曲流河道、冲积平原两种微相。测井曲线形态上，自然伽马、自然电位和深浅双侧向感应电阻曲线均表现为中—低幅齿状。

Q$_4$-SSC1 沉积期：岩性主要为紫红色、灰绿色泥岩、粉砂质泥岩，灰色、浅灰色粉砂岩。砂岩总厚度相对下伏砂组有所增加，单层砂体厚度较大，高达 4.8m，局部砂体发生油浸呈褐色，油浸砂体厚度 1.3m，砂体类型以分流河道为主。测井曲线形态上，自然伽马、自然电位和深浅双侧向感应电阻曲线整体表现为低幅齿状。河道砂部位自然伽马、深浅双侧向感应电阻曲线表现为中—高幅钟形齿状。

Q$_4$-SSC2 沉积期：继承了 Q$_4$-SSC1 沉积期的沉积特征，为三角洲平原沉积。岩性主要为紫红色、灰色泥岩，浅灰色泥质粉砂岩和粉砂岩。河道砂体相对发育，砂体厚度达 3.2m。测井曲线形态上，自然伽马、深浅双侧向感应电阻曲线均表现为中—高幅箱形或钟形，具齿化特征。

Q$_4$-SSC3 沉积期：岩性主要为大段灰绿色泥岩、粉砂质泥岩，局部可见紫红色泥质粉砂岩，主体为三角洲平原亚相沉积，发育洪泛沉积和决口扇两个微相，分流河道砂体不发育。测井曲线形态上，自然伽马、自然电位和深浅双侧向感应电阻曲线均表现为中—低幅齿状。

Q$_4$-SSC4 沉积期：沉积水体持续加深，为三角洲平原亚相沉积，可进一步分为洪泛沉积和决口扇两种微相。岩性主要为紫红色泥岩、灰白色泥质粉砂岩。砂体类型以决口扇为主，沉积厚度 1.2m 左右。测井曲线形态上，自然伽马、深浅双侧向曲线均表现为中—低幅齿状。

Q$_4$-SSC5 沉积期：沉积水体进一步加深，沉积环境由三角洲平原过渡为三角洲前缘亚相，发育水下分流河道、支流间湾、水下决口扇 3 个微相。岩性主要为灰绿色泥岩、粉砂质泥岩，灰色粉砂岩。水下分流河道砂发育，厚约 3.7m。也可见薄层决口扇砂体发育。测井曲线形态上，自然伽马、自然电位和深浅双侧向感应电阻曲线均表现为中—低幅齿状。

Q_4-SSC6 沉积期：沉积水体继续加深，主体为一套三角洲前缘亚相沉积，可进一步分为水下决口扇、支流间湾两种微相。岩性主要为灰绿色泥岩、粉砂质泥岩，灰色、褐色粉砂岩。砂岩厚度较 Q_3-SSC5 有所减薄，为 1.3~1.5m。测井曲线形态上，自然伽马、深浅双侧向感应电阻曲线均表现为中—高幅钟形、扁钟形，具微齿化特征。

Q_4-SSC7 沉积期：沉积水体加深，但仍然为一套三角洲前缘亚相沉积，可进一步分为支流间湾和水下决口扇两种微相。岩性主要为灰绿色泥岩，粉砂质泥岩，夹灰色泥质粉砂岩，水下分流河道砂不发育。测井曲线形态上，自然伽马、自然电位和深浅双侧向感应电阻曲线均表现为中—低幅齿状。

总体来看，该井在沉积过程中表现为水体由深变浅再逐渐变深的沉积过程，即三角洲平原亚相—曲流河沉积—三角洲平原亚相—三角洲前缘亚相的沉积演化过程，其中以 Q_4-SSC1、Q_4-SSC2、Q_4-SSC3 和 Q_4-SSC5 沉积时期的河道砂体较为发育，砂体连续沉积厚度相对较大，属于最有利的砂体沉积时期。

二、连井沉积相

1. 葡 35 井—朝 61 井连井大剖面（H1）沉积相展布分析

东西方向为垂直于物源方向，研究区内 H1 连井剖面由西至东横跨葡 35 井—台 6 井—肇 21 井—肇 261 井—州 165 井—州 8 井—州 27 井—肇 413 井—朝 67 井—朝 61 井（图 3-12），整体地层厚度变化不大，在 145.3~165.2m 范围内，沉积特征大致相同，河道发育特征受水系控制，西部河道规模较东部大，在数量上也明显多于东部。

Q_3-SSC1 沉积时期为一套三角洲平原沉积，西部芳 35 井和肇 216 井区河道砂体较发育，东部各井区河道砂体发育较少，连通性差；Q_3-SSC2 沉积时期继承了 Q_3-SSC1 沉积时期的沉积特征，仍以三角洲平原沉积为主，整个层序西部河道砂体发育，而东部河道砂体发育较少；Q_3-SSC3 沉积时期仍为三角洲平原沉积，东部河道砂体相对发育，单层厚度较大，在朝 67 井和朝 61 井区附近砂体广泛发育；Q_3-SSC4 沉积时期以三角洲平原沉积为主，该时期河道砂体局限，多集中在中部州 165 井和州 8 井区附近；Q_3-SSC5 沉积时期主体为曲流河沉积，该时期整体上河道砂体不太发育，仅在东部朝 61 井附近发育，砂体类型为叠置型。

Q_4-SSC1 沉积时期，横向上三角洲平原沉积和曲流河沉积交互出现，河道砂体在东部较为发育，砂体连续性较差，呈现西厚东薄的特征；Q_4-SSC2 沉积时期主体为一套三角洲平原沉积，仅在西部葡 35 井和肇 21 井附近为三角洲前缘沉积，河道砂体多发育于中部，西部河道砂体不发育；Q_4-SSC3 沉积时期沉积相东西分带明显，西部为三角洲前缘沉积，东部为三角洲平原沉积，河道砂体以西部最为发育，砂体单层厚度较大，且连续性较好；Q_4-SSC4 沉积时期沉积相分带明显，三角洲前缘范围扩大，反映了沉积水体的变深，该时期东部河道砂体较为发育，在朝 67 井—朝 61 井区发育一套连续性较好的河道砂，西部肇 21 井发育河道砂体，连续性较差，单层厚度较厚；Q_4-SSC5 沉积时期沉积水体进一步加深，主体为三角洲前缘沉积，仅在州27井区和朝61井区仍为一套三角洲平原沉积；Q_4-SSC6沉积时期，沉积水体进一步加深，沉积环境主体为三角洲前缘沉积，该时期河道砂体不太发育，决口扇砂体相对发育；Q_4-SSC7沉积时期沉积水体持续变深，仍为一套三角前缘沉积，河道砂体多发育于西部肇21井—肇261井附近，在东部除肇413井附近河道砂体相对发育外，整体上东部各井区河道砂体发育较少，砂体单层厚度较薄，连续性较差。

总体来看，通过12个小层的沉积相精细解剖，可以发现研究区西部扶余油层整体上沉积水体由浅变深，形成了三角洲平原—三角洲前缘的沉积体系，而东部和中部绝大部分地区呈现出水体由深变浅再逐步加深的趋势，形成了三角洲平原—曲流河—三角洲平原—三角洲前缘的沉积体系。

2. 茂701井—朝84井连井大剖面（H2）沉积相展布分析

东西方向为垂直于物源方向，H2连井剖面由西至东横跨茂701井—台103井—源291井—源9井—源16井—源214井—朝79井—长42井—朝961井—朝84井（图3-13），整体地层厚度变化不大，在146.2~159.3m范围内，沉积特征大致相同，河道发育特征受水系控制，西部河道规模及数量明显少于东部。

Q_3-SSC1沉积时期主体表现为一套三角洲平原沉积，中部源9井—源16井附近河道砂体较发育，且连续性较好，其余各井区河道砂体发育较少。Q_3-SSC2沉积时期继承了Q_3-SSC1沉积时期的沉积特征，仍以三角洲平原沉积为主，在朝79井—朝961井一带演变为曲流河沉积。Q_3-SSC3沉积时期主体仍为三角洲平原沉积，东部朝79井—朝961井一带为曲流河沉积。河道砂体广泛发育，东部河道规模较西部大，在数量上也明显多于西部。Q_3-SSC4沉积时期，东部曲流河范围进一步扩大，呈现出典型的沉积相分异，西部为三角洲平原沉积，东部为曲流河沉积，该时期西部河道砂体发育局限，仅源291井区发育两期河道，在东部源214井区和长42井区，河道砂体厚度相对较大，砂体呈西薄东厚的特征。Q_3-SSC5沉积时期继承了Q_3-SSC4沉积时期的沉积格局，东部茂701井区演变为三角洲前缘沉积。该时期河道砂体发育局限，仅源214井区和朝84井区发育河道砂体，砂体连续性较差。

Q_4-SSC1沉积时期，中部地区水体加深，源9井—源16井一带演变为三角洲平原沉积。该时期河道砂体广泛发育，中部源9井区—源16井区砂体连续性较好。Q_4-SSC2沉积时期，东部曲流河相逐渐演变为三角洲平原相，反映了东部水体逐渐加深的过程。该期河道砂体零星发育，仅在东部茂701井区见水下分流河道砂体，砂体厚度相对较薄，为两期河道叠置。Q_4-SSC3沉积时期主体为三角洲平原沉积，仅西部茂701井附近为三角洲前缘沉积，该时期河道砂体发育较少，以三角洲平原分流河道砂为主，单层厚度一般较薄。Q_4-SSC4沉积时期沉积相分带明显，西部台103井区逐渐过渡为三角洲前缘沉积，东部仍为一套三角洲平原沉积。纵向上，三角洲平原向三角洲前缘的过渡，反映了沉积水体的变深，该时期河道砂体较少发育，东部朝96井区发育一套分流河道砂，砂体呈叠置型。Q_4-SSC5沉积时期，沉积水体继续加深，主体表现为三角洲前缘沉积。Q_4-SSC6沉积时期，继承了Q_4-SSC5沉积时期的沉积格局，主体为三角洲前缘沉积，该时期源214井区—朝79井区发育河道砂体，砂体呈透镜状，连续性较差，且单层厚度较薄。Q_4-SSC7沉积时期，沉积水体持续变深，主体仍为一套三角洲前缘沉积，该时期河道砂体不太发育，仅在个别井区零星发育决口扇砂体，且单层砂厚较薄。

总体来看，通过12个小层的沉积相精细解剖，可以发现研究区西部扶余油层整体上沉积水体由浅变深，形成了三角洲平原—三角洲前缘的沉积体系，而东部和中部绝大部分地区呈现出水体由深变浅再逐步加深的趋势，形成了三角洲平原—曲流河—三角洲平原—三角洲前缘的沉积体系。

3. 茂4井—长22井连井大剖面（H3）沉积相展布分析

东西方向为垂直于物源方向，研究区内H3连井剖面由西至东横跨茂4井—茂506井—茂13井—源357井—源101井—源2井—源3井—民2井—民72井—长47井—长22井（图3-14），整体地层厚度变化不大，在152.7~163.2m范围内，沉积特征大致相同，河道发育特征受水系控制，西部河道规模及数量明显少于东部。

Q_3-SSC1沉积时期，主体表现为一套三角洲平原沉积，仅在源3井附近发育曲流河沉积，西部茂506井区河道砂体较发育，发育两期河道，砂体类型为叠置型，中部源2井—源3井均发育一期河道，而东部各井区河道砂体发育较少。Q_3-SSC2沉积时期，沉积相分异明显，西部以三角洲平原沉积为主，东部主体为曲流河沉积。该时期西部河道砂体发育较少，仅东部个别井区发育，在民72井区和长22井区河道砂体单层厚度大，可高达8.3m。Q_3-SSC3沉积时期继承了Q_3-SSC2沉积时期的沉积特征，西部仅茂506井发育一套厚约7.9m的分流河道砂体，而东部河道砂体广泛发育，其单层厚度约为4.3m。Q_3-SSC4沉积时期继承了Q_3-SSC3沉积时期的沉积格局，西部主要为三角洲平原沉积，东部主要为曲流河沉积。该时期河道砂体零星发育，在源2井和民72井也可见河道砂，厚度相对较薄。Q_3-SSC5沉积时期，曲流河沉积向西部推进，三角洲平原沉积范围相对萎缩。该时期西部河道砂体发育局限，中部源101井区附近发育一套河道砂体。

Q_4-SSC1沉积时期，延续Q_3-SSC5沉积时期沉积特征，主体以曲流河沉积为主，仅东部茂4井—茂506井区为三角洲平原沉积，该时期河道砂体发育较少，仅在个别井区零星发育，单层砂厚较薄。Q_4-SSC2沉积时期，主体仍为曲流河沉积，砂体的发育情况较前一时期有所改善。Q_4-SSC3沉积时期，主体仍为曲流河沉积，该时期河道砂体较为发育，主要以曲流河道砂为主，单层厚度一般较厚，砂体呈西薄东厚的特征。Q_4-SSC4沉积时期，沉积相分带明显，西部部分三角洲平原沉积逐步过渡为一套三角洲前缘沉积，而东部仍为曲流河沉积，纵向上三角洲平原向三角洲前缘的过渡，反映了沉积水体的变深，该时期河道砂体较少发育，仅在西部茂13井和源101井区分别发育一套河道砂体，东部井区河道砂体不发育。Q_4-SSC5沉积时期，沉积水体加深，曲流河沉积消失，主体表现为三角洲平原沉积，该时期河道砂体发育较少。Q_4-SSC6沉积时期，继承了Q_4-SSC5沉积时期的沉积格局，三角洲前缘沉积进一步扩大，主体为三角洲平原沉积，该时期河道砂体很少发育，且单层厚度很薄。Q_4-SSC7沉积时期，沉积水体持续变深，全区被三角洲前缘沉积覆盖，该时期河道砂体仅在个别井区零星发育，且单层砂厚较薄。

总体来看，通过12个小层的沉积相精细解剖，可以发现研究区西部扶余油层整体上沉积水体由浅变深，形成了三角洲平原—三角洲前缘的沉积体系，而东部和中部绝大部分

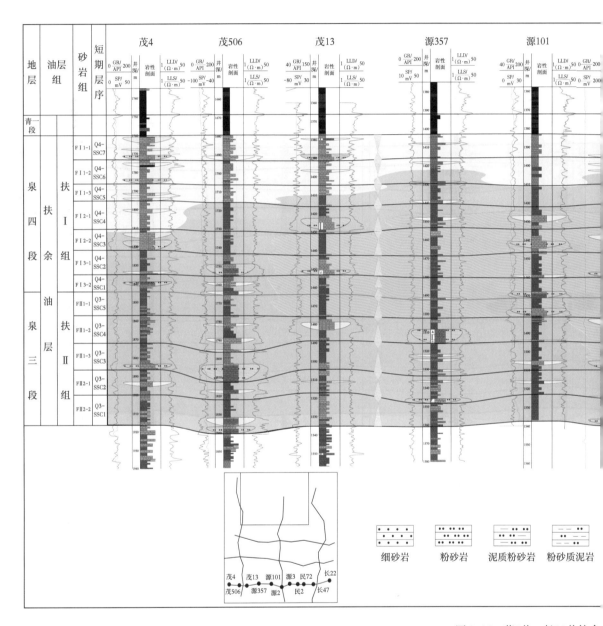

图3-14 茂4井—长22井扶余

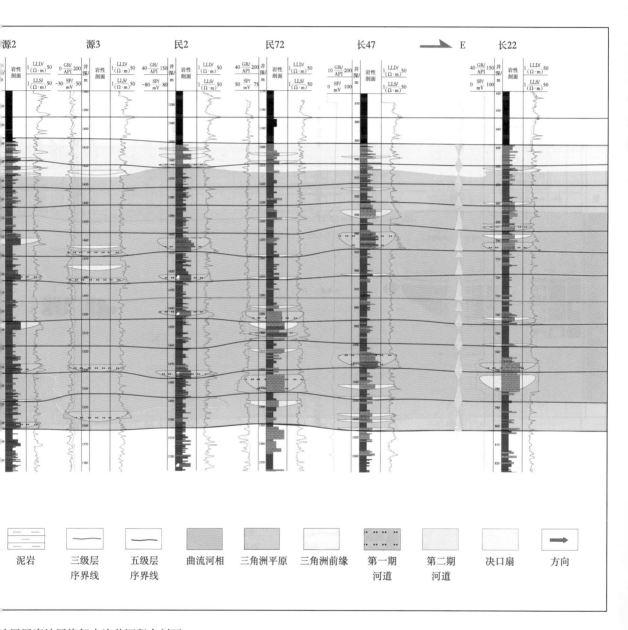

曲层层序地层格架内连井沉积大剖面

地区呈现出水体由深变浅再逐步加深的趋势，形成了三角洲平原—曲流河—三角洲平原—三角洲前缘的沉积体系。

三、平面沉积相展布特征

扶余油层在总体水进的背景下，主要经历了 5 个变化阶段，即扶余油层早期的缓慢下降阶段、早中期的快速下降后再上升阶段、中期的缓慢上升阶段、中后期的快速上升阶段、末期的快速上升后略变缓慢阶段，近似对应于识别出的 5 个中期基准面旋回层序。在这 5 个阶段的变化过程中，扶余油层大部分地区依次发育了浅水三角洲平原—浅水三角洲前缘、曲流河—浅水三角洲平原、曲流河—浅水三角洲分流平原—浅水三角洲前缘、浅水三角洲分流平原—浅水三角洲前缘、浅水三角洲前缘—浅湖沉积。

Q_3-MSC1 沉积时期，包括 Q_3-SSC1、Q_3-SSC2 沉积时期，盆地基准面处于早期缓慢下降阶段，为高可容纳空间条件下多个 C_1 型对称型短期旋回垂向叠加而成。沉积主要受东北拜泉、西部白城、西南保康、东南长春—怀德体系控制，以三角洲平原沉积为主，仅在大庆长垣中段、龙虎泡阶地局部区域发育三角洲前缘沉积，南部地区在区域性干旱气候条件的影响下，长期基准面下降，曲流河发育（图 3-15）。

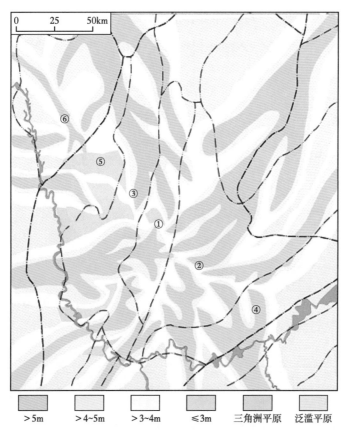

图 3-15　松辽盆地北部扶余油层 Q_3-MSC1 沉积时期（F Ⅱ 2）沉积相图
①大庆长垣；②三肇凹陷；③齐家—古龙凹陷；④朝阳沟阶地；⑤龙虎泡—大安阶地；⑥泰康隆起带

Q₃-MSC2 沉积时期，包括 Q₃-SSC3、Q₃-SSC4、Q₃-SSC5 沉积时期，盆地基准面处于早中期快速下降再上升阶段，为低可容纳空间条件下多个向上变深的非对称型短期旋回垂向叠加而成。短期旋回上部保存不完整，为基准面波动下降至地表，可容纳空间小于零条件下发生局部侵蚀作用造成。沉积体系继承了 Q₃-MSC1 沉积时期特点，受南部长春—怀德体系影响，曲流河范围逐渐扩大，河流能量及携砂能力较强、规模大、垂向及平面切蚀能力强，形成了大面积分布的曲流河道砂体，底部冲刷突变面清晰，滞留沉积发育（主要表现为厚层灰绿色泥砾及少量粉砂砾定向排列），发育交错层理和斜层理，泥岩主要为紫红色，质纯、性脆，具贝壳状断口、擦痕等特征，极少见灰绿色泥岩，反映弱—中等氧化环境，表明该时期气候干旱，基本不存在分流间洼地等弱还原沉积（图 3-16）。

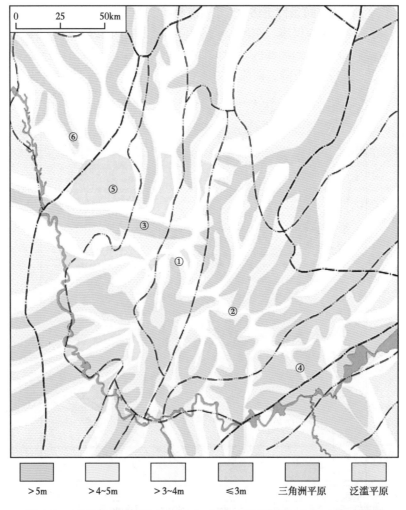

图 3-16 松辽盆地北部扶余油层 Q₃-MSC2 沉积时期（F Ⅱ 1）沉积相图

①大庆长垣；②三肇凹陷；③齐家—古龙凹陷；④朝阳沟阶地；⑤龙虎泡—大安阶地；⑥泰康隆起带

Q₄-MSC1 沉积时期，包括 Q₄-SSC1、Q₄-SSC2 沉积时期，盆地基准面由最低处逐渐上升，为低可容纳空间条件下多个向上变深的非对称型短期旋回垂向叠加而成。短期旋回上部保存不完整，由下至上向上变深和向上变浅的对称型旋回开始增多，但规模仍较小。各沉积体系影响程度相对减弱，均向盆地周边方向退积，受东北拜泉、东南长春—怀德和西南保康水系的控制，发育由高能逐渐向低能转变的河控浅水三角洲分流平原沉积。Q₄-SSC1 沉积时期，盆地整体上仍然以三角洲平原沉积为主，Q₄-SSC2 沉积时期继承了 Q₄-SSC1 沉积时期的沉积格局，沉积特征基本相似（图 3-17）。

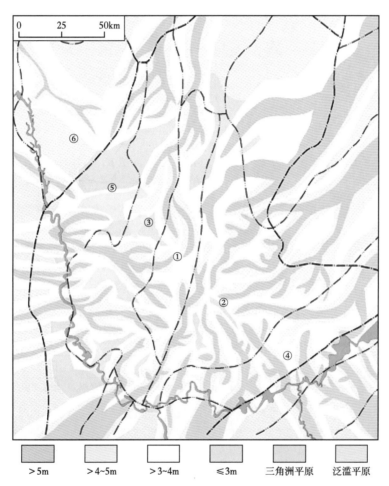

图 3-17　松辽盆地北部扶余油层 Q₄-MSC1 沉积时期（FⅠ3）沉积相图
①大庆长垣；②三肇凹陷；③齐家—古龙凹陷；④朝阳沟阶地；⑤龙虎泡—大安阶地；⑥泰康隆起带

Q₄-MSC2 沉积时期，包括 Q₄-SSC3、Q₄-SSC4 沉积时期，处于盆地基准面中后期快速上升阶段，是一个向上变深对称型中期旋回，主要为中、高可容纳空间条件下多个向上变深的对称型旋回叠加而成，各短期旋回保存相对完整。该时期气候条件潮湿，沉积主要受东北拜泉、西部白城、东南长春—怀德体系控制，发育浅水三角洲分流平原、浅水三角洲前缘亚相沉积。Q_4-SSC3 沉积时期主体为三角洲平原沉积,在凹陷中心部位出现三角洲前缘沉积,反映沉积水体的缓慢变深特点。Q_4-SSC4 沉积时期水体继续上升,三角洲前缘沉积范围逐渐扩大,三角洲平原沉积范围向盆地周边退缩(图 3-18)。

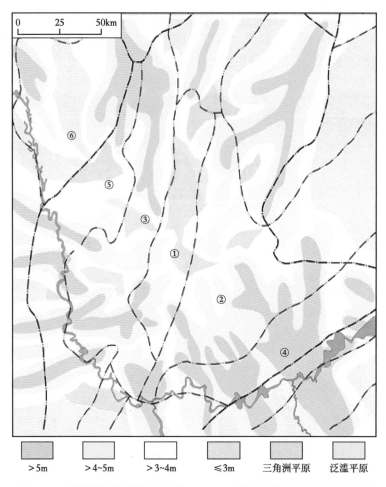

图 3-18 松辽盆地北部扶余油层 Q_4-MSC2 沉积时期(FⅠ2)沉积相图
①大庆长垣;②三肇凹陷;③齐家—古龙凹陷;④朝阳沟阶地;⑤龙虎泡—大安阶地;⑥泰康隆起带

Q_4-MSC3 沉积时期,包括 Q_4-SSC5、Q_4-SSC6、Q_4-SSC7 沉积时期,处于盆地基准面快速上升后略变缓慢阶段,此时水体上升到最大,为向上变深的非对称型短期旋回和以上升为主的对称型短期旋回叠加而成。北部讷河、西部白城、西南保康沉积体系影响程度较强,东南长春—怀德、东北拜泉沉积体系影响程度减弱。Q_4-SSC5 沉积时期沉积水体的进一步加深,盆地大部分地区转变为三角洲前缘沉积。Q_4-SSC6 沉积时期,以三角洲前缘沉积为主,在盆地中心部位出现浅湖相沉积,反映了水体持续加深特点。Q_4-SSC7 沉积时期主要受气候条件影响,水量供给随季节性差异较大,浅湖范围进一步扩大,直至青一段大面积湖侵,演化为半深湖—深湖环境(图 3-19)。

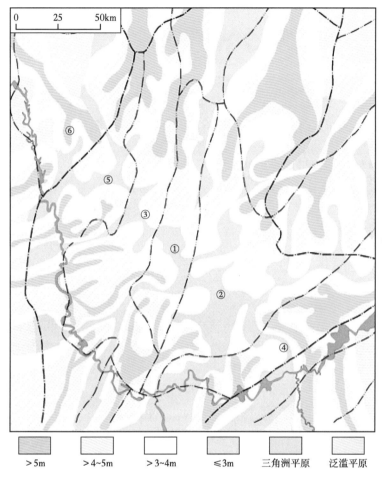

图 3-19　松辽盆地北部扶余油层 Q_4-MSC3 沉积时期（FⅠ1）沉积相图
①大庆长垣；②三肇凹陷；③齐家—古龙凹陷；④朝阳沟阶地；⑤龙虎泡—大安阶地；⑥泰康隆起带

四、沉积相模式

在区域背景分析和短期旋回层序沉积微相解剖的基础上，采用"大区、层沉积背景＋区域各短期旋回层序平面微相＋开发区密井网精细解剖＋沉积理论模式"综合研究方法，建立了三肇地区扶余油层曲流河—浅水三角洲沉积模式。

根据基准面变化，结合沉积相展布规律，分析 3 个关键时期的沉积模式：早期，FⅡ2-2—FⅡ1-2 沉积时期，长期基准面持续下降阶段，主要为曲流河—浅水三角洲平原—浅水前缘亚相混合沉积模式；中期，FⅡ1-2—FⅠ1-3 沉积时期，长期基准面快速下降到最低再缓慢上升阶段，主要为曲流河—浅水三角洲平原沉积模式；晚期，FⅠ1-3—FⅠ1-1 沉积时期，长期基准面持续上升到最大阶段，主要为浅水三角洲前缘—浅湖沉积模式（图 3-20）。

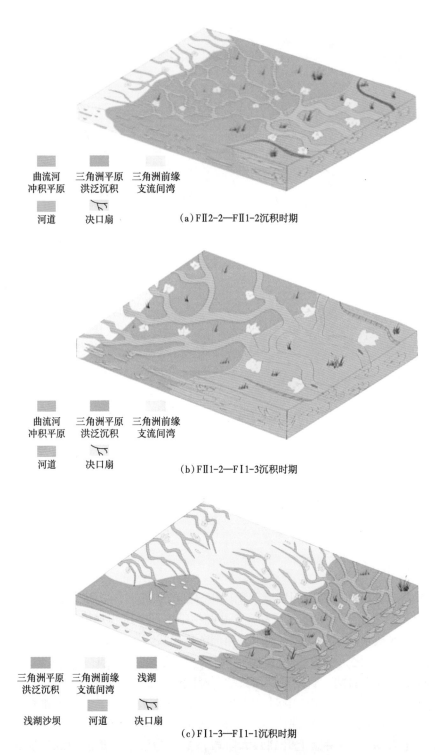

曲流河　三角洲平原　三角洲前缘
冲积平原　洪泛沉积　支流间湾

河道　　决口扇　　　(a) FⅡ2-2—FⅡ1-2沉积时期

曲流河　三角洲平原　三角洲前缘
冲积平原　洪泛沉积　支流间湾

河道　　决口扇　　　(b) FⅡ1-2—FⅠ1-3沉积时期

三角洲平原　三角洲前缘　浅湖
洪泛沉积　　支流间湾

浅湖沙坝　　河道　　决口扇　　(c) FⅠ1-3—FⅠ1-1沉积时期

图3-20　三肇凹陷扶余油层细分层沉积模式图

三肇凹陷扶余油层主要受到北部和南部两个方向物源影响，沉积水体总体表现为先变浅再变深的特征，反映扶余油层沉积时期为一次湖退—湖侵的沉积过程。该模式的建立进一步明确了扶余油层的沉积体系范畴和沉积体系类型，对扶余油层整体分布范围、储层平面分区、储层分布规律预测等具有重要的指导性，为该区储层空间分布模式建立、骨架成因单砂体识别提供了坚实的地质依据，同时对勘探空白区、低勘探程度稀探井区储层预测、成藏分析具有重要的指导作用。

第四节　扶余油层典型河道砂体解剖

一、曲流河道砂体定量参数

三肇地区曲流河道主要分布在三肇凹陷南部、朝阳沟阶地及长春岭背斜带东部，主要为勘探井，为稀井区，井距较大，超过河道宽度，在这种情况下，需要依据 Leeder（1973）经验公式［式（3-1）和式（3-2）］来计算曲流河道的宽度（图 3-21）。

$$W_c=6.8d^{1.54} \tag{3-1}$$

$$W_m=64.6d^{1.54} \tag{3-2}$$

式中　W_m——满岸宽度（河道宽度），m；

W_c——河道带宽，m；

d——正旋回砂体的厚度，m。

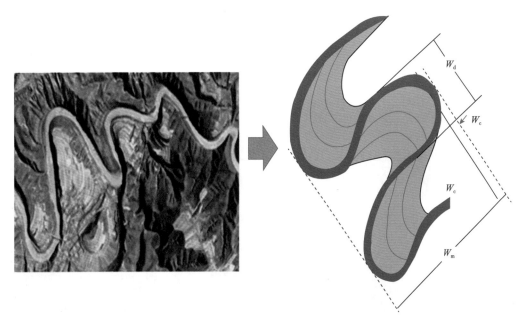

图 3-21　曲流河道砂体定量规模示意图

W_m—满岸宽度；W_c—河道带宽；W_d—单一点坝跨度

以民 5—长 7—民 8 区块为例，统计曲流河道厚度主要分布在 2.0~12.5m（图 3-22），W_m 指河道宽度，也就是废弃河道宽度，但曲流河道的主体砂岩为河道带宽（W_c），河道厚度越大，计算出规模越大。因此结合区域的地质认识，对河道规模的上限进行一定程度的预测。民 5—长 7—民 8 区块局部地区为曲流河道沉积，河道带宽 200~1450m，如 FⅡ2-1 沉积时期和 FⅠ3-2 沉积时期曲流河道分布范围（图 3-23），FⅡ2-1 沉积时期曲流河道的厚度为 2.1~9.6m，平均为 5.6m，预测河道带宽 220~1100m，平均为 570m；FⅠ3-2 沉积时期曲流河道的厚度为 2.5~12.5m，平均为 7.4m，预测河道带宽 270~1450m，平均为 800m。

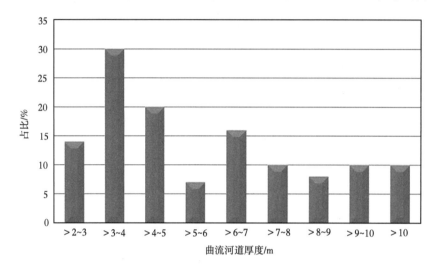

图 3-22　肇源裕民地区扶余油层曲流河道厚度分布图

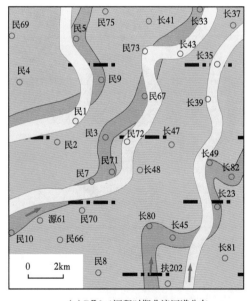

（a）FⅡ2-1沉积时期曲流河道分布

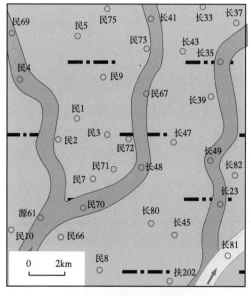

（b）FⅠ3-2沉积时期曲流河道分布

图 3-23　民 5—长 7—民 8 区块重点层位曲流河道宽度分布预测图

以此类推，民5—长7—民8区块FⅡ2-1沉积时期至FⅠ2-1沉积时期每个小层内发育两期河道，分别统计每期河道的厚度，计算相应的河道宽度，具体见表3-3。

表3-3　民5—长7—民8区块FⅡ2-1沉积时期至FⅠ2-1沉积时期每期河道的厚度和宽度

层位		第一期河道厚度/m	第一期河道宽度/m	第一期河道钻遇率/%	第二期河道厚度/m	第二期河道宽度/m	第二期河道钻遇率/%	河道类型
FⅠ2	FⅠ2-1	$\dfrac{2\sim7.5}{5.6}$	$\dfrac{200\sim830}{600}$	14.7	$\dfrac{3.7\sim5.8}{5}$	$\dfrac{390\sim610}{530}$	5.9	曲流河道
	FⅠ2-2	$\dfrac{2.3\sim9.4}{6.2}$	$\dfrac{250\sim1100}{750}$	26.5	$\dfrac{2.6\sim8.6}{5.1}$	$\dfrac{270\sim920}{540}$	11.8	曲流河道
FⅠ3	FⅠ3-1	$\dfrac{2.1\sim10.7}{7.2}$	$\dfrac{220\sim1300}{790}$	38.2	$\dfrac{5.8\sim8.6}{7.1}$	$\dfrac{590\sim920}{730}$	11.8	曲流河道
	FⅠ3-2	$\dfrac{2.5\sim12.5}{7.4}$	$\dfrac{270\sim1450}{800}$	32.4	$\dfrac{3.2\sim3.2}{3.2}$	—	2.9	曲流河道
FⅡ1	FⅡ1-1	$\dfrac{2.1\sim9.8}{6.5}$	$\dfrac{230\sim1200}{680}$	29.4	$\dfrac{3\sim6.8}{5.8}$	$\dfrac{320\sim720}{610}$	23.5	曲流河道
	FⅡ1-2	$\dfrac{2.1\sim12.1}{5.8}$	$\dfrac{230\sim1400}{600}$	38.2	$\dfrac{2\sim7}{4.8}$	$\dfrac{200\sim730}{500}$	26.5	曲流河道
	FⅡ1-3	$\dfrac{2.2\sim10.1}{5.7}$	$\dfrac{240\sim1300}{590}$	38.2	$\dfrac{2\sim8.7}{4.2}$	$\dfrac{200\sim930}{460}$	14.7	曲流河道
FⅡ2	FⅡ2-1	$\dfrac{2.1\sim9.6}{5.6}$	$\dfrac{220\sim1100}{570}$	38.2	$\dfrac{2\sim8.6}{5.2}$	$\dfrac{200\sim920}{540}$	29.4	曲流河道

注：表中河道厚度、宽度数据格式为 $\dfrac{最小值\sim最大值}{平均值}$。

二、分流河道砂体定量参数

分流河道和水下分流河道的厚度均相对于曲流河道小，且沉积方式与曲流河道有很大的差别，曲流河道由于边滩的沉积，河道宽度较大，而分流河道和水下分流河道主要是退积、加积，以及进积沉积，因此在稀井区，需要运用适用于计算这两种河道的经验公式，通过对研究区大量的河道厚度统计，结合Leeder（1973）关于这两种河道的经验公式（图3-24），进行修正，如下：

$$W_{\mathrm{m}}=32.984\mathrm{e}^{0.4996d} \tag{3-3}$$

式中　W_{m}——河道宽度，m；

　　　d——正旋回砂体的厚度，m。

根据源27—源203—源151井区数据，统计分流河道砂体的厚度主要为2~9.6m，平均为4.3m，通过公式计算，河道宽度为100~3000m，从计算结果看，虽然河道在2~6m厚度的情况下计算还算合理，但随着厚度增大，计算的宽度有些偏大，与实际的情况不符。因此，根据小层密井网统计数据，进行河道宽厚比公式拟合，建立河道宽厚比定量关系。据拟合公式，已知砂体厚度（单井上读出）的情况下，可以推算出河道砂体的宽度，用于指导稀井网区砂体刻画时河道边界位置的确定。

确定河道边界的前提是小层对比的准确性，在小层对比准确的基础上，利用以下3种方法确定河道边界:(1)河道间厚度薄—厚;(2)河道间泥岩接触;(3)河道间决口扇接触(图3-25)。

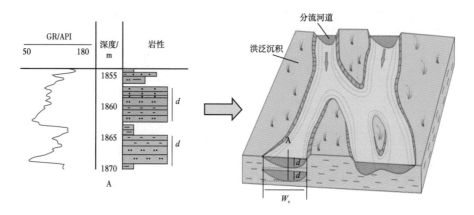

图3-24 (水下)分流河道砂体定量规模示意图

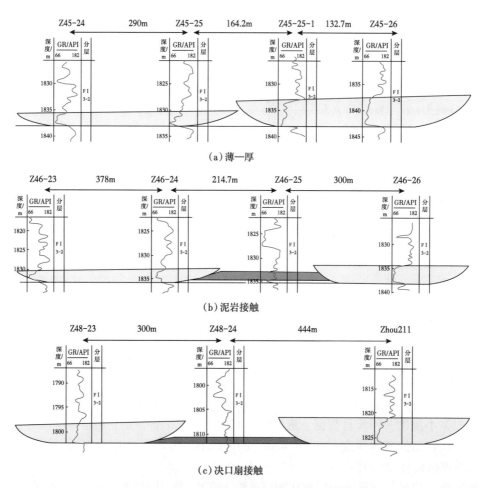

图3-25 密井区河道边界识别示意图

以州2井区为例，州2井区面积12.5km^2，45口开发井，平均井距260m，利用上述三种方法判断FI3-2沉积时期分流河道边界，刻画砂体平面展布及特征（图3-26）。

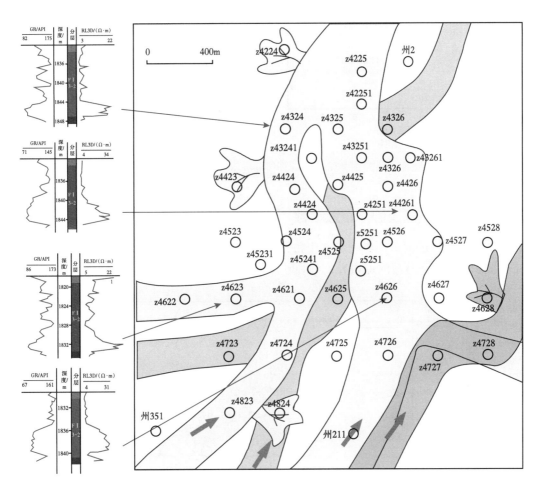

图3-26 FI3-2沉积时期分流河道平面展布图

分析认为，FI3-2沉积时期分流河道厚度为2.1~7.4m，平均为4.2m，河道宽度为220~680m，平均为450m，单砂体宽厚比介于83~130，进行单河道宽厚比公式拟合，建立单河道宽厚比定量关系[图3-27（a）]：

$$y=113.78x^{0.8848} \tag{3-4}$$

统计其他小层的分流河道宽厚比定量关系[图3-27（b）]，综合关系如下：

$$y=112.06x^{0.8857} \tag{3-5}$$

式中 y——河道宽度，m；

  x——河道厚度，m。

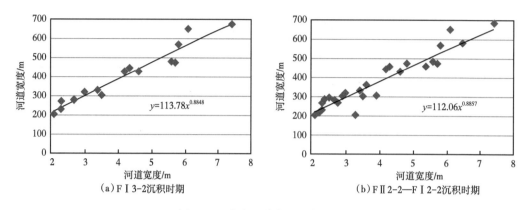

（a）FⅠ3-2沉积时期　　　　　　（b）FⅡ2-2—FⅠ2-2沉积时期

图 3-27　分流河道宽厚比定量关系

三、水下分流河道砂体定量参数

水下分流河道的河道边界确定方法和分流河道相同，利用上述三种方法判断州 2 井区 FⅠ1-3 沉积时期水下分流河道边界，刻画砂体平面展布及特征（图 3-28）。

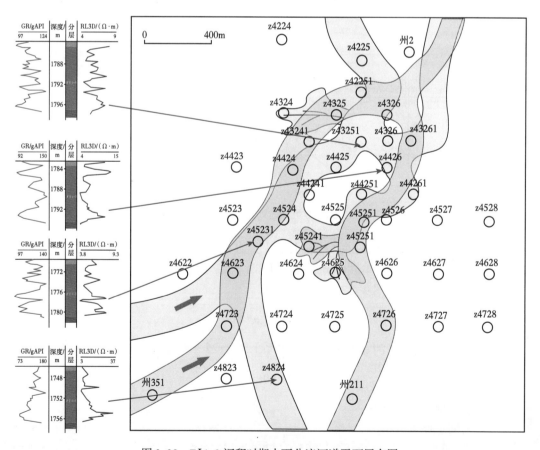

图 3-28　FⅠ1-3 沉积时期水下分流河道平面展布图

州2井区FⅠ1-3沉积时期水下分流河道厚度为2~5.8m，平均为3.1m，河道宽度为200~480m，平均为320m，单砂体宽厚比介于60~110，进行单河道宽厚比公式拟合，建立单河道宽厚比定量关系［图3-29（a）］：

$$y=138.11x^{0.7104} \tag{3-6}$$

统计其他小层的分流河道宽厚比定量关系［图3-29（b）］，综合关系如下：

$$y=123.86x^{0.7981} \tag{3-7}$$

式中　y——河道宽度，m；

　　　x——河道厚度，m。

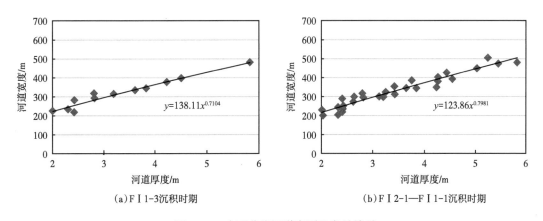

（a）FⅠ1-3沉积时期　　　　　　　　（b）FⅠ2-1—FⅠ1-1沉积时期

图3-29　水下分流河道宽厚比定量关系

综合分析认为，统计单期河道厚度和规模，建立统计公式，表明：分流河道厚度为2~7.2m，平均为3.7m，河道宽度为200~740m，平均为400m，单砂体宽厚比介于70~130；水下分流河道厚度为2~5.8m，平均为3m，河道宽度为200~480m，平均为300m，单砂体宽厚比介于60~110。FⅡ2-2沉积时期、FⅡ1-3沉积时期、FⅡ1-2沉积时期、FⅠ3-2沉积时期、FⅠ2-2沉积时期、FⅠ2-1沉积时期6个层位河道砂体发育规模较大（表3-4），为有利勘探层位。

表3-4　分流河道和水下分流河道定量参数　　　　　　单位：m

层位		河道厚度最小值	河道厚度最大值	河道厚度平均值	规模宽度最小值	规模宽度最大值	规模宽度平均值	河道类型
FⅠ1	FⅠ1-1	2	4.2	2.5	200	300	260	水下分流河道
	FⅠ1-2	2	3.63	2.8	200	370	290	水下分流河道
	FⅠ1-3	2	5.8	3.1	200	480	320	水下分流河道
FⅠ2	FⅠ2-1	2.2	6.2	3.6	230	540	360	水下分流河道
	FⅠ2-2	2	6	3.4	200	510	340	分流河道
FⅠ3	FⅠ3-1	2	4.9	3.1	200	440	320	分流河道
	FⅠ3-2	2.1	7.4	4.2	220	680	450	分流河道

续表

层位		河道厚度最小值	河道厚度最大值	河道厚度平均值	规模宽度最小值	规模宽度最大值	规模宽度平均值	河道类型
FⅡ1	FⅡ1-1	2	5.2	3.1	200	460	320	分流河道
	FⅡ1-2	2	7.2	4.1	200	740	440	分流河道
	FⅡ1-3	2	5.4	3.5	200	470	350	分流河道
FⅡ2	FⅡ2-1	2	4	3.2	200	410	300	分流河道
	FⅡ2-2	2	6.5	3.6	200	580	370	分流河道

在州 2 井区密井网的河道宽度的研究基础上，利用建立单河道宽厚比定量关系分别对勘探区稀井网区分流河道和水下分流河道进行计算，指导河道的平面展布预测。以源 27—源 203—源 151 井区为例，使用 Leeder 公式计算的河道宽度与使用州 2 井区统计公式计算的河道宽度相比，用统计公式更符合实际。图 3-30 显示了重点层位的砂体展布。

统计表明，源 27—源 203—源 151 井区分流河道厚度分布在 2~9.6m，平均为 4.3m，水下分流河道厚度分布在 2~8.2m，平均为 3.6m（表 3-5）。河道厚度及规模随基准面下降而增大，随基准面上升而减小，在 FⅡ1-3—FⅠ2-1 沉积时期发育规模较大。

表 3-5　源 27—源 203—源 151 井区分流河道和水下分流河道定量参数

层位		第一期河道厚度 / m	第一期河道宽度 / m	第一期河道钻遇率 / %	第二期河道厚度 / m	第二期河道宽度 / m	第二期河道钻遇率 / %	河道类型
FⅠ1	FⅠ1-1	$\frac{2.5\sim5.1}{3.6}$	$\frac{220\sim520}{370}$	20.5	$\frac{2\sim3.8}{3.3}$	$\frac{200\sim400}{340}$	10.2	水下分流河道
	FⅠ1-2	$\frac{2\sim4.2}{3.2}$	$\frac{200\sim450}{330}$	12.8	$\frac{2.3\sim5.8}{3.6}$	$\frac{220\sim450}{370}$	10.2	水下分流河道
	FⅠ1-3	$\frac{2.2\sim6.2}{4.1}$	$\frac{220\sim630}{400}$	25.6	$\frac{2.4\sim5.2}{3.8}$	$\frac{220\sim530}{400}$	7.6	水下分流河道
FⅠ2	FⅠ2-1	$\frac{2\sim7.5}{4.3}$	$\frac{200\sim760}{420}$	12.8	$\frac{2\sim4.8}{3.8}$	$\frac{200\sim790}{400}$	15.3	分流河道
	FⅠ2-2	$\frac{2\sim7.6}{4.4}$	$\frac{200\sim770}{430}$	33.3	$\frac{2.1\sim7.6}{4.2}$	$\frac{210\sim750}{430}$	15.3	分流河道
FⅠ3	FⅠ3-1	$\frac{2\sim5.8}{4.5}$	$\frac{200\sim600}{470}$	23.0	$\frac{2.1\sim7.9}{4.9}$	$\frac{200\sim820}{510}$	10.2	分流河道
	FⅠ3-2	$\frac{2.1\sim9.6}{5.2}$	$\frac{220\sim1150}{530}$	23.0	$\frac{2.4\sim6.6}{4.2}$	$\frac{220\sim690}{430}$	12.8	分流河道
FⅡ1	FⅡ1-1	$\frac{2.2\sim9.5}{5.4}$	$\frac{230\sim1100}{560}$	12.8	$\frac{2.3\sim6.9}{4.5}$	$\frac{230\sim700}{480}$	10.25	分流河道
	FⅡ1-2	$\frac{2\sim7.5}{5}$	$\frac{200\sim780}{510}$	30.7	$\frac{2.2\sim4.4}{3.3}$	$\frac{200\sim460}{340}$	15.3	分流河道
	FⅡ1-3	$\frac{2\sim6.1}{3.9}$	$\frac{200\sim630}{410}$	30.7	$\frac{2.1\sim5.3}{3.3}$	$\frac{200\sim530}{350}$	17.9	分流河道

层位		第一期河道厚度 / m	第一期河道宽度 / m	第一期河道钻遇率 / %	第二期河道厚度 / m	第二期河道宽度 / m	第二期河道钻遇率 / %	河道类型
FⅡ2	FⅡ2-1	$\dfrac{2\sim5}{3.2}$	$\dfrac{200\sim520}{340}$	17.9	$\dfrac{2.1\sim4.8}{3}$	$\dfrac{210\sim500}{320}$	17.9	分流河道
	FⅡ2-2	$\dfrac{2\sim6}{3.7}$	$\dfrac{200\sim610}{350}$	23.0	$\dfrac{2\sim3.9}{3.2}$	$\dfrac{200\sim410}{340}$	10.2	分流河道

注：表中河道厚度、宽度数据格式为 $\dfrac{最小值\sim最大值}{平均值}$。

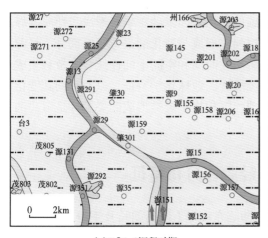

(a) FⅠ1-3沉积时期

(b) FⅠ2-1沉积时期

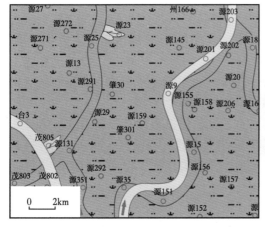

(c) FⅠ3-2沉积时期

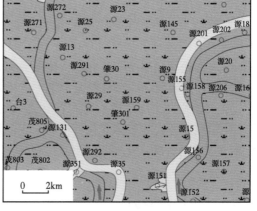

(d) FⅡ1-3沉积时期

图 3-30　源 27—源 203—源 151 井区河道砂体展布图

第四章　致密油形成的烃源岩条件

白垩纪，松辽盆地发展演化大体经历了淡水湖泊、海侵前近海湖泊、海侵影响的近海湖泊、海退后淡水湖沼四个演化阶段（高瑞祺等，1997）。各阶段由于受湖泊面积大小、生物发育程度、古气候条件、海水侵入导致的咸度变化等因素的影响，形成了性质各异的烃源岩。对烃源岩地球化学特征的研究又是探讨油气形成与演化的最重要的部分，烃源岩各项有机地球化学指标可以指示出地质体中有机质在时间和空间上的性质、含量和组成上的变化，反映油气演化过程。因此，深入研究烃源岩的地球化学特征，以及影响其变化的地质、物理、化学和生物等因素，探求它们与现代沉积物中烃类形成的关系，是解决油气生成的基本途径。

第一节　青山口组烃源岩分布特征

青山口组的厚度在平面变化上呈现出三肇凹陷东南厚（包括朝长及王府凹陷），三肇以西的长垣、齐家—古龙凹陷厚，而三肇凹陷中心较薄的特点，反映三肇凹陷青山口组在沉积时期可能处于相对高的部位。三肇凹陷西部的长垣、齐家—古龙凹陷，以及北部的黑鱼泡凹陷一般厚度大于450m，古龙凹陷的南部地层厚度最大可达700m。三肇凹陷东南部的朝长阶地及王府凹陷厚度一般也大于450m，在王府凹陷地层厚度超过了700m，但在三肇凹陷由南西向东北方向存在一个地层相对薄的带，一般小于400m。反映出在青一段沉积时期古松辽湖泊沿三肇北东—南西方向，可能有一个古隆起，使得该带接受的沉积较少，地层厚度较薄，而在其左右分别形成了两个沉积中心。

由于烃源岩非均质性的存在及钻井取心的有限性，使得采用有限岩心分析结果来研究不同层段烃源岩的整体变化特征有一定的局限性和片面性，目前基本都采用测井烃源岩评价的方法来解决这个难题，该方法在松辽盆地烃源岩有机质丰度评价应用中获得较好效果。

一、暗色泥岩分布

通过统计大量的实际井暗色泥岩厚度，绘制了松辽盆地北部青一段、青二段暗色泥岩等厚图（图4-1）。青一段暗色泥岩在主要凹陷区内厚度一般为40~100m。其中，在长垣、齐家—古龙凹陷及朝长、王府凹陷厚度大，一般大于60m，三肇凹陷暗色泥岩厚度一般小于60m。从暗色泥岩厚度变化上看，西部斜坡和滨北地区厚度较小，一般多小于40m。此外，盆地东部和东南部烃源岩厚度并没有出现明显的变薄，与青一段沉积时湖盆在东部仍然为半深湖—深湖相沉积相一致，这一结果也与该时期湖泊在东南部与海洋沟通的认识一致。青二段暗色泥岩在厚度上明显大于青一段，在主要凹陷区内厚度一般大于150m，且从北向南逐渐增大，反映出北部受物源影响较大，在古龙凹陷南部及朝长、王府凹陷厚度大，一般大于300m，最大厚度超过500m，在三肇凹陷厚度一般小于250m，在滨北地区厚度相对较小，西部斜坡除了在泰康地区厚度相对较大，其他则相对较小。

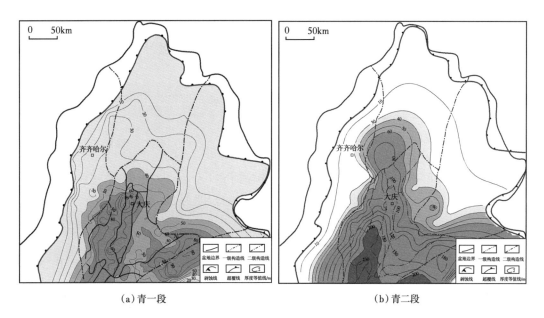

（a）青一段　　　　　　　　　　　　　（b）青二段

图 4-1　松辽盆地北部青山口组暗色泥岩厚度平面图

二、优质烃源岩分布

烃源岩评价是油气地球化学研究的重要内容，是了解油气资源潜力的基础，近年来对优质烃源岩的研究表明，优质烃源岩在油气成藏中发挥着重要的作用。因此，开展烃源岩的连续评价、识别优质烃源岩具有重要意义。

1. 烃源岩评价方法

烃源岩中有机碳含量是反映有机质丰度最重要的指标。有机碳一般通过对岩心样品进行实验分析而获得，但受钻井取心的限制，单口探井往往很难进行全井段的实验分析，且受烃源岩非均质性的影响，单个样品的实验数据又难以代表整个层段，以往通过少量地球化学实测数据来评价整套烃源岩的方法会导致结果存在较大的误差。因此，采用测井烃源岩评价的方法来解决以上存在的问题。

测井数据具有纵向连续、分辨率高的特点。自20世纪80年代以来，国内外学者就开始研究利用测井资料评价烃源岩。ΔlgR 技术是一种利用测井资料识别和定量含有机质岩层总有机碳的方法，其方法原理如下：泥岩可视为岩石矿物基质、固态有机质和孔隙流体的混合体。非烃源岩一般缺失固态有机质；未成熟烃源岩与成熟烃源岩的差别在于后者的孔隙流体中含有烃类流体。测井信息可以间接地反映出地层的岩性及其所含流体的特征。

成熟烃源岩通常具有异常高的电阻率，一般认为与孔隙中生成的烃类流体有关。声波在有机质中的传播速率小，因此，有机质丰度高的泥岩，其声波时差响应值大。与泥岩的测井电阻率不同，泥岩的声波时差主要反映固态有机质含量的变化，成熟烃源岩由于生烃损失固态有机碳（干酪根），在测井上表现为较低的声波响应。可见，对于同一套烃源岩，可以通过声波时差与电阻率曲线叠合来定量评价有机质丰度。

目前，测井评价有机质丰度主要是基于 Passey 等提出的 $\Delta \lg R$ 法，即声波时差和电阻率曲线叠合法。松辽盆地北部上白垩统烃源岩具有许多湖相烃源岩的典型特征，有大量的测井数据和大量的地球化学数据，$\Delta \lg R$ 法适用于该地区。其主要计算方程如下：

$$\Delta \lg R = \lg \left(R/R_{\text{基线}} \right) + 0.02 \left(\Delta t - \Delta t_{\text{基线}} \right) \tag{4-1}$$

$$\text{TOC} = \left(\Delta \lg R \right) \times 10^{\left(2.297 - 0.1688 \text{LOM} \right)} \tag{4-2}$$

式中　R——测井电阻率，$\Omega \cdot m$；

　　　Δt——声波时差，$\mu s/ft$；

　　　$R_{\text{基线}}$——非烃源岩泥质地层对应于基线声波时差（$\Delta t_{\text{基线}}$）的电阻率，$\Omega \cdot m$；

　　　0.02——1 个电阻率对数刻度对应的声波时差的长度为 $50\mu s/ft$；

　　　LOM——成熟度评价指标；

　　　TOC——总有机碳丰度。

要计算泥岩的 TOC，首先要获得各点的成熟度值，这样实际上很难操作。由测井有机碳分析原理可知，$\Delta \lg R$ 主要反映烃源岩总有机碳丰度的变化。据此，若没有发生大量的排烃，则 TOC 与 $\Delta \lg R$ 的关系系数与成熟度关系不大，并不是严格的对应关系。为此，选取松辽盆地中浅层的泥岩进行研究。

松辽盆地作为大型的湖泊沉积，经历了长期的坳陷阶段，期间发生了两次大的海侵事件，从而形成了两套大面积的厚层优质湖相生油岩，分别为晚白垩世的青一段和嫩一段、嫩二段；烃源岩主要为黑色—灰黑色页岩及薄层油页岩。松辽盆地北部中浅层发育的这几套生油岩在剖面上表现为泥岩厚度大、岩性变化慢，为测井评价有机碳的方法研究奠定了基础。松科 1 井是中国大陆第一口以白垩系为主的全取心科学探井。松科 1 井青山口组到泉四段岩心总长 528 m，连续取心 212 块；通过这些样品 TOC 分析数据探讨了烃源岩 TOC 与测井 $\Delta \lg R$ 之间的关系。对式（4-2）稍做变换，采用式（4-3）作为研究 TOC 与 $\Delta \lg R$ 之间关系的基础，其中，a 为关系系数，由于所有的页岩均含有一定量的有机碳，世界页岩 TOC 均值为 0.2%~1.65%，因此式（4-3）中 b 作为泥岩有机碳的背景值校正。

$$\text{TOC} = a \Delta \lg R + b \tag{4-3}$$

$\Delta \lg R$ 预测泥岩 TOC 的关键是确定非烃源岩泥质岩的基线值。目前，非烃源岩基线的确定多采用人工将声波测井曲线和电阻率曲线进行叠合的方法。笔者在实际应用中发现，该方法存在以下两点不足：（1）人工曲线叠合的精度低，重复性差；（2）声波时差与电阻率基线分开考虑，不利于不同地区、不同沉积环境下泥岩基线特征的对比。将式（4-1）变形：

$$\Delta \lg R = \Delta \lg R' - \Delta \lg R'_{\text{基线}} \tag{4-4}$$

其中，$\Delta \lg R' = \lg R + 0.02\Delta t$。这样 $\Delta \lg R$ 基线值与非基线值具有相同的表达式。以泥岩声波时差与对应的电阻率对数作图（图 4-2），图中斜率为 0.02 的平行线在 y 轴上的截距即为对应的 $\Delta \lg R'$。显然，当这些平行线刚好越过数据点进入左下角空白区时（切线位置），其在 y 轴上的截距即为基线的 $\Delta \lg R'$ 值，用 $\Delta \lg R'_{基线}$ 表示。上述这个过程可以通过计算机程序自动完成。采用 $\Delta \lg R'_{基线}$ 作为基线的表达，优点在于可用于不同沉积条件下非烃源岩泥质岩基线值的对比研究。

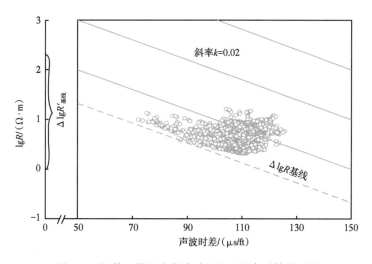

图 4-2　松科 1 井泥岩声波时差和电阻率对数关系图

利用该方法计算得到的松辽盆地重点井 TOC 计算值与样品的实测结果吻合率达到 88.42%，两者之间具有较高的相关系数（图 4-3 和图 4-4），反映测井烃源岩评价方法可为整个层段的连续性评价提供可靠的技术手段。

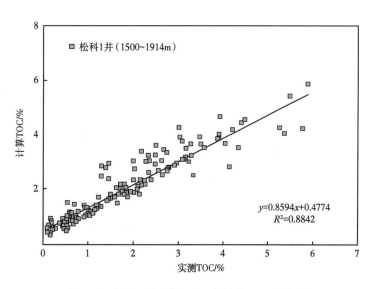

图 4-3　松科 1 井实测 TOC 与计算 TOC 相关图

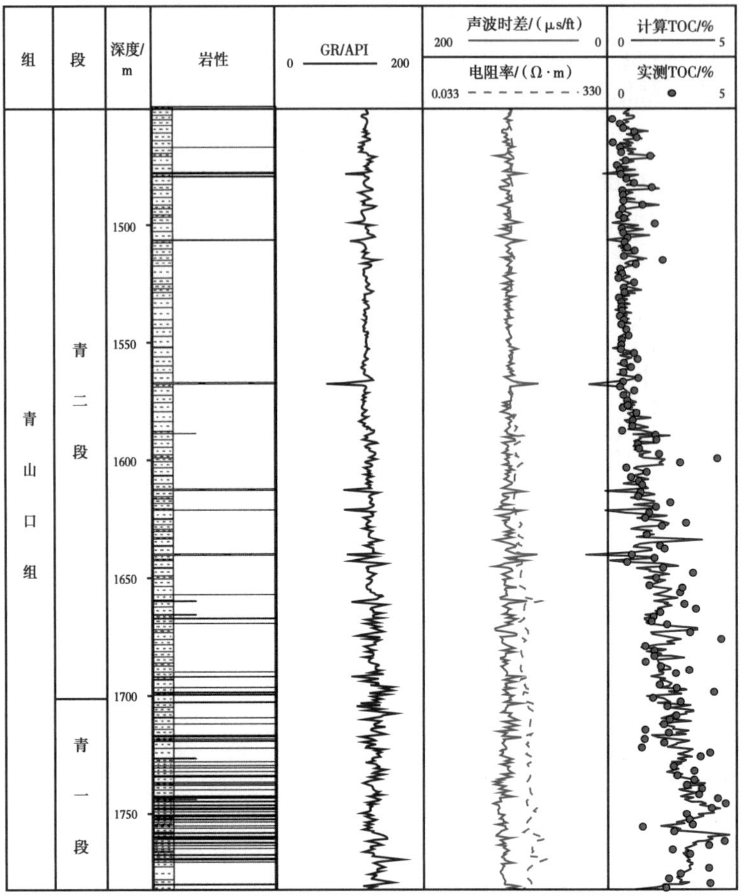

图 4-4　松科 1 井测井评价 TOC 剖面图

2. 优质烃源岩分布计算

将上述测井评价烃源岩方法应用于松辽盆地北部青山口组 500 口井的 TOC 计算中，从而精细刻画青一段、青二段优质烃源岩的分布特征。不同丰度的烃源岩的类型及生排烃行为有所差异，因此对 TOC 0.5%~1%、1%~2%、大于 2% 的烃源岩分别统计厚度并绘制平面分布图。

松辽盆地青一段烃源岩 TOC 0.5%~1%、1%~2%、大于 2% 厚度分布如图 4-5 所示，TOC 从小到大厚度分布面积逐渐变大。青一段 TOC 为 0.5%~1% 的中—低丰度烃源岩厚度最小，其次是 TOC 为 1%~2% 的中丰度烃源岩厚度，TOC 大于 2% 的高丰度烃源岩厚度最大。TOC 为 1%~2% 的烃源岩在长垣北、齐家—古龙凹陷北部、泰康地区、长垣南及王府凹陷厚度相对大一些，一般可以在 20m 以上，而在三肇凹陷北部及滨北地区厚度一般多小于 10m。TOC 大于 2% 的高丰度烃源岩分布特征明显不同，整体上厚度明显增大，烃源岩厚度大的主要分布在古龙凹陷及三肇凹陷、朝长等地区，厚度多大于 60m，最厚超过 70m。

松辽盆地青二段烃源岩 TOC 0.5%~1%、1%~2%、大于 2% 的厚度分布如图 4-6 所示，烃源岩以中丰度烃源岩即 TOC 在 1%~2% 为最厚，其次是 TOC 大于 2%，面积最小的是

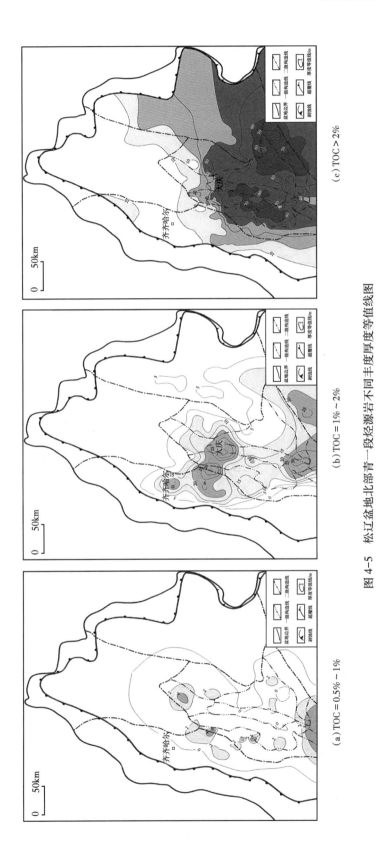

图 4-5　松辽盆地北部青一段烃源岩不同丰度厚度等值线图

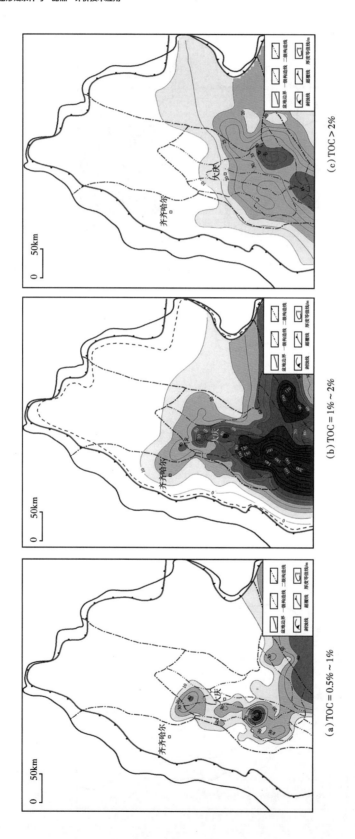

图 4-6　松辽盆地北部青一段青二段烃源岩不同丰度厚度等值线图

TOC 为 0.5%~1%。总体来看，青二段暗色泥岩厚度比青一段大，青二段 TOC 为 1%~2% 烃源岩在齐家—古龙南、长垣南、三肇及朝长地区厚度一般大于 60m，古龙和长垣南的厚度一般大于 80m，最厚超过 200m。而高丰度的烃源岩（TOC > 2%）厚度一般为 20~40m，其中在长垣南及三肇地区相对较厚。

通过 TOC 精细刻画可以看出，青一段烃源岩以 TOC 大于 2% 为主，且分布范围较广，分布厚度较大，青二段高丰度烃源岩相对于青一段面积小、厚度薄，由此可见高丰度的优质烃源岩主要分布在齐家—古龙凹陷、三肇及朝长地区。

第二节　青一段、青二段烃源岩地球化学特征

松辽盆地晚白垩世期间发生两次大的海侵事件，对应湖水面积呈现两次大的波动：一次是在青一段沉积时期（相当于 Cenomanian 早期），湖泊最大面积达 87000km^2；另一次在嫩一段至嫩三段沉积时期（相当于 Campanian 早期），湖泊面积超过 200000km^2。大范围的水体形成了大面积的暗色泥岩，在盆地内一般连续分布，暗色泥岩累计厚度达几百米，并发育多套油页岩，成为松辽盆地最重要的烃源岩。

一、有机质丰度特征

有机质丰度是判断烃源岩优劣的重要参数之一，决定了油气生成的数量。通过对大量井的烃源岩样品地球化学分析结果进行统计，采用总有机碳（TOC）、氯仿沥青"A"、热解生烃潜量（S_1+S_2）等有机地球化学指标来评价烃源岩有机质丰度。

1. 纵向分布特征

通过对松辽盆地北部青一段和青二段烃源岩的 TOC、氯仿沥青"A"和 S_1+S_2 统计（表 4-1），可以看出青一段烃源岩有机质丰度高，平均 TOC 为 2.84%，氯仿沥青"A"为 0.421%，S_1+S_2 为 16.37mg/g，表现出大型湖相盆地优质烃源岩的丰度特征。青二段烃源岩有机质丰度平均值大大低于青一段，平均 TOC 为 1.11%，氯仿沥青"A"为 0.148%，S_1+S_2 为 6.05mg/g。对比不同地区有机质丰度（表 4-1）可以看出，青一段烃源岩在朝阳沟地区 TOC 最高，平均为 3.76%；其次为长垣和王府地区，平均为 3.15%；黑鱼泡凹陷最低，平均为 2.05%。氯仿沥青"A"在三肇凹陷最高，平均为 0.626%；其次为古龙凹陷，平均为 0.552%；最低在黑鱼泡凹陷，平均为 0.24。S_1+S_2 在朝阳沟阶地最高，平均为 22.7mg/g；其次为长垣和王府凹陷，平均为 20.5mg/g；最低在古龙凹陷，平均为 7.66mg/g。由上述对比可知，朝阳沟阶地青一段烃源岩的 TOC 和 S_1+S_2 最高，但反映可溶有机质含量的氯仿沥青"A"含量并不高，说明该地区干酪根向油的转化程度低，原始 S_1+S_2 释放少。三肇和齐家—古龙凹陷 TOC 和 S_1+S_2 较朝阳沟阶地烃源岩低，但氯仿沥青"A"高，反映该地区干酪根已大量向油转化。黑鱼泡凹陷青一段烃源岩 TOC、氯仿沥青"A"和 S_1+S_2 较其他地区平均要低，反映该地区烃源岩品质相对较差。

表 4-1　松辽盆地北部青山口组烃源岩有机质丰度数据表

层位	松辽盆地北部			三肇凹陷			古龙凹陷			齐家凹陷		
	TOC/%	氯仿沥青"A"/%	S_1+S_2/(mg/g)	TOC/%	氯仿沥青"A"/%	S_1+S_2/(mg/g)	TOC/%	氯仿沥青"A"/%	S_1+S_2/(mg/g)	TOC/%	氯仿沥青"A"/%	S_1+S_2/(mg/g)
青二段	1.11	0.148	6.05	0.65	0.056	2.43	0.91	0.205	7.38	1.36	0.144	2.38
青一段	2.84	0.421	16.37	2.84	0.626	16.95	2.57	0.552	7.66	2.56	0.441	15.25

层位	大庆长垣			宾县—王府			朝阳沟阶地			黑鱼泡凹陷		
	TOC/%	氯仿沥青"A"/%	S_1+S_2/(mg/g)	TOC/%	氯仿沥青"A"/%	S_1+S_2/(mg/g)	TOC/%	氯仿沥青"A"/%	S_1+S_2/(mg/g)	TOC/%	氯仿沥青"A"/%	S_1+S_2/(mg/g)
青二段	1.40	0.058	9.28	1.37	0.18	7.46	1.18	0.110	8.11	1.32	0.166	5.38
青一段	3.15	0.503	20.43	3.15	0.48	20.50	3.76	0.445	22.70	2.05	0.240	12.13

　　青二段烃源岩 TOC 在古龙和三肇凹陷相对较低，均值都在 1.5% 以下，而在齐家凹陷、长垣、王府及黑鱼泡凹陷相对较高，氯仿沥青"A"在古龙凹陷最高，其次是王府、朝阳沟和黑鱼泡，而在长垣和三肇凹陷最低。生油潜量上，在长垣最高，其次为朝阳沟，在三肇和齐家凹陷最低。由此，反映了青二段烃源岩在古龙凹陷对油气贡献较大，而在三肇等地贡献相对较小。

　　总体来看，青一段主力凹陷有机质丰度的各项指标远远优于青二段，选取主力凹陷内烃源岩取心较长的井为例进行取样分析，开展了各层内有机质丰度纵向变化规律的研究。

　　古页 1 井位于古龙凹陷中央，由图 4-7 可知，古页 1 井烃源岩有机质丰度总体较高，在纵向上呈现出了青一段优于青二段的特征。青一段 TOC 在 0.41%~7.17%，平均为 2.21%，所取 135 个样品中有 50% 样品的 TOC 大于 2%；S_1+S_2 在 1.18~29.22mg/g，平均为 10.44mg/g，90% 的样品 S_1+S_2 大于 5mg/g；氯仿沥青"A"平均为 0.39%。由此反映青一段发育高丰度的优质烃源岩，反映当时湖相沉积时期的气候、水体等环境有利于生物的生长发育。青二段烃源岩有机质丰度也相对较高，TOC 平均为 1.52%，S_1+S_2 平均为 8.11mg/g，氯仿沥青"A"平均为 0.398%。

　　有机质丰度在垂向上呈现出规律性变化的特点，大致可以划分出 7 个韵律，每个韵律有机质丰度从下向上表现为从高变低的特点。如青一段烃源岩可划分为 4 个韵律，第一个韵律为其底部的 2564.6~2574.6m，在 2574.6m 处有机质丰度最高，TOC 可达 7.17%，向上烃源岩有机质丰度呈逐渐降低的趋势，到 2564.6m 时烃源岩 TOC 降低到 1.03% 左右，形成一个完整的韵律；第二个韵律则为 2552.9~2564.6m，在 2561.96m 处 TOC 达到 4.74%，在顶部 2552.9m 处，TOC 降低到 1.52% 左右；第三个韵律从 2553.06m 至 2541.4m 处，TOC 由高值 3.85% 降到 0.60%；第四个韵律从 2539.1m 至 2511.1m 处，TOC 从高值 3.04% 降至 1.04%。青二段存在 3 个韵律，第一个韵律从 2509.7m 至 2456.7m 处，TOC 从 3.40% 降至 0.84%；第二个韵律从 2455.6m 至 2393.5m 处，TOC 从 3.14% 降至 0.56%；第三个韵律从 2393.2m 至 2336.5m 处，TOC 从 3.10% 降至 0.56%。烃源岩出现这种韵律性变化主要与不同沉积时期水体环境、生物发育等因素有关。

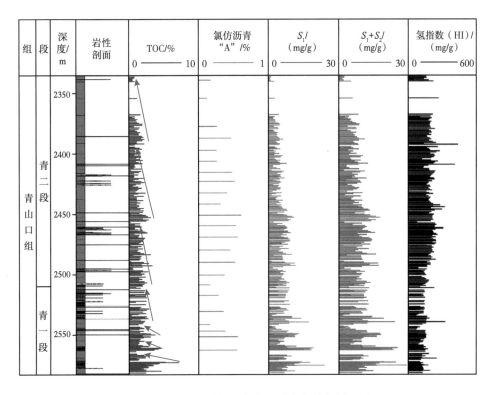

图 4-7　古页 1 井烃源岩有机质丰度纵向剖面图

英 X58 井位于龙虎泡阶地，青山口组连续取心长，由图 4-8 可知，英 X58 井烃源岩丰度在纵向上呈现出了青一段优于青二段的特征。青一段烃源岩 TOC 在 0.102%~6.47%，平均为 2.12%，所取样品中有 60% 样品的 TOC 大于 2%；S_1+S_2 在 3.4~26.74mg/g，平均为 11.52mg/g，95% 样品的 S_1+S_2 大于 5mg/g；氯仿沥青"A"平均为 0.89%。青二段烃源岩有机质丰度较青一段有所降低，TOC 平均为 1.87%，S_1+S_2 平均为 8.87mg/g，氯仿沥青"A"平均为 0.481%。

有机质丰度在垂向上呈现出 7 个韵律，每个韵律有机质丰度均向上变小。青一段烃源岩可划分为 4 个韵律，第一个韵律从 2110m 至 2103.92m 处，其底部有机质丰度最高时，TOC 可达 6.47%，向上烃源岩有机质丰度呈逐渐降低的趋势，到 2105.39m 时烃源岩 TOC 降低到 1.39% 左右，形成一个完整的韵律；第二个韵律则从 2102.72m 至 2091.44m 处，韵律中 TOC 高值达到 4.57%，在顶部 TOC 降低到 1.28% 左右；第三个韵律从 2091.2m 至 2079.68m 处，TOC 由高值 3.71% 降至 0.69%；第四个韵律从 2078.64m 至 2047.12m 处，TOC 从高值 3.38% 降至 0.994%。青二段存在 3 个韵律，第一个韵律从 2042.55m 至 2018.64m 处，TOC 从 3.47% 降至 0.85%；第二个韵律从 2018.64m 至 1994.4m 处，TOC 从 2.32% 降至 0.82%；第三个韵律从 1994m 至 1986.08m 处，TOC 从 2.64% 降至 1.05%。

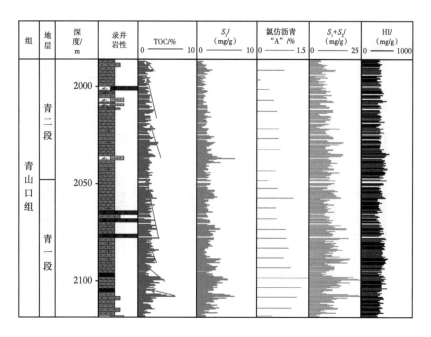

图 4-8　英 X58 井烃源岩有机质丰度纵向剖面图

肇页 1H 井位于三肇凹陷中部,由图 4-9 可知,肇页 1H 井烃源岩有机质丰度总体较高,且纵向上仍呈现出青一段优于青二段的特征。青一段烃源岩 TOC 在 0.96%~10.7%,平均为 3.38%,所取样品中有 85% 样品的 TOC 大于 2%,S_1+S_2 在 3.64~59.67mg/g,平均为 22.20mg/g,98% 以上样品的 S_1+S_2 大于 10mg/g;氯仿沥青"A"平均为 1.16%,为高丰

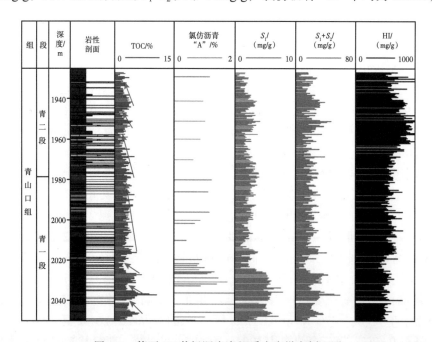

图 4-9　肇页 1H 井烃源岩有机质丰度纵向剖面图

度的优质烃源岩，反映湖相沉积时的气候、水体等环境有利于藻类等水生生物蓬勃发育，其中海侵对青一段优质烃源岩的形成可能有重要影响（高瑞祺等，1997）。青二段烃源岩有机质丰度也相对较高，TOC 在 0.70%~4.53%，平均为 2.38%，50% 样品的 TOC 大于 2%；S_1+S_2 在 4.32~47.88mg/g，平均为 19.19mg/g，90% 以上样品的 S_1+S_2 大于 10mg/g；氯仿沥青 "A" 平均为 0.93%，也表现为优质烃源岩特征。

肇页 1H 井有机质丰度在垂向上也呈现出规律性变化，大致可划分出 7 个韵律，每个韵律内有机质丰度均有向上变小的特点。青一段烃源岩可划分为 4 个韵律，仍以底部丰度最高为特征，第一个韵律从 2047.64m 至 2040.02m 处，TOC 最高可达 7.91%，向上烃源岩有机质丰度呈逐渐降低的趋势，到 2040.02m 时烃源岩 TOC 降至 2.48% 左右；第二个韵律从 2038.76m 至 2032.76m 处，TOC 由 7.58% 降至 1.24% 左右；第三个韵律从 2031.38m 至 2021.84m 处，TOC 由 8.96% 降至 2.25%；第四个韵律从 2019.32m 至 1981.22m 处，TOC 从 5.06% 降至 1.16%。青二段存在 3 个韵律，第一个韵律从 1980.38m 至 1957.52m 处，TOC 从 3.71% 降至 0.47%；第二个韵律从 1957.04m 至 1946.3m 处，TOC 从 3.31% 降至 1.14%；第三个韵律从 1945.88m 至 1927.22m 处，TOC 从 3.91% 降至 0.43%。

从多口单井纵向剖面来看，青一段底部的有机质丰度最高，向上有机质丰度不断降低，在青一段可划分出 4 个韵律，青二段为 3 个韵律，每个韵律的底部有机质丰度最高，顶部有机质丰度最低，这种韵律性变化反映沉积时的气候、水体环境、生物发育等都发生了规律性的变化。

2. 平面分布特征

基于大量岩心 TOC 分析数据，建立了基于 ΔlgR 法的 TOC 测井计算方法，研发了相关软件，计算全层段烃源岩 TOC，分层统计并绘制了 TOC 分布图（图 4-10）。

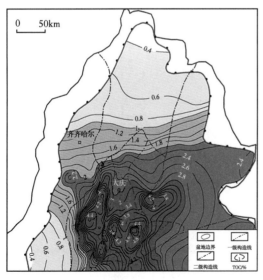 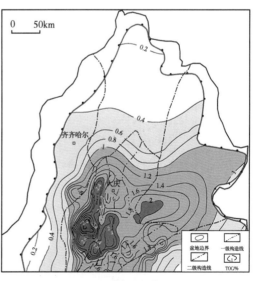

（a）青一段　　　　　　　　　　　　　（b）青二段

图 4-10　松辽盆地（北部）青山口组有机碳丰度平面分布图

　　青一段烃源岩整体为高丰度烃源岩，由盆地边缘向内 TOC 不断增大，主力的凹陷区内 TOC 一般均大于 3%，反映古湖泊沉积时为一个富营养湖，且湖底具有较好的厌氧环境，主力凹陷内多个高值区，TOC 都大于 4%，仅在古龙西南部、龙虎泡和黑鱼泡凹陷、王府凹陷等边部地区 TOC 小于 3%，在龙虎泡西南部和滨北部分区域 TOC 在 2% 以下。青二段沉积时期为湖泊同生期的缓慢水退期，TOC 高值区分布范围较青一段大幅缩小，主力凹陷区的 TOC 大于 1.5%，在三肇西南部和东北部，以及齐家—古龙凹陷和长垣南部 TOC 大于 2%，在古龙凹陷中心 TOC 最大，大于 3.0%。

二、有机质组成及类型

　　有机质类型是反映有机质来源或者化学组成的重要标志，烃源岩母质（干酪根）类型的差异决定了烃源岩不同的成烃方向。I 型干酪根一般来自深水湖泊中的水生生物，以富含脂肪类和类脂体为主，以向油转化为特征；II 型干酪根一般来自陆相深水—半深水湖泊的浮游生物、微生物，以及陆源孢子、花粉等混合有机质，可以向油和天然气转化；III 型干酪根主要来自陆地高等植物的木质素、纤维素等高碳富氧有机质，主要向气转化（侯启军，2009）。

　　鉴别有机质类型常用的手段有干酪根元素分析、热解色谱、红外光谱、有机岩石学镜下观察等。以下采用干酪根元素、热解色谱和有机岩石学镜下观察对青山口组的烃源岩进行有机质类型的鉴定和划分。

1. 有机质类型

　　利用烃源岩干酪根元素分析结果划分有机质类型，青一段烃源岩在 Van Krevelen 图（图 4-11）主要分布在 I 型和 II1 型区域，表明其在"液态窗"内以生油为主。从热解氢指数（HI）与最高热解峰温（T_{max}）图上同样反映出青一段烃源岩主要为 I 型至 II1 型为主，极少量在 III 型区域内，HI 呈高值分布，最高可达 1000mg/g。

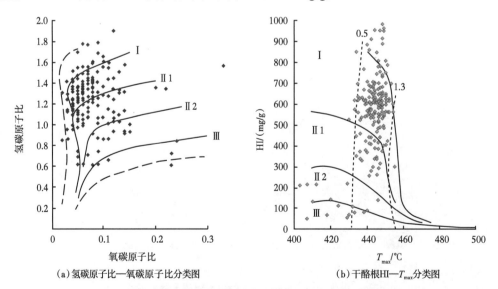

(a) 氢碳原子比—氧碳原子比分类图　　　(b) 干酪根HI—T_{max}分类图

图 4-11　松辽盆地北部青一段有机质类型划分图

青二段烃源岩在 Van Krevelen 图上分布较分散（图 4-12），有机质类型仍以Ⅰ型至Ⅱ1型为主，少量在Ⅱ2型区域内，与利用热解 HI 与 T_{max} 划分的类型分布一致，HI 低于青一段，反映烃源岩有机质来源较青一段复杂多样。

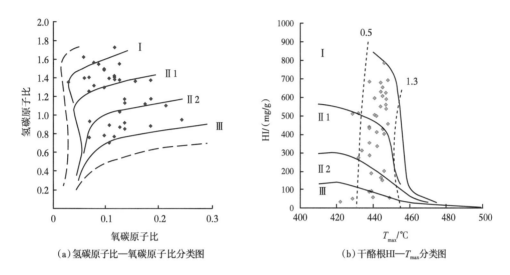

（a）氢碳原子比—氧碳原子比分类图　　　　　　（b）干酪根HI—T_{max}分类图

图 4-12　松辽盆地北部青二段有机质类型划分图

2. 有机岩石学显微组分

为了更好地研究各显微组分含量变化规律，在青一段选取不同演化程度的高丰度烃源岩开展研究，表 4-2 中列出松辽盆地北部不同构造带的典型井的地球化学参数。通过有机岩石学镜下鉴定，青一段和青二段烃源岩母质来源以层状藻为主（图 4-13），藻类类型主要为沟鞭藻、绿藻、凝源藻和黄藻，层状藻类体的富集程度决定了烃源岩有机碳丰度的高低，层状藻类体堆积密度越大，TOC 越高。在蓝光激光下，藻类体荧光颜色随热演化程度的增加依次呈黄绿色—金黄色—暗黄色变化直至无荧光。通过对不同沉积相带、不同凹陷中高 TOC（TOC＞1.0%）青一段烃源岩的有机质组成特征研究，从盆地西斜坡带的三角洲前缘到滨浅湖相，再到中央坳陷区的半深湖—深湖相，高丰度烃源岩的有机质组成均以层状藻类体为主，含少量镜质体、惰质体及孢粉体，偶见次生显微组分沥青质体，沥青质体的形成与表层沉积埋藏期间厌氧细菌对脂类显微组分（如藻类体、孢子体等）的代谢有关。

通过对干酪根显微组分定量分析研究（图 4-14），由盆地边缘向中央坳陷区，随着沉积相的变化，显微组分呈现规律性变化，藻类体所占比例不断增大，孢粉体、镜质体和惰质体所占比例不断下降。不同沉积相带页岩，藻类体比例普遍超过 50%，为 54.7%~59.7%，平均为 57.9%；腐泥无定形体为 28.3%~32.7%，平均为 30.1%；孢粉体、镜质体和惰质体分别为 2.3%~4.0%、2.3%~5.7% 和 3%~6.3%；介屑体含量较低，为 0.3%~1.0%。由于腐泥无定形体主要来自遭受细菌降解的藻类，因此烃源岩有机质主要来自水生藻类，比例平均大于 85%。孢粉体、镜质体和惰质体一般来自陆源高等植物，在深湖相区总贡献比例平均小于 10%，在三角洲前缘相带则可达 16%。介屑体一般为藻类体、角质体及孢粉体等类脂显微组成受机械作用、化学作用破碎形成的残骸，既可来源于藻类，也可来源于陆源高等植物。

（a）1号样品，三角洲前缘相层状藻富集，
黄绿色荧光，见少量镜质体

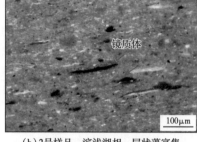

（b）2号样品，滨浅湖相，层状藻富集，
黄绿色荧光，见少量镜质体

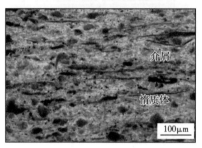

（c）3号样品，半深湖相，层状藻富集，黄绿色
荧光，见少量惰质体，可见介屑沿层分布，
褐色荧光

（d）4号样品，半深湖相，层状藻富集，
暗黄色荧光，陆源有机质极少

（e）5号样品，深湖相，层状藻富集，金黄色荧
光，见少量沥青质体、褐色荧光

（f）6号样品，深湖相，层状藻富集，
成熟度较高、荧光较弱

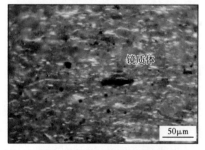

（g）7号样品，半深湖相，层状藻富集，
金黄色荧光，见少量镜质体

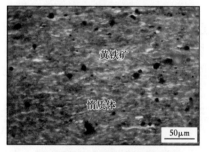

（h）8号样品，半深湖相，层状藻富集，
金黄色荧光，见少量惰质体

图4-13　松辽盆地青一段烃源岩全岩显微组分照片

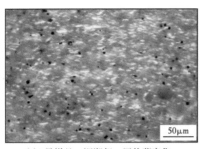

（i）9号样品，深湖相，层状藻富集，
黄绿色荧光，陆源有机质极少

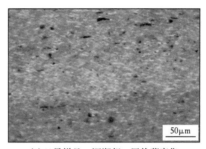

（j）10号样品，深湖相，层状藻富集，
黄色荧光，陆源有机质极少

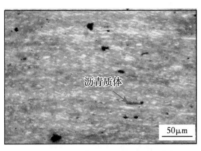

（k）11号样品，滨浅湖相，层状藻富集，
金黄色荧光，见少量沥青质体

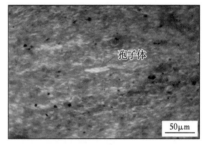

（l）12号样品，深湖相，层状藻富集，
黄色荧光，见少量孢子体

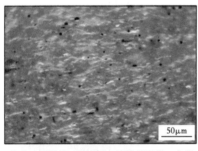

（m）13号样品，深湖相，层状藻富集，金黄
色—橙色荧光，陆源有机质极少

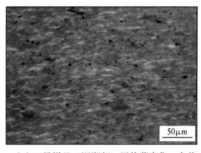

（n）14号样品，深湖相，层状藻富集，金黄
色—橙色荧光，陆源有机质极少

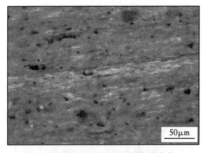

（o）15号样品，深湖相，层状藻富集，
黄绿色荧光，陆源有机质极少

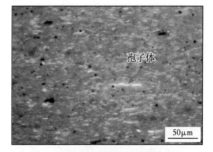

（p）16号样品，深湖相，层状藻富集，
金黄色荧光，见少量孢子体

图 4-13　松辽盆地青一段烃源岩全岩显微组分照片（续图）

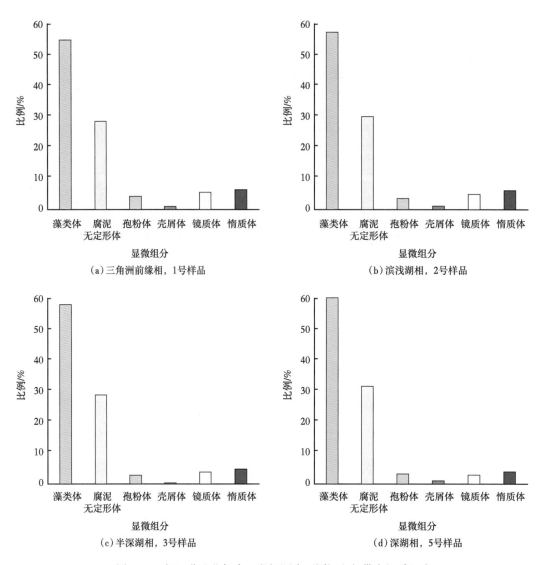

图 4-14　松辽盆地北部青一段烃源岩不同沉积相带有机质组成

3. 分子地球化学特征

从稳定碳同位素组成上来看（表 4-2），青一段高丰度烃源岩干酪根碳同位素为 -30.5‰~-28‰，均小于 -28‰，具有典型的陆相 I 型有机质的特征。现代湖泊藻类的研究表明，其碳同位素为 -30.9‰~-26.8‰，大部分小于 -28.3‰，而陆源高等植物碳同位素为 -28.3‰~-24.8‰，平均为 -27.6‰，因此从碳同位素组成的特征来看，青一段烃源岩有机质的来源主要是湖泊的藻类。烃源岩中的甾烷主要来自高等植物和藻类的甾醇类，有机质以陆源高等植物为主时一般为 C_{29} 规则甾烷占优势，而有机质以藻类为主时 C_{27}、C_{28} 规则甾烷占优势。如图 4-15 所示，松辽盆地青一段烃源岩规则甾烷以 C_{27}、C_{28} 规则甾烷为主，而代表高等植物来源的 C_{29} 规则甾烷相对比例普遍小于 50%，反映了青一段有机质来源主要为藻类。

表 4-2　松辽盆地北部青一段烃源岩地球化学参数表

编号	井号	井深 / m	R_o/ %	TOC/ %	S_1/ （mg/g）	S_2/ （mg/g）	HI/ （mg/g）	干酪根岩 碳同位素 / ‰
1	江 63	610.8	0.44	2.78	0.09	16.68	600.2	-29.26
2	杜 66	984.7	0.54	1.88	0.23	9.41	499.5	-29.11
3	杜 402	1242.0	0.68	5.32	0.65	47.48	892.8	-30.45
4	杜 24	1377.1	0.74	2.11	0.61	14.49	686.7	-28.93
5	塔 4	1395.3	0.75	1.97	0.42	13.66	692.5	-28.08
6	古 14	1898.0	1.05	2.90	1.53	17.87	615.7	-29.61
7	杜 124	1613.4	0.70	2.34	1.41	17.76	760.0	-30.21
8	古斜 7091	2124.0	0.76	5.32	3.25	51.58	970.4	-29.35
9	松页油 D1	1590.8	0.61	3.11	0.32	25.84	830.9	-28.74
10	太 2021	1501.9	0.74	5.70	1.85	45.06	791.1	-29.02
11	鱼 17	2043.0	0.83	2.61	0.58	21.61	827.6	-29.60
12	达 22	1923.0	0.75	5.48	1.92	36.09	658.3	
13	州斜 7061	1804.8	0.75	3.22	2.34	27.59	855.9	
14	树 43	1502.2	0.72	6.58	2.29	54.74	832.4	-29.39
15	朝页 6801	1130.7	0.58	5.39	2.70	47.08	872.7	-28.63
16	双 53	1521.5	0.71	4.00	1.45	31.44	787.0	-28.44
17	民 71	1110.0~1116.0	0.58	8.26	3.11	66.08	800.0	-29.78
18	英 X58	2078.1	1.20	3.57	2.93	16.08	450.4	

三、有机质热演化特征

按照地球热力学规律，随着埋深的增加，地层温度会逐渐升高。温度是影响有机质演化的最重要因素，烃源岩经历的热历史决定了有多少烃类生成和排出，松辽盆地不乏高有机质丰度湖相烃源岩，其中以青一段和嫩一段、嫩二段为代表的高有机质丰度湖相烃源岩在盆地中广泛分布。由于松辽盆地本身具有较高的地温梯度和大地热流值，致使松辽盆地有机质成熟门限相对较浅，在生油窗范围内，温度的微小变化会导致生油量的十分明显的变化。许多地区湖相烃源岩仍处在临界成熟或低熟阶段（R_o 为 0.5%~0.7%），温度只要高 5℃ 或低 5℃，埋藏深度增加 100m 或减少 100m，就会对生油量结果产生巨大影响。这一特点使得圈闭充注条件评价和资源量评价时必须对烃源岩热历史进行精细分析。

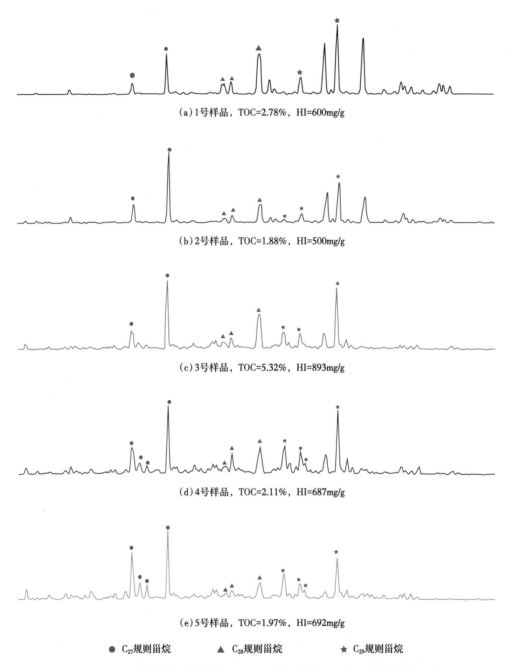

(a) 1号样品, TOC=2.78%, HI=600mg/g

(b) 2号样品, TOC=1.88%, HI=500mg/g

(c) 3号样品, TOC=5.32%, HI=893mg/g

(d) 4号样品, TOC=2.11%, HI=687mg/g

(e) 5号样品, TOC=1.97%, HI=692mg/g

● C_{27}规则甾烷　　　▲ C_{28}规则甾烷　　　★ C_{29}规则甾烷

图 4-15　松辽盆地北部青山口组一段烃源岩生物标志物特征图

镜质组反射率(R_o)记录了烃源岩经历的最高温度,是了解烃源岩热演化的重要指标,通过对松辽盆地北部青一段、青二段烃源岩 R_o 数据的统计,绘制了 R_o 随深度变化图(图 4-16),由深度与 R_o 相关图可以看出,随着深度的增加,R_o 逐渐增大。从不同凹陷纵向演化剖面看,朝长地区的大部分烃源岩处在未成熟—低熟演化阶段,三肇凹陷和长垣、安达、王府、黑鱼泡等地区烃源岩基本都已进入低熟—成熟演化阶段，齐家—古龙凹陷烃源岩演化程度比较高，部分烃源岩的 R_o 大于 1.3%，进入高成熟演化阶段。

古龙凹陷在 1100m 左右时 R_o 为 0.5%，在 1500m 时 R_o 为 0.7% 左右；齐家凹陷在 1300m 时 R_o 为 0.5% 左右，在 1800m 左右时 R_o 为 0.7%；长垣地区在 1200m 时 R_o 为 0.5%，在 1750m 左右时 R_o 为 0.7%；三肇凹陷在 1100m 时 R_o 为 0.5%，在 1600m 时 R_o 为 0.7% 左右；朝长凹陷在 900m 时 R_o 为 0.5%，在 1700m 时 R_o 为 0.7% 左右；安达凹陷在 1300m 时 R_o 为 0.5%，在 1800m 时 R_o 为 0.7% 左右；王府凹陷在 900m 时 R_o 为 0.5%，在 1500m 时 R_o 为 0.7% 左右；黑鱼泡凹陷在 1400m 时 R_o 为 0.5%，在 1900m 时 R_o 为 0.7% 左右。

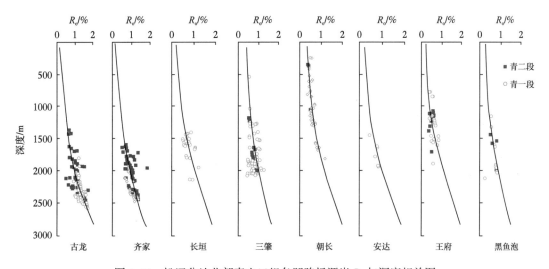

图 4-16　松辽盆地北部青山口组各凹陷烃源岩 R_o 与深度相关图

从松辽盆地青一段、青二段烃源岩 R_o 成熟度平面图（图 4-17 和图 4-18）看，青一段烃源岩成熟和高成熟区域面积远大于青二段。由图 4-17 看出，松辽盆地青一段烃源岩的成熟区（$R_o > 0.7\%$）范围主要分布在齐家—古龙凹陷、三肇凹陷、黑鱼泡凹陷、长垣南及王府凹陷，仅在朝长地区南部烃源岩成熟度较低，R_o 为 0.5%~0.7%。R_o 大于 0.9% 的烃源岩主要分布在齐家—古龙和三肇凹陷中部，在古龙凹陷中部烃源岩 R_o 超过 1.3%，进入高成熟演化阶段。由图 4-18 可知，青二段烃源岩成熟区范围总体明显小于青一段，成熟区主要分布在齐家—古龙凹陷、三肇凹陷和黑鱼泡凹陷南部及长垣南部，朝长和王府凹陷烃源岩处于未熟—低熟阶段。R_o 大于 1.3% 的烃源岩主要分布在古龙凹陷中央区域。

通过烃源岩有机碳丰度、类型和成熟度的研究，可以看出青一段烃源岩以 TOC 大于 2% 为主，且分布范围较广，氯仿沥青 "A" 含量高，类型以富含层状藻的 Ⅰ 型湖相有机质为主，在主力生油凹陷内烃源岩达到成熟阶段，以上结果反映出青一段烃源岩沉积时期，湖泊藻类等水生生物一直发育，湖底始终处于厌氧环境，又有上部大段的嫩江组泥岩遮盖，从而形成了这种厚度较大的大套高丰度优质烃源岩。青一段优质烃源岩主要分布在齐家—古龙凹陷、三肇及朝长地区。

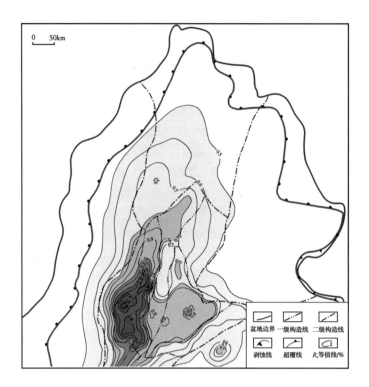

图 4-17 松辽盆地北部青一段烃源岩成熟度分布平面图

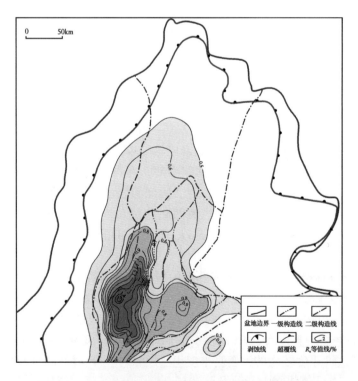

图 4-18 松辽盆地北部青二段烃源岩成熟度分布平面图

第三节　烃源岩生排烃特征

烃源岩的生烃演化研究对确定生油门限和成烃高峰、排烃门限、准确评价生油层都具有重要意义。烃源岩的生烃潜力是有机质质量的综合反映，根据烃源岩中生烃前后有机质质量不变的原理，可以通过烃源岩的生烃潜力在剖面上的变化规律来研究烃源岩的生、排烃特征。

一、生烃动力学模拟

为了建立青山口组烃源岩生油模式，选取松辽盆地青一段和青二段未熟—成熟烃源岩开展了热解生烃动力学实验分析，样品的一般地球化学特征见表 4-3。从表 4-3 中可以看出，所取的烃源岩有机质丰度均较高，除拜 1 井、杜 90 井、川 3 井外，其他井样品 TOC均大于 2%，其中青一段烃源岩的样品 TOC 为 2.66%~7.45%，S_1+S_2 为 5.17~49.81mg/g，HI 为 188~704mg/g，表现为 I 型干酪根烃源岩的特征。烃源岩的 R_o 为 0.48%~0.78%。青二段 + 青三段烃源岩 TOC 为 1.19%~2.23%，S_1+S_2 为 1.08~10.67mg/g，HI 为 89~522mg/g，为 II 型和 III 型烃源岩的特征。

表 4-3　热解化学动力学模拟实验烃源岩的一般地球化学特征

井号	井深/m	层位	TOC/%	T_{max}/℃	S_1/(mg/g)	S_2/(mg/g)	S_3/(mg/g)	S_1+S_2/(mg/g)	HI/(mg/g)	R_o/%
长 19	970.20	青一段	3.41	443	0.91	24.02	0.80	24.93	704	—
民 66	998.50	青一段	6.88	443	1.99	47.82	0.66	49.81	695	0.71
鱼 21	1929.85	青一段	5.59	449	1.43	36.63	1.44	38.06	656	0.78
五 102	766.98	青一段	4.24	430	2.25	27.45	0.41	29.69	647	0.48
双油 1	1305.60	青一段	7.45	443	0.83	47.76	2.39	48.58	641	0.70
任 11	213.77	青二段 + 青三段	2.01	426	0.15	10.52	0.37	10.67	522	0.25
长 13	510.28	青一段	7.50	440	0.45	38.25	0	38.70	510	—
莲 Y1	268.78	青二段 + 青三段	2.23	428	0.04	6.34	2.10	6.38	284	0.49
川 3	1275.87	青一段	1.25	445	0.11	3.27	0.68	3.38	261	0.58
杜 90	946.20	青一段	1.03	439	0.04	3.89	3.35	3.93	379	0.56
扶 Y1	253.04	青一段	2.66	425	0.17	5.00	2.40	5.17	188	0.54
拜 1	660.00	青二段 + 青三段	1.19	439	0.02	1.06	2.12	1.08	89	0.44

生油活化能直接反映烃源岩生油难易程度，烃源岩生油活化能越高，其生烃潜力转化为石油所需的温度越高，反之则较容易。从不同样品活化能的分布（图 4-19）可以看出，松辽盆地青一段Ⅰ型烃源岩（五 102 井、双油 1 井、鱼 21 井和长 13 井）活化能分布非常集中，反映出生油母质比较单一，向油转化所需的温度大致相同。青二段、青三段的Ⅱ型烃源岩（拜 1 井、任 11 井和莲 Y1 井）在活化能的分布上与Ⅰ型烃源岩相当，活化能的分布同样较单一，只是在主体活化能分布后的次峰要略高于Ⅰ型烃源岩。由此与前面的认识相一致，松辽盆地的Ⅰ型烃源岩有机质主要由单一的藻类组成，而Ⅱ型烃源岩母质则同样是由藻类组成但混入了部分惰质组分，从而使得活化能仍然表现为单一的峰型。这一认识将对今后的资源评价有重要的指导意义。

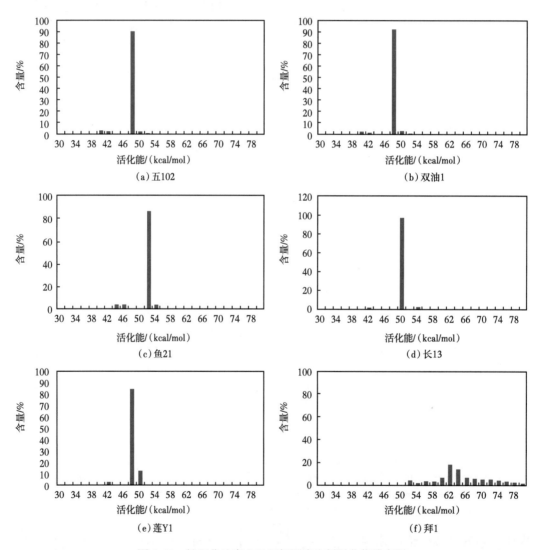

图 4-19　松辽盆地青山口组烃源岩生烃活化能分布图

由于烃源岩反应的难易程度不单单由反应的活化能决定，还与指前因子有关，因此在进行样品间对比时，最好采用由所获得的烃源岩的化学动力学参数得出的转化率与温度或成熟度关系图来进行。图 4-20 显示了将松辽盆地青山口组烃源岩进行对比，同时与国外典型烃源岩进行对比的结果。从图中可知，松辽盆地 I 型和 II 型烃源岩与国外给出的湖相 I 型烃源岩基本一致，松辽盆地双油 1 井、长 19 井和莲 Y1 井的曲线分布完全一样，由此反映出虽然三者在 HI 上相差较大（双油 1 井和长 19 井样品 HI 大于 600mg/g，而莲 Y1 井则只有 284mg/g），但它们在化学动力学上却表现一致的特征，说明两者在生烃组分上一致，只是 HI 低的样品中惰性组分的含量较高。

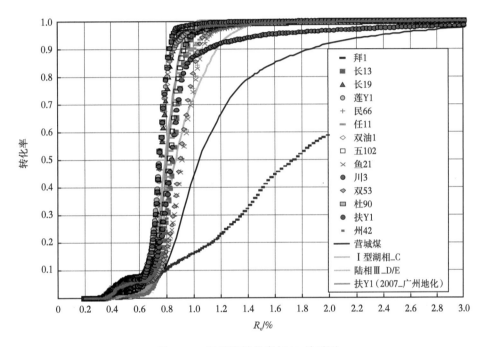

图 4-20　烃源岩转化率与 R_o 关系图

总体上，松辽盆地青一段烃源岩与国外湖相烃源岩的动力学特征一致，活化能分布单一、成熟区间窄。拜 1 井烃源岩的活化能分布比较特殊，推断受陆源植物的影响较大，生油能力有限。按平均的地质加热速率看，松辽盆地青山口组烃源岩 R_o=0.7% 时平均转化率为 10%，而当 R_o=0.75% 时转化率可达 20%，大量生油时 R_o 应在 0.75%~1.1%。

二、含水排油模拟实验

高温高压模拟实验是研究油气生成和排出的重要方法之一，国内外很早就开始采用该方法来研究烃源岩的生烃过程和生烃机理。本书实验采用了具有代表性的青一段未成熟烃源岩，样品 TOC 为 4.41%，热解 S_1 为 1.05mg/g，S_2 为 33.86mg/g，HI 为 768mg/g，T_{max} 为 438℃，R_o 为 0.48%，该样品具有较高的有机质丰度，有机质类型为 I 型，处于未成熟演化阶段，代表了松辽盆地优质烃源岩的沉积演化早期阶段的地球化学特征。

实验结果包括模拟总的生油量(排出油量与岩石氯仿抽提物量之和)、排油量、氯仿沥青抽提物含量、排油效率(排出油量占总生油量的百分含量)及干酪根含量。根据实验结果,各参数随模拟温度的变化如图4-21所示,大致可以划分为3个阶段。

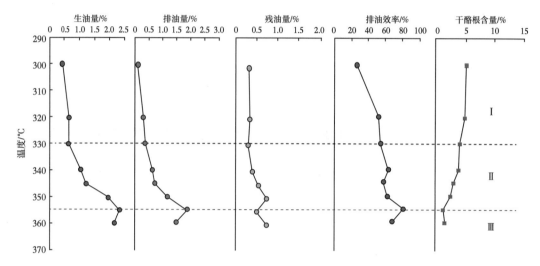

图4-21　含水热模拟实验产物产率变化图

I—生排油早期阶段;II—主要生排油阶段;III—生排油晚期阶段

第一阶段为330℃之前,为生排油早期阶段,此时总的生油量较低,小于0.7%,排油量较低,小于0.4%,岩石中氯仿抽提物含量为0.29%~0.32%,干酪根含量为4%~5.1%,在此阶段,随着温度的升高,干酪根含量略有降低,而岩石中氯仿抽提物含量基本保持不变,排油量略有升高。

第二阶段为330~355℃,为主要生排油阶段,该阶段生油量快速增加,从330℃的0.643%增加到355℃的2.351%,排油量从0.293%增加到1.877%,同时岩石氯仿抽提物含量也增加,但最高值出现在350℃,与排油高峰所对应的温度不一致。在350℃以后氯仿沥青抽提物含量开始下降,反映此时沥青向油转化的速度超过了干酪根裂解生成沥青的速度,排油效率也呈现增大的趋势,从54.4%增大到355℃的79.8%。由实验可知,优质烃源岩的排油效率较高,主要排油时期排油效率在60%~80%之间,但由于实验条件与地质条件存在差异性,通过含水高温热模拟实验所确定的排油效率往往要高于实际。该阶段干酪根含量呈现快速降低的特点,从3.95%降到1.1%。干酪根含量的快速降低反映了干酪根开始大量裂解向沥青和油转化,同时油从岩石中排出。

第三阶段为大于355℃,为生排油晚期阶段,生油量、排油量及排油效率均开始下降,岩石氯仿抽提物含量及干酪根含量基本保持不变,此时已生成的油开始裂解生气,而干酪根和沥青裂解已不明显。

三、青山口组烃源岩生排烃门限

松辽盆地北部各凹陷地温梯度的差异表明,其经历的热史不同,烃源岩的热演化程度也不同，因此根据岩石样品分析结果，分地区建立了松辽盆地北部烃源岩的自然演化剖面，确定了相应生排烃门限（表4-4、图4-22至图4-29）。

表4-4　松辽盆地北部各凹陷生排烃门限表

凹陷名称	生烃门限/m	排烃门限/m	生烃高峰/m
古龙凹陷	1100	1600	1900
三肇凹陷	1100	1650	2000
朝长阶地	1000	—	
安达凹陷	1300	1800	
长垣凹陷	1200	1750	
齐家凹陷	1400	1800	2100
王府凹陷	1000	1600	
黑鱼泡凹陷	1400	2000	

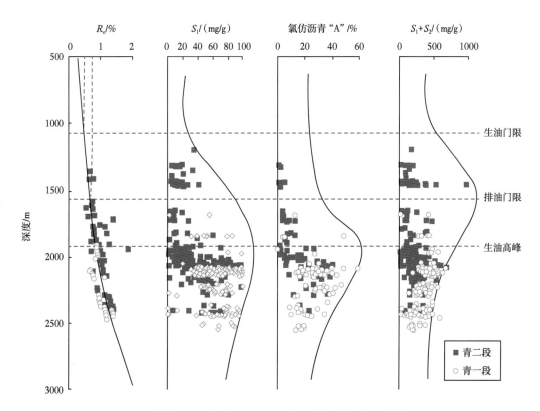

图4-22　松辽盆地北部中浅层古龙—龙虎泡凹陷泥岩生烃演化剖面图

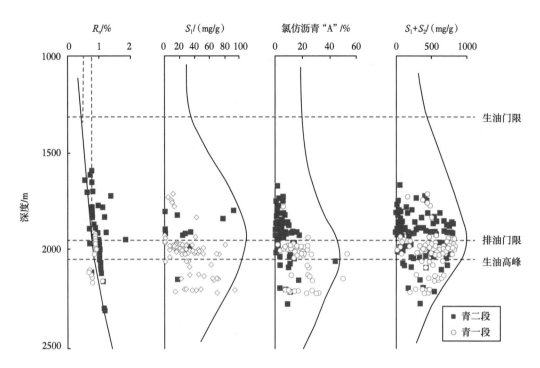

图 4-23　松辽盆地北部中浅层齐家凹陷泥岩生烃演化剖面图

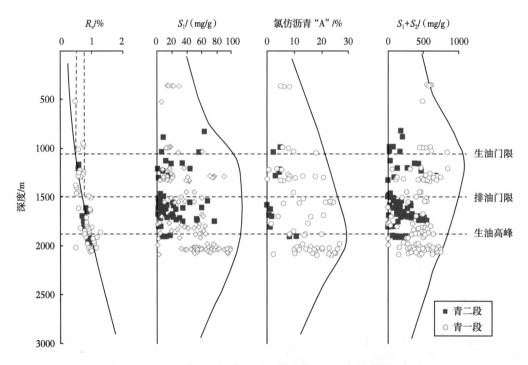

图 4-24　松辽盆地北部中浅层三肇凹陷泥岩生烃演化剖面图

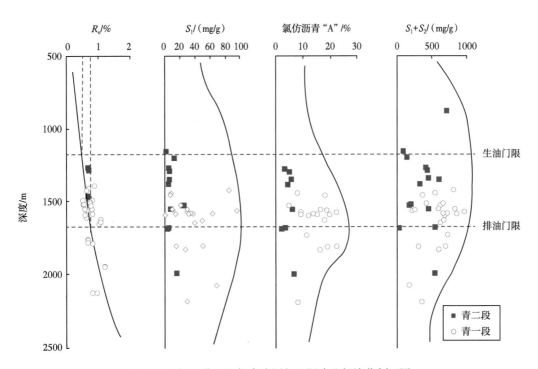

图 4-25　松辽盆地北部中浅层长垣泥岩生烃演化剖面图

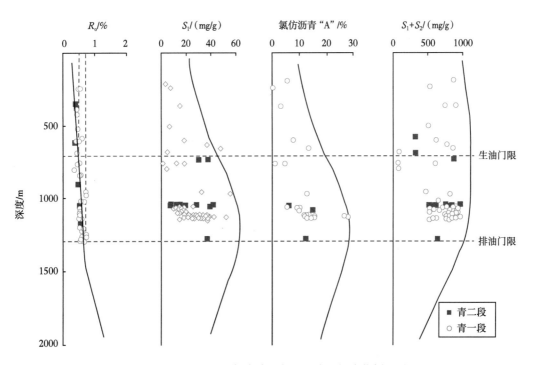

图 4-26　松辽盆地北部中浅层朝长泥岩生烃演化剖面图

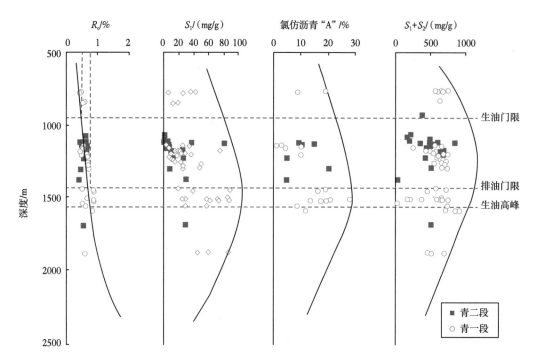

图 4-27　松辽盆地北部中浅层王府凹陷泥岩生烃演化剖面图

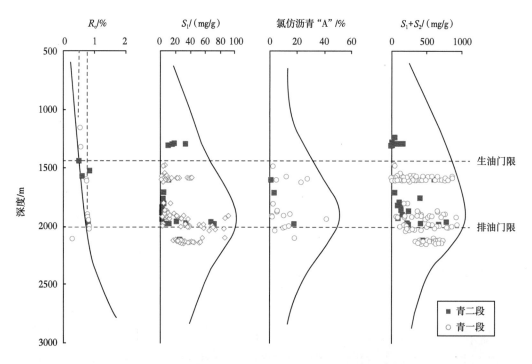

图 4-28　松辽盆地北部中浅层黑鱼泡泥岩生烃演化剖面图

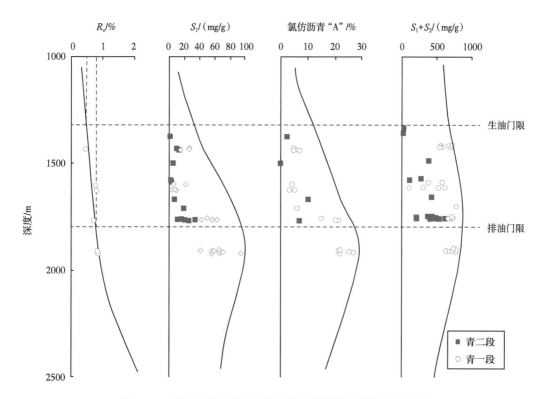

图 4-29 松辽盆地北部中浅层安达向斜泥岩生烃演化剖面图

古龙凹陷生烃门限为 1100m，此时镜质组反射率 R_o 为 0.5%，S_1+S_2 明显增大；排烃门限为 1600m，此时 R_o 为 0.75%，烃源岩开始大量生油，生烃转化率可达 24%；之后转化率迅速升高，在 1900m 进入生油高峰期，氯仿沥青 "A" 可达到 60%，R_o 为 1.0% 左右。

齐家凹陷的生烃门限在 1400m 左右，烃源岩开始生烃，S_1+S_2 明显增大；排烃门限为 1800m，此时烃源岩 R_o 为 0.75%，随热演化程度升高，烃源岩生烃转化率不断增大，可达 23%，生烃量满足吸附，开始排烃；之后转化率迅速升高，在 2100m 进入生油高峰，氯仿沥青 "A" 可达 55% 左右，R_o 达到 1.0% 以上，烃源岩大量生油。

三肇凹陷的生烃门限为 1100m，S_1+S_2 明显增大；排烃门限为 1650m，此时烃源岩 R_o 为 0.75%，随着烃源岩热演化程度的升高，烃源岩生烃转化率可达 24%，之后的转化率迅速升高，在 2000m 进入生油高峰期，R_o 为 1.0% 以上，氯仿沥青 "A" 可达 30% 左右，烃源岩大量生烃。

长垣地区的生烃门限在 1200m，此时 R_o 为 0.5%；排烃门限为 1750m，此时 R_o 为 0.75%，随着演化程度的升高，生烃转化率值不断变大，氯仿沥青 "A" 可达 20% 左右。

朝长阶地生烃门限为 1000m，烃源岩尚未达到排烃。王府凹陷生烃门限在 1000m 左右，此时转化率明显升高；排烃门限在 1600m，R_o 为 0.75%。

黑鱼泡凹陷生烃门限为 1400m，此时转化率升高，S_1 明显增大；排烃门限在 2000m，此时 R_o 为 0.75%，转化率迅速增大，氯仿沥青 "A" 可达 40% 左右。

安达凹陷生烃门限为1300m，排烃门限为1800m，R_o达到0.75%，烃源岩开始大量生烃。

松辽盆地不同凹陷排烃门限不同，主要表现为排烃门限的南北差异，导致这种差异的原因有两个方面：一是地温梯度从北向南增高，目前松辽盆地南部和北部地温梯度可相差1℃/100m；二是剥蚀厚度的差别，松辽盆地南部特别是朝阳沟阶地存在地层剥蚀。

不同层位暗色泥岩发育、有机质丰度平面分布、有机质成熟区分布均不相同，导致不同凹陷的烃源岩的生烃门限和排烃门限及生烃高峰期也不同。依据有效烃源岩的概念，能够排烃的烃源岩才可称为有效烃源岩，对该区的油气成藏真正有贡献。相对来说，烃源岩刚进入生烃门限时开始生油量较小，对本区的油气贡献也不多，随着热演化增加，烃源岩不断生烃，在生烃量满足了自身的吸附、孔隙水溶、油溶和毛细管封闭等多种形式的存留需要后，并开始以游离相态大量排出，此时烃源岩的生烃量才对油藏有贡献，才达到有效烃源岩的标准，从而根据排烃门限圈定有效烃源岩的范围。

四、青山口组烃源岩超压

烃源岩排烃，即油气初次运移。烃源岩的排烃作用是油气从生成到成藏这一地质过程中不可缺少的环节，在资源评价中更具有重要的研究意义。对于排烃机理问题，各学者持不同观点，并提出过各种各样的假设和理论，如水溶相运移、油溶相运移、气溶相运移等。

超压系统的幕式排液现象在20世纪80年代逐渐成为研究人员关注的热点。超压体系可构成各种级别的封存箱，其边界由封隔层形成，控制系统内的油气运移与聚集。在超压体系内，由于孔隙排液不畅，流体压力增大，导致压力封存箱中泥岩内孔隙水通过粒间孔隙渗流极少，更多的是通过流体压裂面排液，这样随着流体压裂面的幕式开启和封闭，导致超压体系内流体的幕式释放。

超压产生幕式排烃的理论计算如下：假设生烃是泥岩超压产生的直接原因，泥岩的幕式排烃过程为泥岩超压产生微裂缝，导致超压完全释放，泥岩排油。dV为封闭体系中产生dp超压所需要的流体额外体积，单位为m^3；dp为泥岩产生微裂缝的最小超压，单位为MPa。原油的压缩系数$\beta=0.007MPa^{-1}$，即产生10MPa的额外压力，需要体积增加0.07倍，当超压为13.6~15.8kPa/m时，泥岩裂缝即可开启，或产生新的微裂缝，进行排烃。设青一段泥岩的孔隙度为10%，岩石密度为2.5g/cm^3，原油密度为0.85g/cm^3，则通过式（4-5）至式（4-7）可以计算出泥岩破裂时所需的排烃强度。

$$M_o = p_o \cdot \frac{1}{\rho_r} \cdot \phi_{sh} \cdot \beta_o \cdot \rho_o \tag{4-5}$$

$$E = M_o \cdot h \cdot \rho_r \tag{4-6}$$

$$E = p_o \cdot \phi_{sh} \cdot \beta_o \cdot \rho_o \cdot h \tag{4-7}$$

式中　p_o——泥岩破裂压力，MPa；

ϕ_{sh}——泥岩孔隙度，%；

β_o——原油压缩系数，MPa^{-1}；

ρ_o——原油密度，g/cm^3；

h——泥岩厚度，m；

E——排烃强度，$10^6 t/km^2$；

M_o——单位质量岩石排油量，g/g 岩石。

根据式（4-5），若烃源岩的排烃深度为 1500m，超压完全释放时，泥岩的排油量为 5.4mg/g 岩石。设青一段泥岩厚度为 45m，根据式（4-7），超压完全释放时的排烃强度为 $0.6 \times 10^6 t/km^2$，松辽盆地北部青一段泥岩的现今累计排烃强度为 $(2{\sim}6) \times 10^6 t/km^2$，由此泥岩至少需要 3~10 次幕式排烃。根据松辽盆地青一段泥岩（民 71 井，1113.7m；杏 15 井，2341.1m）破裂压力实验，青一段泥岩破裂压力为 7.7MPa，代入式（4-7）可得泥岩达到青一段现今排烃强度，需要 10~30 次幕式排烃。事实上，超压不能使石油完全释放到正常地层压力，因此，实际上需要排烃强度值比上述计算值要小得多。目前，油气藏成藏的研究一般认为成藏期次主要为 1~2 期，多次的幕式排烃可能反映了一个大致的连续过程。

第四节　有效烃源岩分布与成藏的关系

有效烃源岩的圈定综合烃源岩的丰度、有机质生烃转化率及烃源岩的吸附量等因素，采用排烃强度来反映烃源岩在平面上的排烃情况，根据有效烃源岩的概念，将排烃强度大于 0 的范围作为有效烃源岩的分布范围。

一、有效烃源岩评价方法

按照物质守恒原理，即烃源岩中的有机质在生排烃前后总量保持不变，为地史中以各种方式排出的烃类与残留在烃源岩中的烃类的总和。基于这一理论，烃源岩中可转化成烃的有机质，如果在演化过程中没与外界发生任何形式的物质交换，其物质总量是一定的，其生烃潜力由以下三部分组成：（1）尚未转化成烃的干酪根或残余有机质；（2）已生成并残留于烃源岩中的烃类；（3）可能已排出烃源岩的烃类。

不难看出，无论存在于烃源岩中的有机母质是以何种方式成烃（可溶有机质早期生物降解或干酪根晚期热降解），在烃源岩演化过程中，当烃源岩中生成的烃类没有满足自身的吸附以前，它的生烃潜力保持不变，而使烃源岩生烃潜力减小的唯一原因就是烃源岩中有烃类排出。

研究认为，烃源岩吸附量主要包括两部分：一部分是有机质的吸附量，有机质吸附量主要来自干酪根对液态烃类的吸附；另一部分是孔隙吸附量，是指有机质生成后排出到泥岩孔隙中的量。泥岩孔隙吸附量与泥岩的孔隙度、含油饱和度、泥岩密度、地下状态下原油的密度有关，而这些参数可以利用测井或参考国内外文献获得。对有机质的吸附量可以通过建立烃源岩 S_1 剖面，认为成熟度相对较高时，孔隙中的油大部分被排出烃源岩，此时的 S_1 为烃源岩有机质的吸附量。图 4-30 显示了烃源岩不同演化阶段烃类的吸附和排出情况，烃源岩在未成熟的条件下，干酪根尚未向液态烃转化，孔隙中无烃类；在低成熟和成熟早期演化阶段，烃源岩中干酪根部分转化为液态烃，但此时尚未能超过自身有机质的吸附量，没有油排到孔隙中；成熟阶段的生油高峰期，烃源岩的生油量大大超过了自身的吸附量，有大量的油排到孔隙中，同时当孔隙中油超过孔隙含油饱和量时，油会排出到烃源岩外，温度继续升高后，孔隙中油开始裂解成气，孔隙中保留一部分气。

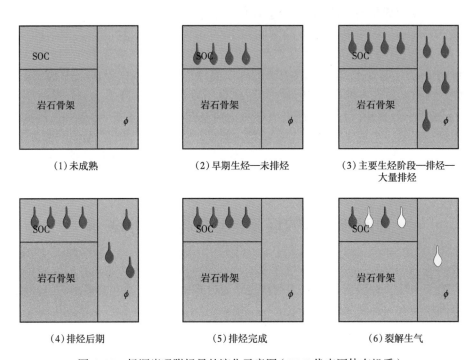

图 4-30　烃源岩吸附烃量的演化示意图（SOC 代表固体有机质）

通过前人研究可知，国外认为有机质吸附量平均为 100mg/g TOC，松辽盆地烃源岩有机质的吸附量一般为 40~100mg/g TOC。因此，在具体计算时采用 100mg/g TOC 作为烃源岩有机质的吸附量。泥岩孔隙吸附数据计算主要按照式（4-8）：

$$\beta = \frac{\phi_{sh} \cdot S_o}{\rho_r} \cdot \rho_o \cdot 1000 \qquad （4-8）$$

$$\phi_{sh} = \left(0.00466\Delta t - 0.317\right)^2 \qquad （4-9）$$

式中　β——孔隙吸附常数，mg/g 岩石；

　　　S_o——原油饱和度；

　　　ϕ_{sh}——泥岩孔隙度；

　　　Δt——泥岩声波时差，μs/ft；

　　　ρ_r——泥岩密度，g/cm³；

　　　ρ_o——地下原油密度，g/cm³。

烃源岩有机质转化率可反映干酪根向油气的转化程度，当烃源岩中干酪根向油气的转化量等于烃源岩中有机质的吸附量与孔隙吸附量之和时，此时可作为烃源岩开始排油的界限。首先要确定烃源岩的有机质转化率，才能了解烃源岩生成油量。根据上述研究思路，推导出有机质转化率与残余有机碳及有机质吸附常数、孔隙吸附常数之间的关系式：

$$TR = \frac{\alpha \cdot TOC + \beta}{(1205 + \alpha) \cdot TOC + \beta} \qquad (4-10)$$

式中　α——有机质吸附常数，mg/g TOC；

　　　β——孔隙吸附常数，mg/g 岩石；

　　　TOC——残余有机碳，%；

　　　TR——转化率；

　　　1205——有机碳—烃转化系数。

根据松辽盆地现今地温及烃源岩镜质组反射率变化进行了热史拟合（图4-31），建立了松辽盆地有效烃源岩的评价图版（图4-32）。图版将烃源岩的丰度与成熟度（包括类型）综合考虑，避免了传统烃源岩评价中将烃源岩从丰度、类型和成熟度三个方面分开考虑的不足，同时能较直观地判定出烃源岩能否达到排油级别。

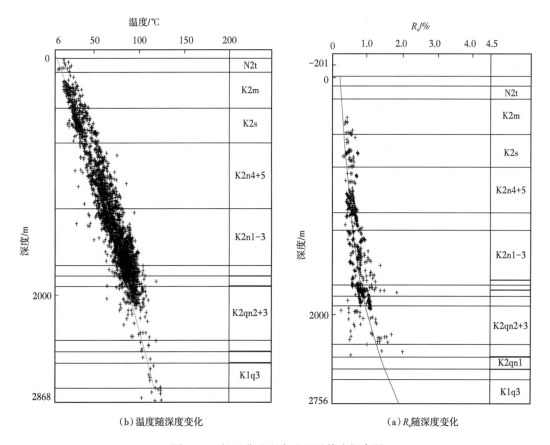

图 4-31　松辽盆地现今地温及热史拟合图

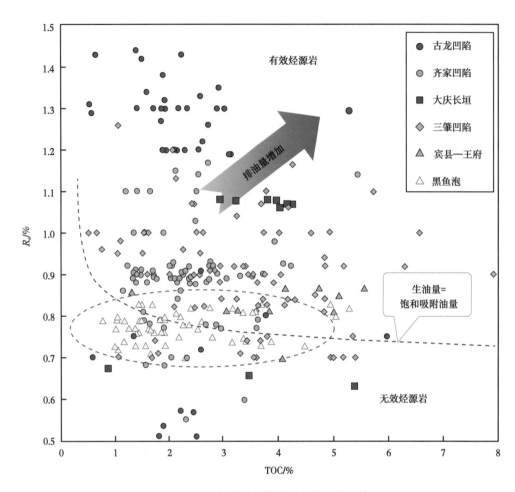

图 4-32　松辽盆地有效烃源岩的评价图版

　　从松辽盆地Ⅰ型有效烃源岩评价图版来看，青一段烃源岩开始排烃时无论是烃源岩有机质丰度，还是成熟度，均不能用一个固定值来简单给定，烃源岩中有机质类型好，以藻类为主，有利于生油，有机质丰度越高时其排烃所需要的成熟度越低。反之，烃源岩有机质丰度越低时，排烃需要的成熟度越高。这也反映出，高丰度的烃源岩易于早期排烃，而当烃源岩丰度低于某一界限（TOC=0.5%）时，烃源岩不能排油。

　　将松辽盆地不同地区烃源岩数据投到图版，青一段烃源岩排烃对应成熟度 R_o 大部分为 0.75%~0.8%，齐家—古龙凹陷、三肇凹陷、长垣南及王府凹陷烃源岩均可以大量排烃，而黑鱼泡凹陷基本在排烃界限附近，只有少部分样品超过了排烃门限，烃源岩的排油能力相对较低。图 4-32 中蓝色线为烃源岩的排油界限，超过这一界限后烃源岩生油量就超过烃源岩有机质吸附量与孔隙吸附量之和，烃源岩可以排油。

二、有效烃源岩的分布

　　青一段烃源岩排烃强度图（图4-33）上显示出，能够排烃的烃源岩主要分布在齐家—

古龙凹陷、三肇凹陷南、长垣南及王府凹陷和黑鱼泡凹陷南部。排烃强度大于 $4×10^6t/km^2$ 的烃源岩主要分布在齐家—古龙凹陷和三肇凹陷最中心部位。由排烃强度分布图看，松辽盆地齐家南—古龙凹陷的排烃强度要远高于三肇，反映其烃源岩的贡献最大。按排烃强度大于 0 来看，有效烃源岩主要分布在齐家—古龙及以西、三肇、长垣南，分布面积很广。

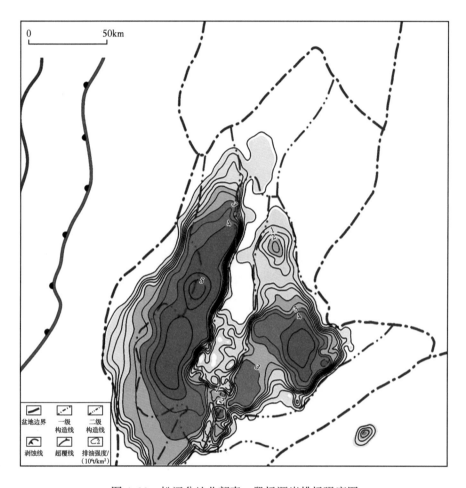

图 4-33　松辽盆地北部青一段烃源岩排烃强度图

青二段烃源岩排烃强度（图 4-34）与青一段烃源岩排烃强度相比，分布范围小，排烃强度降低，排烃强度高值区（排烃强度大于 $4×10^6t/km^2$）分布在齐家—古龙和三肇凹陷。由此可见，青二段有效烃源岩的分布范围要小于青一段，有效烃源岩主要分布在齐家南和古龙凹陷，其次在三肇中部。

综合致密油藏的分布特点，扶余、杨大城子油层和高台子油层致密油主要分布在有效烃源岩区内，以及附近的正向构造带上，反映出有效烃源岩的分布控制了致密油藏分布。

111

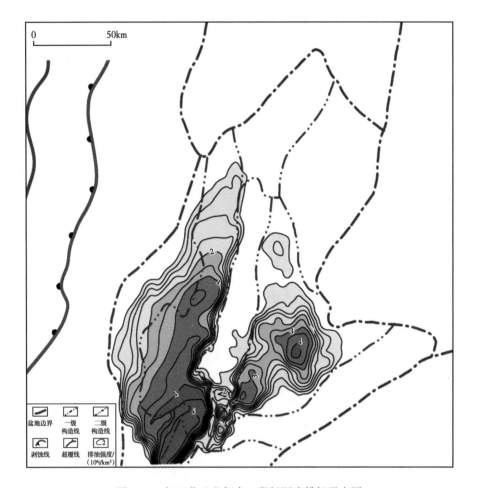

图 4-34　松辽盆地北部青二段烃源岩排烃强度图

第五章　致密储层与孔隙演化特征

松辽盆地北部扶余油层岩石以岩屑长石砂岩、长石岩屑砂岩为主，成分成熟度和结构成熟度中等。受盆地较高地温梯度影响，成岩作用较强，凹陷区以致密储层为主。

第一节　扶余油层岩石类型

扶余油层岩石类型主要为细砂岩和粉砂岩（图 5-1）。砂岩类型三角图解（图 5-2）显示，储层砂岩具有富长石、富岩屑特征，主要为岩屑长石砂岩和长石岩屑砂岩。从大量岩石薄片镜下鉴定分析来看，储层岩石类型除粒度有差别外，不同探井、不同深度段的砂岩填隙物含量差别较大，依据泥质和钙质填隙物含量不同，将岩石细分为细砂岩、含泥（含钙）细砂岩、钙质细砂岩、粉砂岩、含泥（含钙）粉砂岩、泥质（钙质）粉砂岩等。

扶余油层不同油层组岩石类型分布特征显示，FⅠ油层组和FⅡ油层组以低泥含钙细砂岩为主，岩石类型组成对储层形成有利；FⅢ油层组粉砂岩、含泥粉砂岩比例较高，岩石类型组成不利于储层形成（图 5-3）。

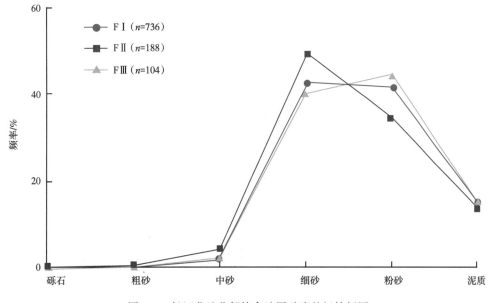

图 5-1　松辽盆地北部扶余油层砂岩粒级特征图

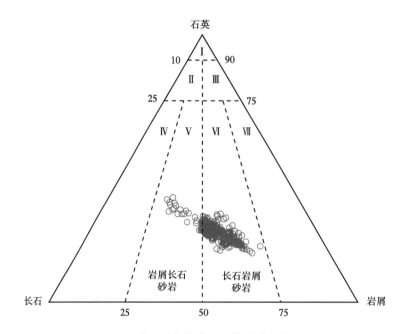

图 5-2 松辽盆地北部扶余油层储层砂岩类型三角图

I—石英砂岩；II—长石石英砂岩；III—岩屑石英砂岩；IV—长石砂岩；V—岩屑长石砂岩；
VI—长石岩屑砂岩；VII—岩屑砂岩

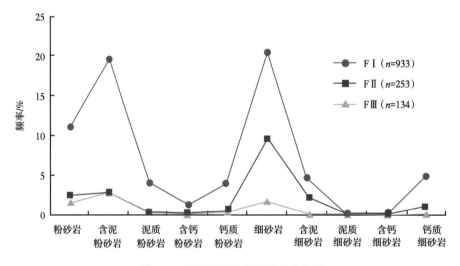

图 5-3 不同油层组岩性组成分布图

以大庆长垣为例，薄片观察及数据统计分析（表 5-1）表明，不同构造区细砂岩特征存在一定差别，长垣主体构造上岩石类型以低泥低钙含量砂岩为主，高台子地区与其他地区存在明显不同，该区细砂岩比例偏低，储层岩石类型以粉砂岩为主，高泥高钙砂岩比例偏高。各构造分区岩石类型变化特征分述如下：

表 5-1　不同构造区储层碎屑矿物组成表

构造区	石英 /%	长石 /%	岩屑 /%
喇嘛甸	23.63	30.75	31.56
萨西	23.50	34.33	29.17
萨尔图	24.50	29.63	27.02
杏西	22.56	30.60	32.92
杏树岗	24.78	30.26	31.53
高西	22.71	28.72	35.78
高台子	21.77	28.40	33.47
太平屯	23.93	28.88	33.98
葡西	21.50	28.50	39.50
葡北	22.13	28.50	36.73
新肇	24.69	24.21	36.97
葡南	23.01	28.51	35.05
敖南	25.40	25.10	31.90

喇嘛甸构造砂岩主要为岩屑长石砂岩和长石岩屑砂岩。石英平均含量为 23.63%，长石平均含量为 30.75%，岩屑平均含量为 31.56%，岩屑以酸性喷出岩为主。胶结物及填隙物以方解石和泥质为主，次生加大石英常见。从岩石类型统计分析［图 5-4（a）］来看，细砂岩比例较高，以较低泥钙含量细砂岩为主，粉砂岩主要为泥质粉砂岩。

萨西鼻状构造砂岩主要为长石岩屑砂岩和岩屑长石砂岩，石英平均含量为 23.50%，长石平均含量为 34.33%，岩屑平均含量为 29.17%，岩屑以酸性喷出岩为主。胶结物与填隙物以方解石和泥质为主，次生加大石英常见。从岩石类型统计分析［图 5-4（b）］来看，细砂岩比例较高，泥钙含量较低。

萨尔图构造砂岩主要为岩屑长石砂岩。石英平均含量为 24.50%，长石平均含量为 29.63%，岩屑平均含量为 27.02%。胶结物与填隙物以泥质和方解石为主，次生加大石英常见。从岩石类型统计分析［图 5-4（c）］来看，细砂岩比例较高，以低泥钙含量细砂岩为主。

杏西鼻状构造储层砂岩主要为长石岩屑砂岩和岩屑长石砂岩。石英平均含量为 22.56%，长石平均含量为 30.60%，岩屑平均含量为 32.92%，岩屑以酸性喷出岩为主。胶结物及填隙物以方解石和泥质为主，次生加大石英常见。从岩石类型统计分析［图 5-4（d）］来看，细砂岩比例较高，以低泥钙含量细砂岩为主，粉砂岩主要为泥质粉砂岩。

杏树岗构造砂岩主要为长石岩屑砂岩和岩屑长石砂岩。石英平均含量为24.78%，长石平均含量为30.26%，岩屑平均含量为31.53%，岩屑以酸性喷出岩为主。胶结物及填隙物以方解石和泥质为主，次生加大石英常见。从岩石类型统计分析［图5-4（e）］来看，细砂岩比例较高，以低泥钙含量细砂岩为主，粉砂岩主要为泥质粉砂岩。

高西鼻状构造砂岩主要由长石岩屑砂岩和岩屑长石砂岩组成。石英平均含量为22.71%，长石平均含量为28.72%，岩屑平均含量为35.78%，岩屑以酸性喷出岩为主。胶结物以方解石为主，次生加大石英常见。从岩石类型统计分析［图5-4（f）］来看，细砂岩比例和粉砂岩比例相当，以低泥钙含量砂岩为主，粉砂岩主要为泥质粉砂岩。

高台子构造砂岩主要为长石岩屑砂岩。石英平均含量为21.77%，长石平均含量为28.40%，岩屑平均含量为33.47%，岩屑以酸性喷出岩为主。胶结物与填隙物以泥质和方解石为主，次生加大石英常见。从岩石类型统计分析［图5-4（g）］来看，所有储层中细砂岩比例最低，以含泥粉砂岩为主。

太平屯构造砂岩主要由长石岩屑砂岩和岩屑长石砂岩组成。石英平均含量为23.93%，长石平均含量为28.88%，岩屑平均含量为33.98%，岩屑以酸性喷出岩为主。胶结物与填隙物以泥质为主，少量次生加大石英。从岩石类型统计分析［图5-4（h）］来看，细砂岩比例偏低，粉砂岩比例较高，以低泥钙含量砂岩为主。

葡西鼻状构造砂岩主要为长石岩屑砂岩。石英平均含量为21.50%，长石平均含量为28.50%，岩屑平均含量为39.50%，岩屑以酸性喷出岩为主。胶结物与填隙物以泥质和方解石为主，次生加大石英常见。从岩石类型统计分析［图5-4（i）］来看，细砂岩比例较低，以含泥粉砂岩为主。

葡北构造砂岩主要由长石岩屑砂岩和岩屑长石砂岩组成。石英平均含量为22.13%，长石平均含量为28.50%，岩屑平均含量为36.73%，岩屑以酸性喷出岩为主。胶结物与填隙物以泥质和方解石为主，次生加大石英常见。从岩石类型统计分析［图5-4（j）］来看，细砂岩比例和粉砂岩比例相当，以低泥钙含量细砂岩为主。

新肇构造砂岩主要由长石岩屑砂岩和岩屑长石砂岩组成。石英平均含量为24.69%，长石平均含量为24.21%，岩屑平均含量为36.97%，岩屑以酸性喷出岩为主。胶结物及填隙物以方解石和泥质为主，次生加大石英常见。从岩石类型统计分析［图5-4（k）］来看，细砂岩和粉砂岩比例相当，以低泥钙含量砂岩为主。

葡南构造砂岩主要由长石岩屑砂岩、岩屑长石砂岩和岩屑砂岩组成。石英平均含量为23.01%，长石平均含量为28.51%，岩屑平均含量为35.05%，岩屑以酸性喷出岩为主。胶结物及填隙物以泥质和方解石为主，次生加大石英常见。从岩石类型统计分析［图5-4（l）］来看，细砂岩比例和粉砂岩比例相当，储层以低泥钙含量细砂岩为主。

敖南构造砂岩主要由长石岩屑砂岩和岩屑长石砂岩组成。石英平均含量为25.40%，长石平均含量为25.10%，岩屑平均含量为31.90%，岩屑以酸性喷出岩为主。胶结物及填隙物以泥质和方解石为主，次生加大石英常见。从岩石类型统计分析［图5-4（m）］来看，细砂岩比例略高，储层以细砂岩和泥质粉砂岩为主。

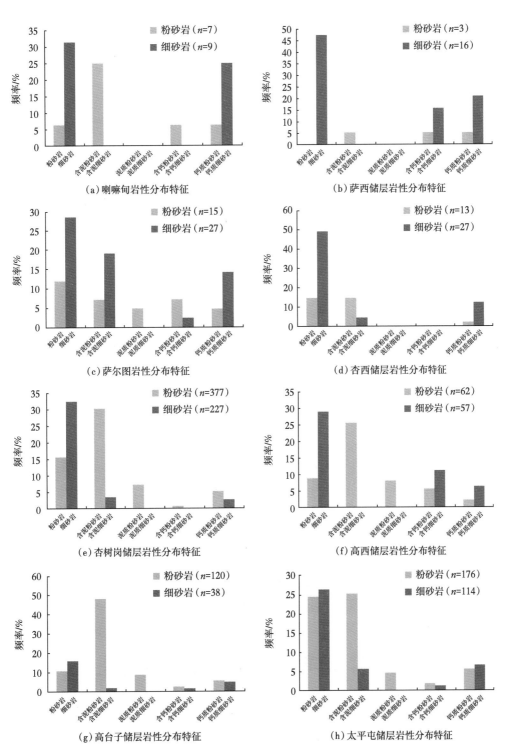

图 5-4　不同构造区岩性分布特征

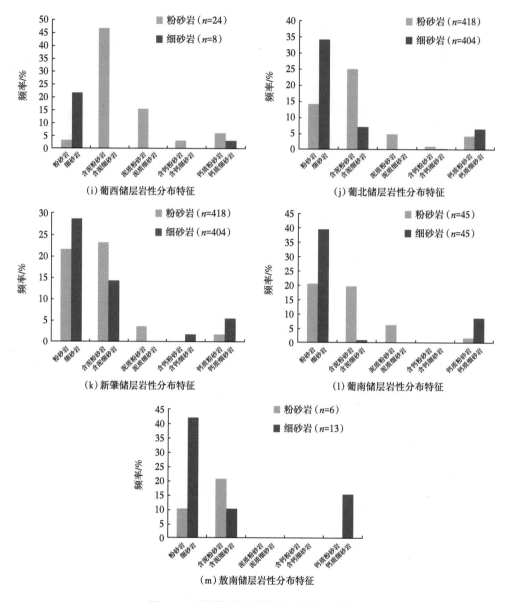

图 5-4　不同构造区岩性分布特征（续图）

第二节　扶余油层成岩作用及孔隙类型

一、成岩作用类型

1. 机械压实作用

随着埋深加大，机械压实作用增强，在上覆地层压力的作用下，砂岩的碎屑颗粒发生位移和滑动，碎屑颗粒之间的接触关系按点—线—缝合接触的顺序演变［图5-5（a）］。松辽盆地北部扶余油层砂岩中基本不发育碎屑颗粒的缝合接触，说明没有进入压溶阶段，其他常见的压实现象有塑性云母碎片发生弯曲、泥岩岩屑挤压变形并形成假杂基、刚性颗粒压断等［图5-5（b）］。在成岩作用的早期，胶结作用较弱，机械压实作用容易进行。随着埋深的增加，碎屑颗粒之间的接触关系逐渐由点接触调整为线接触，造成粒间孔隙的迅速损失。通常认为机械压实作用影响的最大埋深在2500m左右（史基安等，1994），而松辽盆地中浅层大多数井的砂岩埋深达到1000m左右时，碎屑颗粒主要呈点—线接触，少量砂岩碎屑颗粒在1000m以下时呈线接触，而大多数砂岩在2350m以后才以线接触为主，表明这些砂岩骨架颗粒结构已很稳定，不易被进一步压实，其原因是松辽盆地属于高地温梯度盆地，平均地温梯度为4.37℃/100m，胶结作用较为强烈。正是由于胶结作用的出现，限制了碎屑颗粒的移动，抑制了机械压实作用。特别是当大量胶结物充填孔隙时，岩石具有一定的抗压性，此时机械压实对储层物性的影响将逐渐减弱，取而代之的是各种胶结作用。

2. 胶结作用

松辽盆地北部扶余油层储层最常见的胶结物为方解石、石英和自生黏土矿物。

碳酸盐矿物方解石（1%~33%）是最发育的自生矿物之一。按照晶体大小和产出方式，方解石胶结物可分为微晶和粗晶两种类型。微晶方解石（小于10μm）以孔隙充填形式产出于较大的孔隙中，或者以骨架颗粒的微包壳形式产出，暗示其形成于近地表成岩环境［图5-5（c）］；粗晶方解石（大于10μm）以充填于较小孔隙为特征。阴极发光下可见微晶方解石往往被粗晶方解石胶结物所吞没，因而其形成早于粗晶方解石。被粗晶方解石充填的孔隙一般为三角形或多边形、近四边形或长条形，指示它们属于强烈压实之后的充填产物。然而，在大多数情况下，由于粗晶方解石往往对孔隙周围的碎屑颗粒产生程度不同的交代作用导致其分布面积大于实际充填的孔隙空间。粗晶方解石往往充填于次生加大石英形成后剩余的孔隙空间，说明粗晶方解石的形成晚于次生加大石英。

偏光显微镜和扫描电镜分析表明，自生石英包括次生加大石英、微晶石英和自生黏土矿物［图5-5（d）］。次生加大石英（0~2%）发育于碎屑石英的边部，与碎屑石英同时消光，为自生矿物形成的典型同轴增长方式。次生加大石英与碎屑石英之间有时存在黏土矿物线，说明次生加大石英的形成晚于黏土矿物线。次生加大石英被粗晶方解石交代，说明粗晶方解石的形成晚于次生加大石英。微晶石英一般为自形晶，主要分布于以伊/蒙混层为"衬里"的孔隙中，说明其形成晚于伊/蒙混层。由于微晶石英与次生加大石英系同一作用的不同产状，因此，次生加大石英的形成也应晚于伊/蒙混层。

3. 溶蚀、溶解作用

铸体薄片分析研究表明，碎屑长石和岩屑遭受了比较普遍的溶蚀、溶解作用，部分方解石胶结物遭受了轻微溶解作用。

长石遭受的溶蚀、溶解作用相对强烈，被溶蚀、溶解部分往往占碎屑长石体积的1/2以上［图5-5（e）和图5-5（f）］，在溶蚀、溶解形成的次生孔隙中一般保留有破损百叶窗状的残留体。

（a）萨平953井，K1q3，2384.43m，线接触、凹凸接触

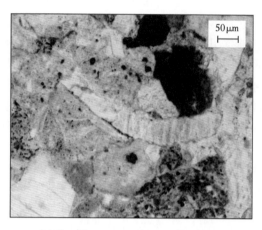

（b）萨952井，K1q3，2372.94m，长石被压弯

（c）葡432井，K1q4，1732.16m，方解石连晶胶结

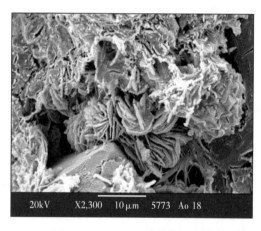

（d）敖18井，K1q4，2021.87m，粒间孔隙充填绿泥石

（e）萨951井，K1q4，2293.6m，长石粒内、粒间溶孔

（f）葡62井，K1q4，2137.17m，长石粒内溶孔

图5-5　扶余油层成岩作用特征图像

遭受溶蚀、溶解作用的岩屑主要为中基性岩屑和凝灰岩岩屑，岩屑的基质部分被部分或全部溶解，而长石和长英质部分残留形成弥漫状和环状次生孔隙。

长期以来，对于砂岩储层中的方解石胶结物，在有机酸和 CO_2 流体充注条件下是否会溶解并形成次生孔隙一直存在肯定和否定两种截然不同的理解，分歧的关键在于人们不清楚方解石溶解的形貌特征，一直根据溶蚀港湾存在与否来判断方解石的溶解行为。然而，根据孟繁奇等（2013）开展的实验研究，方解石的溶解首先发生在解理处和原始晶面的微起伏处，先形成溶解坑、溶解带，再形成溶解晶锥，随着溶解的进行，溶解晶锥会变小或消失，随之开始下一个方解石晶面的溶解进程。根据上述实验结果，在方解石晶体的边部识别出具有溶解晶锥特征的溶解现象，在介壳重结晶形成的方解石中存在呈块状溶解的现象，说明长石和方解石的溶蚀、溶解作用一直持续到粗晶方解石的形成初期。

二、成岩阶段划分

根据 SY/T 5477—2003《碎屑岩成岩阶段划分》，将成岩阶段划分为同生成岩阶段、早成岩阶段、中成岩阶段、晚成岩阶段和表生成岩阶段。划分的参数为镜质组反射率（R_o）、最高热解温度（T_{max}）、伊/蒙混层中蒙皂石比率、相对与绝对黏土矿物含量随埋深变化四项指标。其中，各成岩阶段的 R_o、T_{max} 和伊/蒙混层中蒙皂石比率划分指标是严格按照 SY/T 5477—2003《碎屑岩成岩阶段划分》体系进行的，而相对与绝对黏土矿物含量随埋深变化是根据 X 射线衍射分析数据汇总的。依据成岩阶段划分指标综合分析，建立大庆长垣扶余油层成岩阶段综合划分方案（表 5-2）。

表 5-2 松辽盆地北部扶余油层储层成岩阶段综合划分方案

成岩演化		有机质			泥质岩		自生矿物							深度/m
阶段	期	R_o/%	T_{max}/℃	成熟带	蒙皂石含量/%	混层类型分布	伊/蒙混层	高岭石	伊利石	绿泥石	石英加大	方解石	长石加大	深度/m
中成岩	A	0.7~1.3	435~460	成熟	15~50	有序混层								1250~2000
	B	1.3~2.0	460~490	成熟|高熟	0~15	超点阵有序								2000~2500

三、孔隙类型及特征

依据铸体薄片显微镜下鉴定分析，参照碎屑岩孔隙分类（邸世祥等，1991）和孔隙类型的识别标准（Shamugam，1985），将扶余油层储层砂岩孔隙类型归纳为原生和次生两大类，进一步细分为8个亚类。

1. 原生孔隙

原生孔隙指储集砂岩在沉积或成岩过程中形成的孔隙。常见的原生孔隙包括粒间孔隙、晶间孔隙、填隙物内孔隙和裂隙。

1）粒间孔隙

粒间孔隙包括完整原生粒间孔隙和剩余原生粒间孔隙。

完整原生粒间孔隙指颗粒间孔隙中基本无填隙物或自生矿物，颗粒边缘平整无溶蚀现象［图5-6（a）］。此类孔隙是压实作用后，颗粒紧密堆积后形成的孔隙，颗粒间以点—线状接触关系为主。

剩余原生粒间孔隙指颗粒间孔隙中部分孔隙空间被填隙物充填，剩余的部分粒间孔隙，其颗粒边缘、填隙物均无溶蚀现象。扶余油层常见的剩余原生粒间孔主要为黏土包壳、方解石、微晶石英等自生矿物充填部分原生孔隙所形成的孔隙［图5-6（b）］。

2）晶间孔隙

晶间孔隙指矿物微晶间孔隙。这类孔隙在碎屑岩中比较少见，大多是孤立或基本不连通的，薄片下可见碎屑黑云母晶间孔［图5-6（c）］。

3）填隙物内孔隙

填隙物内孔隙指杂基和胶结物内存在的孔隙。这类孔隙分布比较普遍，特别是自生矿物晶间孔隙，自生矿物晶间孔隙一般包括高岭石填隙物晶间孔隙、绿泥石晶间孔隙和微晶石英晶间孔隙，由于此类孔隙很小，在普通铸体薄片下较难观察到，一般在扫描电镜下方可观察到。

4）裂隙

裂隙指在砂岩储层中，由于地应力作用而形成的微裂缝。微裂缝呈小片状，裂缝弯曲，绕过颗粒边界［图5-6（d）］，其排列方式受地应力影响。

2. 次生孔隙

1）粒间溶蚀孔隙

依据矿物颗粒边部溶蚀程度及粒间自生矿物生成情况不同，粒间溶蚀孔隙可细分为溶蚀＋原生粒间孔隙、剩余溶蚀粒间孔隙和溶蚀超大孔隙。

溶蚀＋原生粒间孔隙指粒间孔隙周围的颗粒，部分被溶蚀并保留溶蚀痕迹。溶解现象包括长石及石英颗粒边缘的齿状［图5-7（a）］、港湾状溶蚀［图5-7（b）］和弧状等，此类孔隙在扶余油层较为常见。石英颗粒的溶解现象极为少见。

溶蚀粒间孔内发育自生矿物占据了一部分孔隙空间，剩余的部分即剩余溶蚀粒间孔隙。常见颗粒边缘的微晶石英［图5-7（c）］和黏土包壳［图5-7（d）］等占据孔隙空间。

溶蚀超大孔隙指岩石受到了强烈的溶蚀作用，致使一个甚至几个长石和碳酸盐碎屑颗粒与其周围的填隙物都被溶解掉而形成的超大孔隙［图5-7（e）］。

(a)葡56井，1732.8m，K1q3，完整原生粒间孔隙

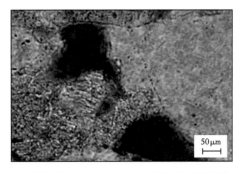

(b)葡56井，1732.80m，K1q4，剩余原生粒间孔隙

(c)葡62井，1699.36m，K1q4，云母晶间孔隙

(d)葡62井，1735.87m，K1q4，裂隙

图 5-6　扶余油层原生孔隙典型图像

2）粒内溶蚀孔隙

依据矿物颗粒被溶蚀程度的强弱，粒内溶蚀孔隙可细分为溶蚀粒内孔隙和铸模孔隙。

溶蚀粒内孔隙指碎屑颗粒内部所含可溶矿物被溶，或沿颗粒解理等易溶部位发生溶解而成的孔隙。其特点是孔隙不仅处在颗粒内部，而且数量比较多，往往呈蜂窝或串珠状。研究区内此类孔隙以长石粒内溶蚀孔隙［图 5-7（f）］和岩屑粒内溶蚀孔隙［图 5-7（g）］最为发育。

铸模孔隙指一些碎屑颗粒内部几乎全部被溶蚀溶解，只残留颗粒部分边缘。研究区内此类孔隙多为长石颗粒溶解形成。长石颗粒内部几乎全部被溶解，仅通过颗粒边缘处的少量残留和颗粒轮廓可以识别其矿物类型。铸模孔隙代表了局部强烈的溶蚀溶解作用。

3）溶蚀填隙物内孔隙

溶蚀填隙物内孔隙指填隙物受溶蚀作用所形成的孔隙。由于杂基及自生胶结物晶粒之间的孔隙本身很小，使流体在其中较难通过，溶蚀作用相对较弱，因此与填隙物内孔隙相比，它的发育程度大大降低，一般只在可溶填隙物中才比较发育。研究区内可见少量碳酸盐内溶蚀孔隙［图 5-7（h）］。

4）溶蚀裂缝孔隙

溶蚀裂缝孔隙是流体沿岩石裂缝渗流，使缝面两侧岩石发生溶蚀所致。由于裂缝形成后一般都将导致流体渗流，相应地大都在孔壁发生溶蚀，因此，此类孔隙比单纯的裂缝孔隙更为常见。

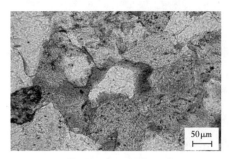

(a) 葡56井，1733.07m，K1q4，
石英的微齿状溶蚀

(b) 古74井，2172.19m，K1q4，港湾状
溶蚀+原生粒间孔隙

(c) 葡56井，1732.80m，K1q4，剩余溶蚀粒
间孔隙—石英次生加大

(d) 葡62井，1735.87m，K1q4，剩余溶蚀
粒间孔隙与绿泥石包壳

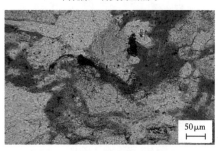

(e) 古74井，2156.86m，K1q4，溶蚀超大孔隙

(f) 葡62井，2137.17m，K1q4，长石粒内溶蚀孔隙

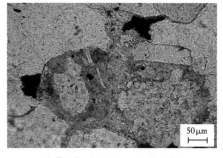

(g) 葡56井，1731.66m，K1q3，岩屑
粒内溶蚀孔隙

(h) 古74井，2167.93m，K1q4，填隙物方解石
内溶蚀孔隙

图 5-7　扶余油层次生孔隙典型图像

四、次生孔隙形成机理与控制因素

扶余油层储层内溶蚀、溶解作用形成了较多的次生孔隙，改善了储层物性。特别是在压实—胶结作用之后，剩余孔隙很低的背景下，次生孔隙就成为油气储层的"第二次生命"。刘宝珺等（1992）指出，间隙水离子的变化，酸性流体对矿物的溶蚀、溶解作用，温度压力的变化引起矿物溶解度变化都可以产生次生孔隙。其中，酸性流体对矿物的溶蚀、溶解作用是形成次生孔隙的最主要的控制因素。研究表明，影响扶余油层次生孔隙形成的酸性流体主要为有机酸。

自从 Carothers（1978）在油田水中检测出高浓度（5000mg/L）的有机酸以来，有机酸地球化学研究一直受沉积学、油气地球化学学者关注。通过热模拟实验，有机酸被认为来自干酪根的热成熟作用，但是对生成时间认识不一。Surdam 等（1989）认为有机酸生成于原油进入储集岩之前的干酪根未成熟—低成熟阶段；Kharaka 等（1986）的研究发现，原油的热变质作用（烃类热化学硫酸盐还原作用）也是其来源之一，但是由于原油中的氧元素含量远低于其母质，因此只有外来氧的介入，才能产生较多的有机酸。陈传平等（1995）等通过水热解模拟实验揭示了油田水中低分子量有机酸的三种主要来源：一是由干酪根中含氧基团的断裂产生，伴随着干酪根热演化的全过程，主要发生在成熟早期阶段；二是由油田水中微生物对原油的降解及游离氧气的氧化作用产生，发生在近地表或开启程度较高、有大气降水补给的地带；三是由围岩矿物中的高价元素组成的离子或化合物，如 Fe^{3+}、SO_4^{2-} 等，与有机质之间发生的氧化—还原反应所产生，反应受较高温度控制。

普通薄片观察、铸体薄片图像分析和扫描电镜观察表明，扶余油层内发生溶蚀的物质包括长石、岩屑和方解石等。根据铸体薄片图像分析的结果，次生孔隙中又以长石粒内溶孔和岩屑粒内溶孔最发育。这说明长石和岩屑等骨架碎屑颗粒是溶蚀溶解作用的主要对象。

大庆长垣地区砂岩风化面、构造裂缝不发育，但发育不同规模的断层，酸性水流动与这些断层相关，对次生孔隙分布无疑将起着重要的控制作用。喇嘛甸、萨尔图、萨西和杏树岗等构造区次生孔隙发育，都与断层的分布和控制作用密切相关。酸性水的形成主要源于有机质热解生成的有机酸和碳酸，有机质热解形成酸性流体在青一段超压的作用下（王成等，1999；邢顺洤等，1991），沿构造断裂带下排至下伏的扶余油层，从而对储层中硅铝酸盐和碳酸盐岩进行溶蚀形成次生孔隙。

近年来，越来越多的研究证据表明，在成岩过程中砂岩的孔隙扩大是生油泥质岩在成岩过程中放出富含有机酸和二氧化碳溶液，与砂岩发生有机与无机反应，使铝硅酸盐矿物和碳酸盐矿物发生溶解的结果。

1. 有机酸—长石相互作用反应

长石溶解作用的发育状况在很大程度上取决于长石颗粒的溶解速度，它主要受长石成分（类型）、粒度、沉积前蚀变状况、孔隙流体性质及运动状况和有机酸类型及含量，以及温度效应和砂岩原始孔隙度、渗透率条件等多种因素控制。实验证明，醋酸盐溶液在同样温度下可使铝溶解度增加一个数量级，草酸则可使铝溶解度增加三个数量级（Surdam et al., 1984），并且有机酸基本控制了孔隙流体的碱度，使其保持较低的 pH 值，这样使铝硅酸盐以复杂的有机络合物形式发生迁移，从而大大提高了长石的溶解能力。对长石溶解过程的热力学状态分析，将阐明长石溶解作用发育状况与长石类型及温度的关系。钠长石和钾长石在溶解过程中，最常见的反应是形成自生高岭石和微晶石英，其反应方程式如下：

$$2NaAlSi_3O_8（钠长石）+H_2O+2H^+=Al_2Si_2O_5（OH）_4（高岭石）+2Na^++4SiO_2$$

吉布斯自由能 $\Delta G^o=-78.74kJ/mol$，系统焓 $\Delta H^o=-87.38kJ/mol$，

系统熵 $\Delta S^o=-30.04J/（mol \cdot K）$

$$2KAlSi_3O_8（钾长石）+H_2O+2H^+=Al_2Si_2O_5（OH）_4（高岭石）+2K^++4SiO_2$$

$\Delta G^o=-67.70kJ/mol$，$\Delta H^o=-45.97kJ/mol$，$\Delta S^o=-72.91J/（mol \cdot K）$

自由能判据如下（恒温、恒压、不做其他功）：$\Delta G < 0$，不可逆过程；$\Delta G > 0$，不可能发生过程；$\Delta G=0$，平衡态标志或可逆过程。

热力学计算表明，在标准状态下，钠长石和钾长石都自发地向高岭石转化，并且钠长石反应的 ΔG^o 小于钾长石，说明在地表条件下，钠长石比钾长石更易蚀变和溶解。随着温度的升高（假设压力不变），反应自由能将发生变化，利用 $\Delta G_T^o=\Delta H^o-T\Delta S^o$ 可计算出温度从 70℃ 升高到 190℃ 时，钠长石的 ΔG_T^o 从 -78.42kJ/mol 升高到 -73.47kJ/mol（图 5-8），相反钾长石的 ΔG_T^o 从 -67.71kJ/mol 下降到 -79.74 kJ/mol（图 5-9），可见温度升高对钠长石溶解影响不大，而使钾长石的溶解能力 有较大的提高。长石颗粒发生溶解后，大都先以自生高岭石形式沉淀在粒间孔隙中，也可以直接或间接地形成其他自生黏土矿物，如高岭石在 120~150℃ 温度下变得不稳定，转变成伊利石，或与长石反应生成伊利石和石英：

$$Al_2Si_2O_5（OH）_4+KAlSi_3O_8 \longrightarrow KAl_3Si_3O_{10}（OH）_2+SiO_2+H_2O$$

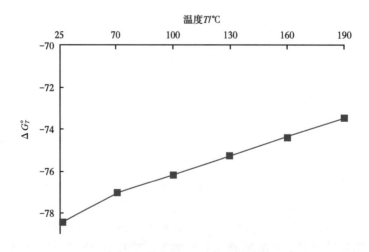

图 5-8 钠长石 ΔG_T^o 随 T 变化图

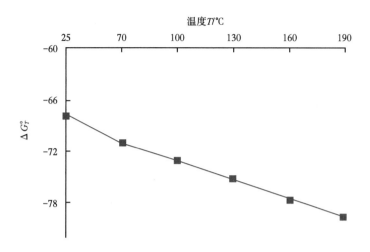

图 5-9　钾长石 ΔG_T° 随 T 变化图

2. 有机酸—方解石相互作用反应

泥岩在完成蒙皂石向伊/蒙混层矿物转变并开始向伊利石转变的进程中除生成伊利石外，均同时析出 Na^+、Ca^{2+}、Fe^{2+}、Mg^{2+} 和 Si^{4+} 等各种阳离子和水，同时携带 CO_2 和烃类物质的混合液进入邻近的砂体，在砂岩孔隙中形成碳酸钙、硅质和自生黏土矿物等新的沉淀矿物。碳酸盐与有机酸最常见的反应如下：

$$CaCO_3+2H^+ \Longrightarrow H_2O+CO_2+Ca^{2+}$$

$$\Delta G^\circ=-56.24kJ/mol,\ \Delta H^\circ=-15.25kJ/mol,\ \Delta S^\circ=137.53J/(mol\cdot K)$$

热力学计算结果（图 5-10）显示，在标准状态下，方解石自发地发生溶解，随着温度的升高（假设压力不变），反应自由能将发生变化，利用式 $\Delta G_T^\circ=\Delta H^\circ-T\Delta S^\circ$ 可计算出温度从 70℃ 升高到 190℃ 时，方解石的 ΔG_T° 从 -56.24kJ/mol 下降至 -78.93kJ/mol，可见温度升高对方解石溶解能力有较大的提高。

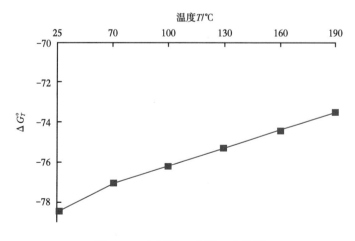

图 5-10　方解石 ΔG_T° 随 T 变化图

第三节 扶余油层有利孔隙带预测

一、成岩共生序列及孔隙演化

1. 确定影响物性的控制因素及成岩共生序列

研究确定了机械压实、碳酸盐胶结作用和沥青充填作用是物性降低的主要控制因素。建立扶余油层成岩共生序列，确定油气注入时的相对时序（图 5-11）。

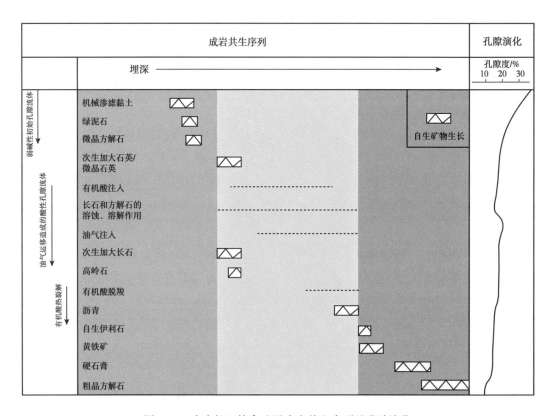

图 5-11　大庆长垣扶余油层成岩共生序列及孔隙演化

2. 查明油气注入时的深度

确定油气注入的时间、埋藏深度及古地温。

3. 建立机械压实作用标准演化曲线

在正常沉积作用下，孔隙度受埋深的影响较大，孔隙度随埋深变化曲线的确定一般有两种方法：（1）经验值，根据孔深整体变化趋势确定。（2）根据 Athy（1930）提出的计算公式，即：

$$\phi(Z)=\phi_o e^{-C \cdot z} \tag{5-1}$$

式中　$\phi(Z)$——埋深为 Z 时的孔隙度；

　　　ϕ_0——地表孔隙度；

　　　C——压实因子，m^{-1}，根据岩性差异有所区别，粉砂岩为 $0.007m^{-1}$，细砂岩为 $0.00068m^{-1}$，中砂岩为 $0.00065m^{-1}$；

　　　Z——地层埋深，m。

初始孔隙度可利用粒度中值确定，即：

$$\phi_i = 20.91 + 22.90/S_0 \tag{5-2}$$

式中　ϕ_i——初始孔隙度；

　　　S_0——分选系数。

扶余油层的初始孔隙度为 40%~42%（王成等，2006）和 33.8%~40.08%（姚秀云等，1989），岩性主要为粉砂岩—细砂岩，根据实际资料建立孔隙度随深度演化曲线。

4. 确定恢复公式

根据成岩共生序列确定次生孔隙的形成和胶结物的交代作用主要发生在中成岩后（即油气注入同期或之后），因此将物性恢复至油气注入之前。具体恢复过程如下：

（1）根据成岩阶段划分方案，若中成岩阶段顶界深度为 Z_1，根据机械压实曲线获得该深度的理论孔隙度 $\phi(Z_1)$。同时获得目的层位的 $\phi(Z)$，进而得到 $\phi_{减}=\phi(Z_1)-\phi(Z)$。

（2）根据铸体图像分析，获得面孔率（$\phi_面$）[将 $\phi_面$ 近似为孔隙度（ϕ）] 和次生孔隙占总孔隙的百分比（A），可得到 $\phi_次=\phi_面\times A$。

（3）在一个普通薄片中选用 4 倍物镜 6 个视域取平均值，统计沥青和方解石占据的孔隙分别为 $\phi_{沥青}$ 和 $\phi_{方解石}$。

（4）最后选用公式：$\phi_{中成岩前}=\phi-\phi_次+\phi_{沥青}+\phi_{方解石}+\phi_{埋藏}$，将孔隙度恢复至中成岩阶段的前地史孔隙度值。

以成岩共生序列为基础，考虑机械压实减少量、沥青充填、次生孔隙的形成、沥青和方解石等胶结物占据的孔隙，结合计算结果，确定扶余油层孔隙演化曲线（图 5-11）。

二、大庆长垣扶余油层有利孔隙带预测结果

1. 储层有利孔隙带纵向分布特征

扶余油层储层物性统计分析显示，大庆长垣北部物源区的致密储层所占比例为 48.97%，南部物源区致密储层所占比例高达 68.96%。储层物性整体具有随深度增加物性变差的趋势，细砂岩物性好于粉砂岩物性；但在个别深度段储层物性明显得到改善（图 5-12）。从扶余油层致密储层纵向分布特征（图 5-13）来看，FⅠ1 油层组致密储层比例随埋深变化关系较复杂，埋深小于 2000m 时，致密储层比例随埋深增加呈增大趋势；埋深大于 2200m 时，储层以致密储层为主，所占比例超过 80%；埋深介于 2000~2200m 之间时，致密储层比例呈先减少后增加的趋势（高孔隙度、渗透率带，FⅠ1、FⅠ2 油层组表现最为明显），高孔隙度、渗透率带的出现可能是流体对储层改造形成次生孔隙的结果。

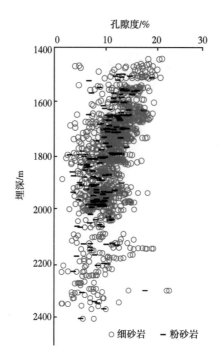

图 5-12　储层物性随埋深变化关系图

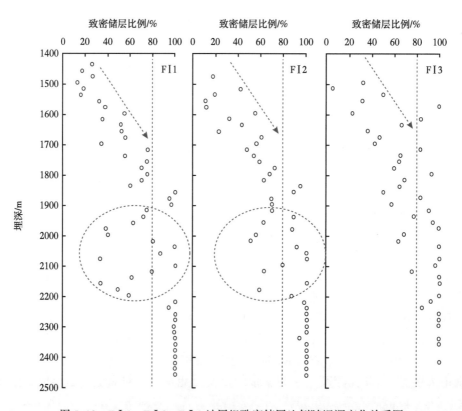

图 5-13　FI1、FI2、FI3 油层组致密储层比例随埋深变化关系图

对比 F Ⅱ 和 F Ⅲ 油层组物性纵向分布特征，由于储层埋深相对较深，其储层以致密储层为主（图 5-14）。

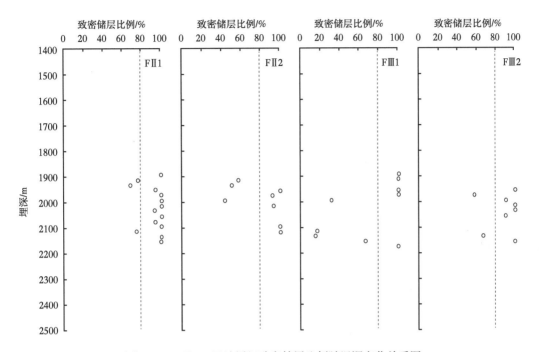

图 5-14　F Ⅱ、F Ⅲ 油层组致密储层比例随埋深变化关系图

从扶余油层不同粒度砂岩物性随埋深变化规律来看，在个别层段存在好的储层（高孔隙度、高渗透带），究其原因主要是储层"先天条件"好，主要表现在以下三个方面：一是薄片分析显示高孔隙度、高渗透储层砂岩粒度粗，分选性和磨圆度相对较好；二是高孔隙度、高渗透储层胶结物和杂基含量低；三是高孔隙度、高渗透储层的原生孔隙发育，次生孔隙为辅，次生孔隙不仅增加了储集空间，同时对储层物性也起到改善作用。

2. 储层有利孔隙带平面分布特征

研究表明，扶余油层高孔隙度、高渗透带储层需同时具备好的沉积与有利成岩条件，分流河道、水下分流河道、网状河道、曲流河道具有好的沉积条件，在成岩有利部位，含油性明显好于其他相带，是有利储层主要分布区。

综合扶余油层储层沉积相研究和微观储层特征分析，分流河道、网状河道和曲流河道具有砂岩粒度粗、填隙物含量低的特征，具备优越的"先天条件"。同时，分流河道、水下分流河道、网状河道、曲流河道等沉积微相砂岩储层富含油和油浸砂岩比例也高（图 5-15）。

从储层孔喉结构特征来看，物性好的砂岩储层通常孔喉粗，物性差的砂岩储层孔喉偏细。从储层组成的矿物物质基础来看，在同一沉积微相中，石英和长石含量偏高，杂基含量相对较低的储层含油性较好。石英和长石是形成有利储层的物质基础，其高值点区储层较好。

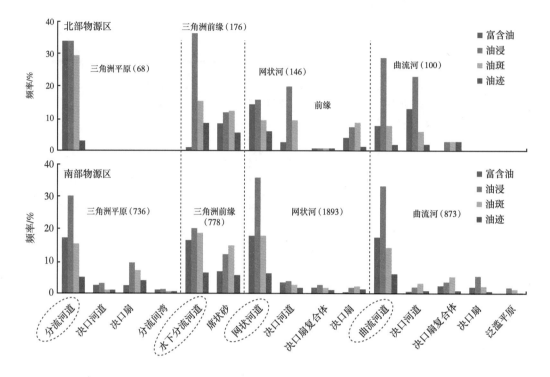

图 5-15 大庆长垣扶余油层各沉积微相的砂岩储层含油性特征图（括号中数据为样本数）

以大庆长垣扶余油层为例，储层岩石矿物平面分布显示，石英和长石含量高、填隙物含量低的地区主要分布在萨西、萨尔图、杏西、杏树岗、葡北、新肇等。粒度中值平面分布特征显示，喇嘛甸、萨西、萨尔图、杏西、杏树岗、葡西、葡北、新肇等地区储层砂岩粒度较粗；高台子、太平屯、葡南、敖南等地区砂岩粒度相对较细。平均喉道半径平面分布显示，喇嘛甸、萨西、萨尔图、杏西、杏树岗、葡西、葡北等地区储层砂岩平均喉道半径较粗；高台子、太平屯、葡南、敖南等地区砂岩平均喉道半径相对较细。有机酸分布特征显示，酸性流体主要来自古龙地区，在葡北地区有机酸含量较高。

根据储层岩石矿物、粒度中值、平均喉道半径和有机酸含量平面分布特征，预测了FⅠ油层组次生孔隙发育区［图 5-16（a）］，通过沉积相图与次生孔隙发育区叠置，FⅠ油层组存在 7 个有利储层发育区，主要分布在喇嘛甸、萨尔图、萨西、杏树岗、高台子、高西、葡北、葡南和敖南。

FⅡ油层组次生孔隙发育区如图 5-16（b）所示。通过沉积相图与次生孔隙发育区叠置，喇嘛甸、萨尔图、萨西、杏树岗、杏西、高西、葡北、葡南和敖南地区为有利储层发育区。再结合储层物性纵向变化特征，在 2100~2400m 深度段内，萨西、杏西、高西交界和葡南、敖南交界地区存在河道沉积，可能为"甜点"储层分布区。

FⅢ油层组次生孔隙发育区如图 5-16（c）所示，通过沉积相图与次生孔隙发育区叠置结果，萨西、高西、葡西、新肇和葡北地区为有利储层发育区，在 2100~2400m 深度段内，萨西、高西、葡西交界和新肇地区存在河道沉积，可能为"甜点"储层分布区。

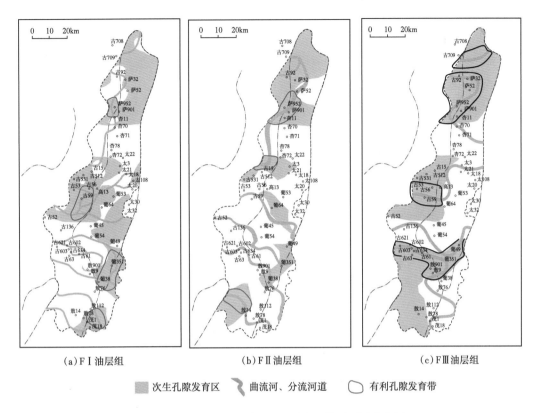

(a)FⅠ油层组   (b)FⅡ油层组   (c)FⅢ油层组

次生孔隙发育区   曲流河、分流河道   有利孔隙发育带

图 5-16　大庆长垣扶余油层"甜点"储层预测分布图

第六章 致密油成藏特征与分布规律

松辽盆地源下致密油分布受青一段优质烃源岩范围控制，青一段大量生烃排烃时期产生的超压为油气运移至下伏的扶余、杨大城子油层（合称扶杨油层）提供了原始驱动力，油气能否有效充注到储层内取决于成藏时期超压克服储层毛细管力的能力，决定了致密储层有效成藏的物性上、下限。当油气进入储层后，在较好的物性条件下，油气在浮力作用下可沿断—砂组合形成的复杂疏导体系进行短距离运移或调整，形成不同类型的致密油藏。研究表明，致密油层的物性条件是决定含油性的关键，砂体集中发育区、正向构造单元致密油富集。

第一节 油气地球化学特征

一、原油特征

1. 原油物性

松辽盆地北部中浅层致密油层原油密度分布在 0.758~0.934g/cm³ 范围，黏度（50℃）分布在 1~663.6mPa·s，凝固点为 18~55℃，含蜡量分布在 3.2%~54.8% 区间，含胶量在 0.8%~71.7% 范围。从各区原油密度分布来看，齐家地区高台子油层，以及齐家、长垣、三肇的扶杨油层原油密度分布在 0.859~0.866g/cm³，特征差异不大。古龙地区扶杨油层原油密度平均为 0.83g/cm³，黏度平均为 19.1mPa·s，明显低于其他地区，反映了古龙扶杨油层成熟度普遍高于其他地区致密油层（表 6-1）。

表 6-1 致密油原油物性数据表

地区	层位	20℃ 密度 /（g/cm³）	50℃ 黏度 /（mPa·s）	凝固点 /℃	含蜡量 /%	含胶量 /%
齐家	G	$\dfrac{0.824 \sim 0.912}{0.859(135)}$	$\dfrac{7.96 \sim 165.07}{26.92(61)}$	$\dfrac{22.0 \sim 39.0}{32.5(106)}$	$\dfrac{15.5 \sim 54.8}{25.4(129)}$	$\dfrac{0.8 \sim 39.6}{14.5(129)}$
	FY	$\dfrac{0.835 \sim 0.910}{0.866(107)}$	$\dfrac{10.22 \sim 71.28}{29.36(48)}$	$\dfrac{22.0 \sim 48.0}{34.0(79)}$	$\dfrac{9.0 \sim 50.5}{24.8(97)}$	$\dfrac{8.1 \sim 28.1}{16.4(97)}$
古龙	FY	$\dfrac{0.803 \sim 0.860}{0.830(74)}$	$\dfrac{7.29 \sim 62.98}{19.10(42)}$	$\dfrac{27.0 \sim 48.0}{35.7(64)}$	$\dfrac{5.9 \sim 36.9}{27.3(69)}$	$\dfrac{1.2 \sim 18.6}{5.5(65)}$

续表

地区	层位	20℃密度/ (g/cm³)	50℃黏度/ (mPa·s)	凝固点/ ℃	含蜡量/ %	含胶量/ %
长垣	FY	$\dfrac{0.800 \sim 0.934}{0.864(376)}$	$\dfrac{7.78 \sim 186.5}{39.04(264)}$	$\dfrac{18.0 \sim 55.0}{32.5(297)}$	$\dfrac{3.2 \sim 44.2}{23.29(330)}$	$\dfrac{1.9 \sim 71.7}{15.3(329)}$
三肇	FY	$\dfrac{0.758 \sim 0.9172}{0.864(474)}$	$\dfrac{1.00 \sim 663.70}{40.79(448)}$	$\dfrac{23.0 \sim 54.0}{34.63(454)}$	$\dfrac{8.0 \sim 51.2}{26.1(465)}$	$\dfrac{3.9 \sim 35.2}{15.1(465)}$

注：表中数据格式为$\dfrac{最小值 \sim 最大值}{平均值(样品数)}$；G为高台子油层；FY为扶杨油层，F为扶余油层，Y为杨大城子油层。

2. 原油地球化学特征

1）族组成特征

通过不同地区致密油族组成对比，致密油普遍具有高饱和烃，低芳烃、低非烃、低沥青质的特征，而古龙凹陷扶杨油层的饱和烃含量较其他地区更高（表6-2），平均达到76.02%，齐家、三肇、长垣原油各组分水平基本一致（图6-1）。

表6-2 原油族组成分析数据表

地区	层位	饱和烃/ %	芳烃/ %	非烃/ %	沥青质/ %	饱和烃/芳烃
齐家	G	$\dfrac{51.57 \sim 74.00}{64.00(16)}$	$\dfrac{11.40 \sim 24.40}{18.66(16)}$	$\dfrac{7.99 \sim 31.40}{13.53(16)}$	$\dfrac{0.79 \sim 10.70}{3.81(16)}$	$\dfrac{2.37 \sim 4.97}{3.56(16)}$
齐家	FY	$\dfrac{36.00 \sim 75.30}{67.22(32)}$	$\dfrac{13.14 \sim 30.10}{18.05(32)}$	$\dfrac{7.00 \sim 32.40}{11.18(32)}$	$\dfrac{0 \sim 8.90}{3.54(32)}$	$\dfrac{1.20 \sim 5.39}{3.96(32)}$
古龙	FY	$\dfrac{41.84 \sim 92.60}{76.02(23)}$	$\dfrac{2.46 \sim 22.80}{11.01(23)}$	$\dfrac{1.41 \sim 16.58}{5.47(23)}$	$\dfrac{0.25 \sim 3.93}{1.42(23)}$	$\dfrac{2.77 \sim 19.21}{8.68(23)}$
三肇	FY	$\dfrac{45.30 \sim 85.30}{65.34(254)}$	$\dfrac{8.50 \sim 39.50}{19.49(254)}$	$\dfrac{2.61 \sim 25.00}{10.35(254)}$	$\dfrac{0.50 \sim 35.10}{4.43(254)}$	$\dfrac{1.31 \sim 9.74}{3.60(254)}$
长垣	FY	$\dfrac{35.90 \sim 82.90}{61.61(78)}$	$\dfrac{6.39 \sim 32.10}{17.90(78)}$	$\dfrac{0.40 \sim 29.80}{10.73(78)}$	$\dfrac{0.66 \sim 17.60}{3.90(78)}$	$\dfrac{1.12 \sim 11.89}{3.83(78)}$

注：表中数据格式为$\dfrac{最小值 \sim 最大值}{平均值(样品数)}$；G为高台子油层；FY为扶杨油层，F为扶余油层，Y为杨大城子油层。

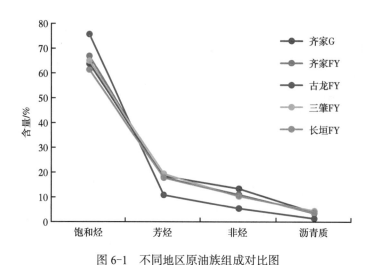

图 6-1　不同地区原油族组成对比图

2）正构烷烃分布特征

原油饱和烃色谱特征表明，松辽北部扶杨油层正构烷烃分布范围在 nC_{14}—nC_{37}，主峰碳以 nC_{23} 为主，随着原油成熟度的增加，主峰碳前移，奇偶优势降低（表 6-3）。从色谱参数中可以看出，古龙地区扶杨油层原油 OEP 相对较低，$(C_{21}+C_{22})/(C_{28}+C_{29})$、$nC_{21-}/nC_{22+}$ 较高，反映了较高的成熟程度。齐家、三肇，以及长垣的致密油饱和烃色谱特征则差异较小（图 6-2）。

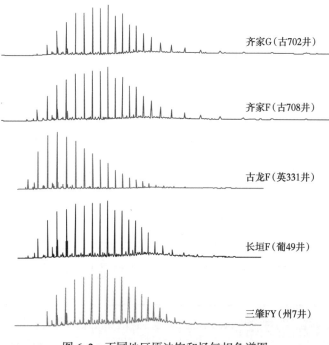

图 6-2　不同地区原油饱和烃气相色谱图

表 6-3 原油色谱参数表

构造	层位	主峰碳	OEP	$\dfrac{C_{21}+C_{22}}{C_{28}+C_{29}}$	$\dfrac{nC_{21-}}{nC_{22+}}$	Pr/Ph	Pr/C_{17}	Ph/C_{18}
齐家	G	nC_{23}	$\dfrac{1.03\sim1.18}{1.13(20)}$	$\dfrac{1.54\sim2.46}{1.98(20)}$	$\dfrac{0.38\sim1.83}{0.72(20)}$	$\dfrac{0.74\sim1.70}{1.12(20)}$	$\dfrac{0.16\sim0.31}{0.24(20)}$	$\dfrac{0.11\sim0.26}{0.18(20)}$
齐家	FY	nC_{23}	$\dfrac{0.95\sim1.25}{1.15(46)}$	$\dfrac{1.56\sim3.43}{2.10(46)}$	$\dfrac{0.44\sim7.80}{0.81(46)}$	$\dfrac{0.76\sim1.58}{1.17(46)}$	$\dfrac{0.15\sim0.45}{0.31(46)}$	$\dfrac{0.12\sim0.34}{0.23(46)}$
古龙	FY	nC_{17}、nC_{19}	$\dfrac{0.96\sim1.22}{1.08(22)}$	$\dfrac{1.33\sim5.81}{2.64(22)}$	$\dfrac{0.35\sim2.63}{0.98(22)}$	$\dfrac{0.85\sim1.46}{1.15(22)}$	$\dfrac{0.10\sim1.21}{0.29(22)}$	$\dfrac{0.08\sim0.65}{0.22(22)}$
三肇	FY	nC_{23} 为主	$\dfrac{0.80\sim1.44}{1.11(228)}$	$\dfrac{1.12\sim6.83}{2.10(228)}$	$\dfrac{0.17\sim4.98}{0.97(228)}$	$\dfrac{0.19\sim1.59}{1.10(228)}$	$\dfrac{0.17\sim3.95}{0.32(228)}$	$\dfrac{0.14\sim1.00}{0.26(228)}$
长垣	FY	nC_{23} 为主	$\dfrac{1.02\sim1.25}{1.12(62)}$	$\dfrac{1.55\sim4.76}{2.48(62)}$	$\dfrac{0.41\sim1.87}{0.74(62)}$	$\dfrac{0.41\sim1.36}{0.92(62)}$	$\dfrac{0.15\sim0.92}{0.28(62)}$	$\dfrac{0.12\sim0.75}{0.24(62)}$

注：表中数据格式为 $\dfrac{最小值\sim最大值}{平均值(样品数)}$；G 为高台子油层；FY 为扶杨油层，F 为扶余油层，Y 为杨大城子油层。

3）同位素特征

松辽盆地北部致密油层原油碳同位素主要分布在 -33.36‰~-29.77‰，平均为 -31.10‰，各地区各层位原油碳同位素变化范围较小，反映了相似的母质来源（表 6-4）。

表 6-4 松辽盆地（北部）致密油层原油组分碳同位素数据表

地区	油层	碳同位素（PDB）/‰				
		原油	饱和烃	芳烃	非烃	沥青质
齐家	G	-30.95（1）[平均值（样品数）]	$\dfrac{-33.52\sim-28.40}{-31.48(19)}$	$\dfrac{-30.91\sim-29.05}{-30.09(18)}$	$\dfrac{-30.64\sim-29.03}{-29.89(17)}$	$\dfrac{-31.08\sim-27.93}{-29.57(18)}$
齐家	FY	$\dfrac{-31.94\sim-31.60}{-31.77(2)}$	$\dfrac{-33.32\sim-29.70}{-31.84(38)}$	$\dfrac{-31.23\sim-28.11}{-30.10(35)}$	$\dfrac{-31.96\sim-27.53}{-29.72(33)}$	$\dfrac{-32.56\sim-25.08}{-29.97(35)}$
古龙	FY	$\dfrac{-33.36\sim-29.77}{-31.56(7)}$	$\dfrac{-32.22\sim29.89}{-30.60(18)}$	$\dfrac{-30.99\sim-28.60}{-29.70(18)}$	$\dfrac{-30.80\sim-26.88}{-29.10(18)}$	$\dfrac{-30.50\sim-27.69}{-29.36(18)}$
三肇	FY	$\dfrac{-32.18\sim-30.37}{-31.22(14)}$	$\dfrac{-34.16\sim-27.90}{-31.57(143)}$	$\dfrac{-31.53\sim-27.43}{-29.78(81)}$	$\dfrac{-33.99\sim-26.10}{-29.26(69)}$	$\dfrac{-31.51\sim-28.46}{-29.94(23)}$
长垣	FY	$\dfrac{-33.31\sim-30.23}{-30.91(32)}$	$\dfrac{-33.78\sim-29.26}{-31.42(64)}$	$\dfrac{-31.17\sim-28.77}{-30.08(63)}$	$\dfrac{-31.72\sim-27.77}{-29.79(61)}$	$\dfrac{-31.50\sim-28.58}{-30.12(60)}$

注：表中数据格式为 $\dfrac{最小值\sim最大值}{平均值(样品数)}$；G 为高台子油层；FY 为扶杨油层，F 为扶余油层，Y 为杨大城子油层。

二、油源对比

齐家北部地区古 702 井、古 708 井高台子、扶杨油层原油甾、萜类生标特征与本地青一段烃源岩相似（图 6-3），萜烷分布以藿烷为主，少量三环萜烷，甾烷分布以规则甾烷为主，呈不对称 V 形分布，为典型的湖相原油特征，判断致密油藏来源于本地烃源岩。构造内向南（杏 83 井、古 19 井等井）高台子、扶杨原油萜类化合物中三环萜烷含量明显增大，反映成熟度增加（图 6-4），其与本地青一段烃源岩相似的生标特征则说明了齐家地区高台子、扶杨油层原油主要来自本地烃源岩的贡献。

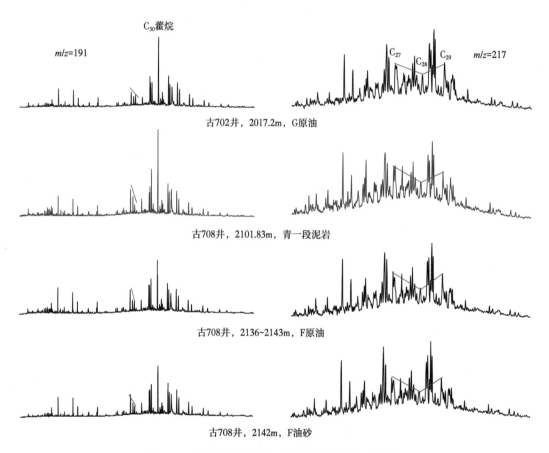

图 6-3　齐家北部地区甾、萜类化合物油岩对比图

古龙凹陷扶杨油层原油生标特征已失衡，与本地烃源岩（英 78 井 R_o 达到 1.3%）均具有高成熟的表现（图 6-5），仅可见高含量的三环萜烷，无法通过指纹特征直接进行比对。同位素是反映母质类型的重要指标之一，受成熟度的影响相对较小，因此选用单体烃同位素特征进行油岩对比，追溯母质来源。古龙扶杨油层单体烃同位素相对其他地区原油较重，与本地青一段烃源岩相近（图 6-6），认为古龙地区扶杨致密油藏来自本地高熟烃源岩的贡献。

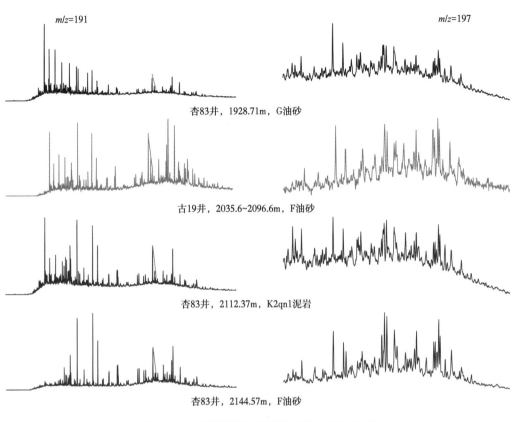

图 6-4　齐家凹陷甾、萜类化合物油岩对比图

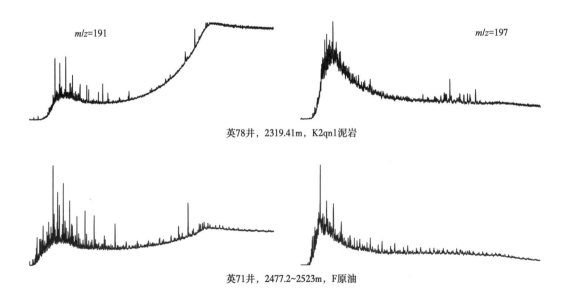

图 6-5　古龙凹陷甾、萜类化合物油岩对比图

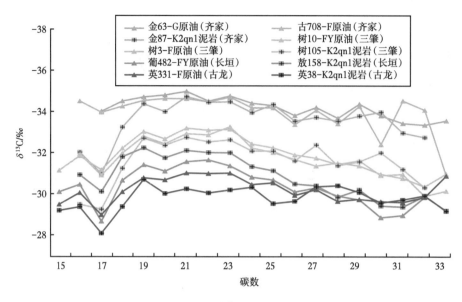

图 6-6　不同地区单体烃同位素油岩对比图

大庆长垣扶杨油层（葡 482 井）生标特征主要表现在三环萜烷含量中等，T_s 远大于 T_m，$\beta\beta$ 构型甾烷丰度较高，与长垣敖 158 井青一段成熟烃源岩对比，特征相似（图 6-7），由于齐家—古龙、三肇，以及长垣等各区青一段烃源岩的母质类型相近，生标特征仅反映了不同的成熟水平，因此通过单体烃同位素特征进行对比时，可以看出长垣扶杨油藏的同位素特征与长垣南部烃源岩相近，数值上介于长垣南与古龙烃源岩之间，因此认为长垣地区扶杨油层可能来自长垣南部较高成熟度的烃源岩，也可能来自古龙早期烃源岩的贡献。

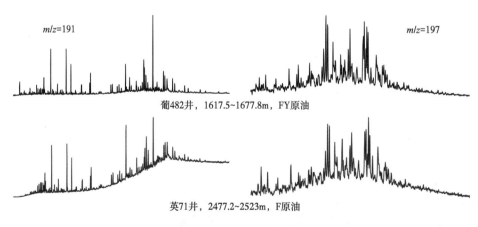

图 6-7　长垣地区甾、萜类化合物油岩对比图

三肇扶杨油层与长垣扶杨油层生标特征上无明显差异，反映了相同的母质来源（图 6-8）。通过油岩对比，三肇扶杨油层原油与其本地青一段烃源岩甾、萜烷特征相近，单体烃同位素相近，认为三肇地区扶杨油层原油来自本地烃源岩的贡献。

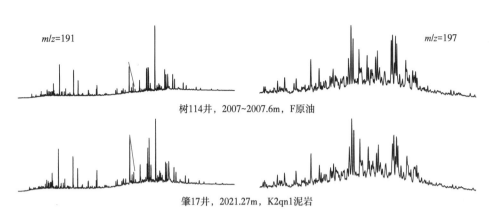

图 6-8　三肇地区甾、萜类化合物油岩对比图

第二节　扶杨油层成藏特征

一、扶杨油层疏导体系

输导体系是相对某一独立的油气运移单元—含油气系统而言的（王有功等，2012），是油气生成以后进入圈闭的过程中所经历的所有运移通道的总和。输导体系与油气运聚是相互关联的，不同的成藏条件具有不同的输导体系，同时输导体系不同，油气运聚成藏的方式也存在差异。输导体系研究的内容是油气运移通道的性质及其变化，其对最终圈闭能否聚集油气、聚集多少，以及油气的聚集范围，甚至油气的性质都具有重要的意义。在油气聚集过程中，油气运移通道不是一个单一的面状体，而是一个复杂的输导系统，而且输导体系往往并非是单一类型，油气可能先后经历不同类型的输导体系。输导体系有多种分类，前人曾做过大量的研究，普遍认为输导体系主要由 3 类通道构成：（1）具有一定渗透性的连通砂体层；（2）具有渗透能力的断裂或断裂体系；（3）能使油气运移的不整合面。而输导体系往往是两个或几个单一通道（渗透砂体、断层、不整合面）的组合，故输导体系可以概括为连通砂体型、断裂型、不整合面型及复合型 4 种类型。

扶杨油藏致密油输导体系与烃源岩上部的黑帝庙、萨尔图、葡萄花等常规油藏具有明显的不同。常规油藏的油气主要通过以浮力为主的源动力、配合断层等输导通道向上运移后再平面长距离运移，在适当的圈闭条件下富集成藏。而松辽盆地扶杨油层的致密油属于典型源下河流相类型，源动力由浮力转变为烃源岩的过剩压力，浮力成为油气输导的阻力，油气在成熟后依靠超压的作用，首先沿输导体系进行垂向的向下排替，然后在通过断裂（带）两侧的砂体进行横向输导，但是由于储层的致密性和非均质性，致密油的横向运聚整体距离较短，通常集中在断裂两侧 1km 范围内。这样的输导运聚条件下，需要对输导体系的构成和方式有一个相对清楚的认识，才能够为正确判断有利勘探区带提供参考。通过对松辽盆地扶余油层的精细构造解释，配合前人对沉积砂体的研究，认为扶杨油层致密油输导体系主要是由 T_2 构造层面密集广泛发育的断裂，以及不同方向的物源体系控制的河流相砂体所构成，断裂的垂向输导和断砂匹配的短距离侧向运聚是致密油输导的主要体系。但受构造条件差异影响，长垣东西两侧的断裂和输导体系仍存在一定的差异。

扶杨油层砂体可作为石油侧向运移的重要通道（图 6-9）。受到砂体展布特征的影响，致密油在砂体中的运移主要为短距离侧向运移。扶杨油层砂体主要为浅水河控三角洲前缘和三角洲平原砂体，多为透镜体砂体，连续性差，厚度多小于 5m，延伸长度小于 20km，宽度小于 5km，剖面上呈多层叠置分布。平面上，朝阳沟地区 FⅠ、FⅡ 油层砂体的厚度和连通性要优于三肇地区。纵向上，三肇地区 FⅢ 油层、杨大城子油层砂体的厚度、连通性明显要优于 FⅠ、FⅡ 油层。结合原油密度的分布特征，生烃凹陷中部原油密度最小，朝着长垣地区和朝阳沟地区等周边地区具有密度增大的趋势，也间接说明后期的轻质石油推动早期的重质石油向着构造高部位运移，造成长垣地区和朝阳沟地区原油密度高的特点。

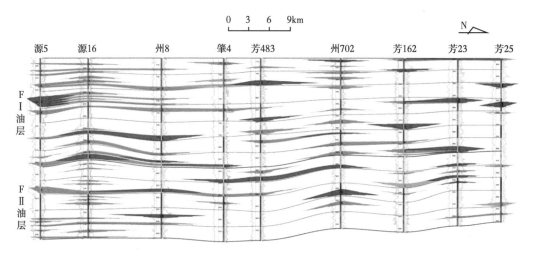

图 6-9　大庆长垣及三肇地区源 5 井—芳 25 井扶余油层东西向砂体对比剖面图

通过岩性观察发现，研究区石油在储层砂体中的运移要受到储层钙质含量、泥质含量和成岩作用的控制。由于岩性致密程度的差异，芳 162 井和葡 53 井在同一块岩心上含油级别有所差异［图 6-10（a）和图 6-10（b）］；州 182 井的岩心上含油级别为饱含油，由于泥质团块的存在，使得石油分布不均匀［图 6-10（c）］；肇 48 井岩心上则由于钙质含量的不同，造成含油级别的不同［图 6-10（d）和图 6-10（e）］。

由于受到储层致密油性的影响，松辽盆地扶杨油层的单砂体规模相对较小，河道砂体的宽度、厚度和延展性都与海相沉积的巨厚型碳酸盐岩地层相比相差较远，更由于储层的非均质性较强，因此单一依靠砂体的输导成藏难度较大。松辽盆地的致密油输导体系主要依靠于在构造背景下的断砂匹配的组合方式。目前分析认为，T_2 断裂系与砂体组成垒堑组合模式，地垒式和屋脊式有利于致密油富集。结合地震剖面的断层与地层中砂体的分布特征，可将断—砂组合分为地垒式、地堑式、屋脊式和台阶式4种组合样式（图6-11）。

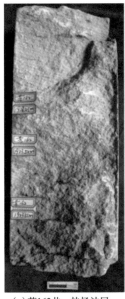

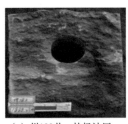

（c）州182井，扶杨油层，
1888.23m，细砂岩，
含油级别为饱含油，
受泥质影响，含油不均匀

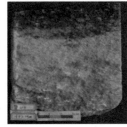

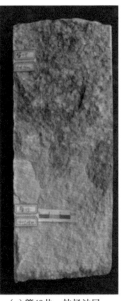

（a）芳162井，扶杨油层，
1923.5m，粉砂岩，
岩心自上而下为干层、
油迹和油浸

（b）葡53井，扶杨油层，
1743.97m，细砂岩，
含油级别为油迹—
块状含油—油斑

（d）肇48井，扶杨油层，
1943.28m，细砂岩，
上部饱含油，中部为
钙质干层，下部为油浸

（e）肇48井，扶杨油层，
1947.49m，细砂岩，
上部油浸，下部高含方解石，
为干层

图6-10　大庆长垣及三肇地区扶杨油层砂体含油级别岩心特征

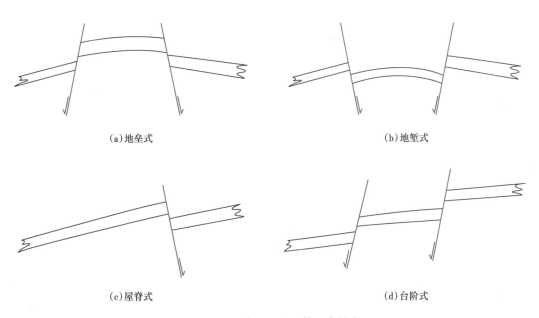

（a）地垒式

（b）地堑式

（c）屋脊式

（d）台阶式

图6-11　T_2断裂系与砂体组合样式

通过对 117 口探井的试油资料进行分析（表 6-5），地垒式钻探成功率最高，达到 77.8%，屋脊式次之，为 69.2%，地堑式和台阶式较低，分别为 55.6% 和 55.2%。无论是地垒式还是屋脊式断砂组合样式，石油均有利于聚集在断层的下盘，即上升盘。原因是青一段烃源岩与扶余油层形成上生下储的生储组合类型，石油进行垂向倒灌运移，由于输导断裂下盘砂体距上覆烃源岩距离较上盘同层砂体距上覆烃源岩距离相对较近，油气向下盘砂体中垂向倒灌运移所遇到的阻力明显较上盘砂体中垂向倒灌运移所遇到的阻力小。因此，油气垂向倒灌运移过程中，优先向距上覆烃源岩相对较近的输导断裂下盘砂体中发生侧向分流聚集。只有油气供给充足的情况下，油气才会向距上覆烃源岩相对较远的输导断裂上盘砂体中发生侧向分流运移和聚集。相对于断层与砂体倾向相同的台阶式和地堑式组合，石油进入砂体进行侧向运移过程，与砂体倾向相反的断层更容易形成遮挡，封堵石油的运移，从而聚集形成油藏。

表 6-5　扶杨油层断砂组合样式成功率统计表

断砂组合样式	钻探井数 / 口	成功井数 / 口	钻探成功率 /%
地垒式	54	42	77.8
屋脊式	52	36	69.2
地堑式	36	20	55.6
台阶式	29	16	55.2

二、油气成藏期

按传统观念，油气成藏期指油气开始生成并运移到圈闭中聚集的整个时期；而油气充注期专指油气进入圈闭储层聚集成藏这段时间，所以油气单一幕次充注期比成藏期开始时间晚得多。总体来说，盆地油气充注幕次多于成藏期次，存在一期多幕或多期多幕的成藏历史。油气幕式成藏也是含油气盆地的一种普遍存在的成藏方式，特别是对于多构造运动、断裂发育的盆地，以及异常压力比较发育的盆地，幕式成藏往往占有更重要地位，幕式油气充注是压力和应力的作用引起地层周期性破裂或断裂、先存裂隙周期性开启的结果。幕式成藏是沉积盆地中油气与地层水组成的混相、不连续流体的多幕次充注 / 聚集过程。在多构造运动的叠合盆地中，烃源岩多次排烃，在储层中就能检测到相对应充注幕次的油气包裹体。

松辽盆地经历多期构造运动形成了多旋回的盆地，青一段烃源岩在盆地内多次排烃，造成了一期多幕或多期多幕向上排到高台子致密储层、向下排到扶余致密储层。为了确定扶余油层油气成藏历史，主要依据流体包裹体样品系统分析而获得的大量微观油气运移成藏信息，开展致密储层油气成藏期次和成藏时期分析，以长垣和三肇两个地区为例，来解剖其油气成藏过程。

1. 包裹体温度的测定

1）大庆长垣

大庆长垣构造是一个北东—南西向展布的大型正向构造，南北长度达 150km，东西跨度在 30km 以上，不同构造部位的构造演化进程存在差异，导致油气充注的时间和期次也存在一定的差异，直接反映在油气包裹体的测温数据有一定的变化。针对大庆长垣构造，由北至南选取不同构造的油气包裹体进行温度测量，相对全面地反映长垣构造的油气成藏时间和期次。

在太 34 井泉头组扶余油层 1903.2m 井段 1 块油迹砂岩样品的穿石英颗粒裂纹和石英颗粒内裂纹中检测到发黄色、黄绿色荧光油包裹体，总体指示至少两幕油充注，并在石英颗粒粒间孔隙中见大量不发荧光沥青，可能为早期充注油降解残留（图 6-12）。

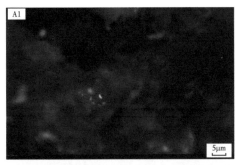

（a）太121井，层位K1q4，1661.92m，粉砂岩。石英内裂纹中检测到大量发黄绿色（左）和黄色（右）荧光油包裹体

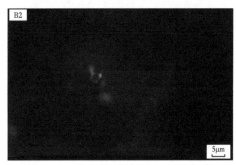

（b）杏71井，层位K1q4，1538.12m，粉砂岩。石英内裂纹中检测到大量发黄绿色（左）和蓝绿色（右）荧光油包裹体

（c）太34井，层位K1q4，1903.2m，油迹砂岩。石英内裂纹中检测到少量发黄绿色荧光油包裹体

图 6-12　大庆长垣地区扶余油层 3 种荧光颜色油包裹体特征

显微测温结果表明：第一幕盐水包裹体均一温度为 83.8~97.3℃，平均为 91.4℃，第一幕油包裹体均一温度为 66.1~73.6℃，平均为 69.9℃；第二幕盐水包裹体均一温度为

100.4~118.2℃，平均为109.2℃；第三幕盐水包裹体均一温度为121.3~129.7℃，平均为125.8℃，第3幕油包裹体均一温度为92.7~109.4℃，平均为100.5℃；第四幕盐水包裹体均一温度为131.7~136.2℃，平均为134.0℃。

在太121井泉头组扶余油层1661.92m井段1块砂岩样品的石英颗粒内裂纹中检测到大量发黄色、黄绿色荧光油包裹体，指示该井段至少发生两幕油充注。

显微测温结果表明：第一幕盐水包裹体均一温度为80.8~90.6℃，平均为86.2℃，第一幕油包裹体均一温度为62.7℃；第二幕盐水包裹体均一温度为95.4~107.1℃，平均为100.8℃，第二幕油包裹体均一温度为82.7~91.4℃，平均为86.7℃；第三幕盐水包裹体均一温度为118.3~128.5℃，平均为124.1℃；第四幕盐水包裹体均一温度为141.9~148.5℃，平均为144.4℃。

在葡53井泉头组扶余油层1643.46m、1682.75m、1745.37m和1767.85m井段4块粉砂岩样品的石英颗粒内裂纹中检测到少量发黄色、黄绿色荧光油包裹体，指示该井段至少发生两幕油充注。

显微测温结果表明：第一幕盐水包裹体均一温度为80~91.5℃，平均为85.8℃，第一幕油包裹体均一温度为75.3℃；第二幕盐水包裹体均一温度为93~105.8℃，平均为99.2℃；第三幕盐水包裹体均一温度为110.7~127.3℃，平均为118.4℃，第三幕油包裹体均一温度为94.5~97.1℃，平均为95.8℃；第四幕盐水包裹体均一温度为130.5~147.6℃，平均为138.7℃。

在杏71井泉头组扶余油层1538.12m井段1块粉砂岩样品的石英颗粒内裂纹中检测到大量发黄绿色、蓝绿色荧光油包裹体，指示该井段至少发生两幕油充注。

显微测温结果表明：第一幕盐水包裹体均一温度为85.9~93.7℃，平均为89.1℃；第二幕盐水包裹体均一温度为103.3~109.4℃，平均为106.1℃，第二幕油包裹体均一温度为78.1~83.4℃，平均为80.8℃；第三幕盐水包裹体均一温度为116.6~128.2℃，平均为124.5℃，第三幕油包裹体均一温度为97.2~105.2℃，平均为101.7℃。

综上4口井7块流体包裹体样品均一温度数据表明，长垣地区扶余油层主要捕获有4幕流体、3幕油气充注。第一幕：盐水包裹体均一温度为80~90.7℃，伴生的气液烃包裹体均一温度为62.7~66.1℃。第二幕：盐水包裹体均一温度为91.5~109.4℃，伴生的气液烃包裹体均一温度为73.6~88.9℃。第三幕：盐水包裹体均一温度为110.7~128.5℃，伴生的气液烃包裹体均一温度为91.4~109.4℃。第四幕：盐水包裹体均一温度为130.5~151.7℃。

2）三肇地区

三肇地区是一个长期继承性凹陷，周边有局部的正向构造，如榆树林鼻状构造、升平鼻状构造、宋芳屯鼻状构造等，但整体的构造沉降进程是保持一致的。为了全面反映成藏的时期和期次，在不同构造部位选取了样品进行测试分析（图6-13）。

在升371井泉头组扶余油层1622.97m和1754.5m井段两块粉砂岩的穿石英颗粒裂纹和石英颗粒内裂纹中检测到发黄色、黄绿色、蓝绿色和蓝白色荧光油包裹体，总体指示至少4幕油充注。石英颗粒粒间孔隙中见大量不发荧光沥青，可能为早期充注油降解残留。

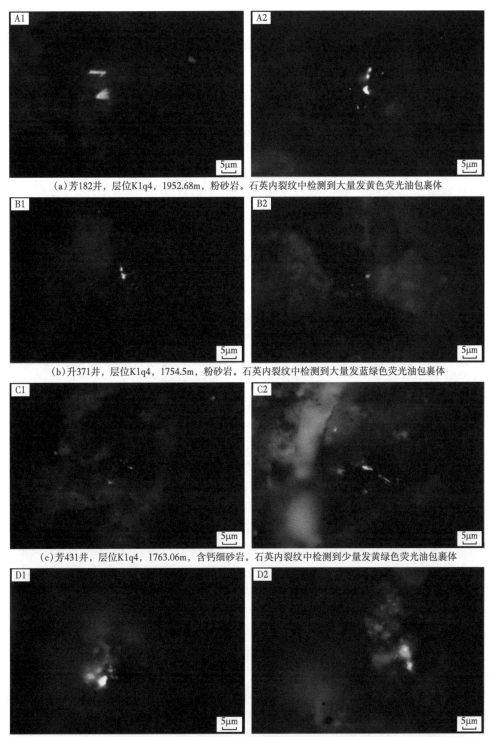

(a) 芳182井，层位K1q4，1952.68m，粉砂岩。石英内裂纹中检测到大量发黄色荧光油包裹体

(b) 升371井，层位K1q4，1754.5m，粉砂岩。石英内裂纹中检测到大量发蓝绿色荧光油包裹体

(c) 芳431井，层位K1q4，1763.06m，含钙细砂岩。石英内裂纹中检测到少量发黄绿色荧光油包裹体

(d) 升371井，层位K1q4，1754.5m，粉砂岩。石英内裂纹中检测到大量发蓝白色荧光油包裹体

图 6-13　三肇地区扶余油层 4 种荧光颜色油包裹体特征

显微测温结果表明：第一幕盐水包裹体均一温度为 73.8~98.4℃，平均为 88.2℃，第一幕油包裹体均一温度为 67.4℃；第二幕盐水包裹体均一温度为 101.3~109.5℃，平均为 105.2℃，第二幕油包裹体均一温度为 71.3~89℃，平均为 79.9℃；第三幕盐水包裹体均一温度为 118.2~129.8℃，平均为 124.4℃，第三幕油包裹体均一温度为 92.4~108.7℃，平均为 98.4℃；第四幕盐水包裹体均一温度为 133.8~136.9℃，平均为 135.4℃，第四幕油包裹体均一温度为 113.9~117.4℃，平均为 115.6℃。

在芳 431 井泉头组扶余油层 1763.06m 井段 1 块细砂岩样品的穿石英颗粒裂纹和石英颗粒内裂纹中检测到发黄绿色、蓝绿色和蓝白色荧光油包裹体，指示至少 3 幕油充注。石英颗粒粒间孔隙中见大量不发荧光沥青，可能为早期充注油降解残留。

显微测温结果表明：第一幕盐水包裹体均一温度为 81.2~98.1℃，平均为 90.8℃，第一幕油包裹体均一温度为 71.8~77.2℃，平均为 74.5℃；第二幕盐水包裹体均一温度为 101.2~105.7℃，平均为 102.4℃，第二幕油包裹体均一温度为 92.4℃；第三幕盐水包裹体均一温度为 122.1~129.2℃，平均为 126.2℃；第四幕盐水包裹体均一温度为 122.1~129.2℃，平均为 126.2℃，第四幕油包裹体均一温度为 112.3~115.9℃，平均为 114.1℃。

在芳 182 井扶余油层 1933.5m 和 1952.68m 井段两块粉砂岩的石英次生加大边、穿石英颗粒裂纹和石英颗粒内裂纹中检测到发黄色、黄绿色荧光油包裹体，总体指示至少两幕油充注，并在石英颗粒粒间孔隙中见大量不发荧光沥青，可能为早期充注油降解残留。

显微测温结果表明：第一幕盐水包裹体均一温度为 78.2~85.8℃，平均为 82.0℃，第一幕油包裹体均一温度为 64.1~67.2℃，平均为 65.7℃；第二幕盐水包裹体均一温度为 94.6~107.1℃，平均为 100.5℃；第三幕盐水包裹体均一温度为 113.7~129.4℃，平均为 121.3℃，第三幕油包裹体均一温度为 87~99.3℃，平均为 93.4℃；第四幕盐水包裹体均一温度为 132.9~136.7℃，平均为 134.8℃。

分析化验了 19 口钻井地层的流体包裹体样品共计 32 块。流体包裹体均一温度数据分析表明，三肇地区扶余油层主要捕获有 4 幕流体、4 幕油气充注。第一幕：盐水包裹体均一温度为 73.8~99.8℃，伴生的气液烃包裹体均一温度为 51.2~71.8℃。第二幕：盐水包裹体均一温度为 100.1~119.7℃，伴生的气液烃包裹体均一温度为 73.1~99.6℃。第三幕：盐水包裹体均一温度为 120.1~130.8℃，伴生的气液烃包裹体均一温度为 100.1~110.8℃。第四幕：盐水包裹体均一温度为 131.3~158.9℃，伴生的气液烃包裹体均一温度为 112.3~135.4℃。

2. 油包裹体荧光特征与成藏期次划分

单个油包裹体显微荧光光谱参数 [主峰波长（λ_{max}）、红绿商（Q）和 QF535] 是有效评价油包裹体成熟度和油气充注期次的方法之一，其中 λ_{max}、Q、QF535 的值越大，则包裹体中油的成熟度越低，反之，包裹体中油的成熟度越高。为了更加准确地确定长垣及三肇地区扶余油层油气成藏期次及油气充注时的成熟度，针对扶余油层检测到的烃类包裹体进行单个油包裹体显微荧光光谱分析，以比较其组分（谱形）和成熟度（Q、λ_{max} 和 QF535）方面的异同（图 6-14 和表 6-6）。

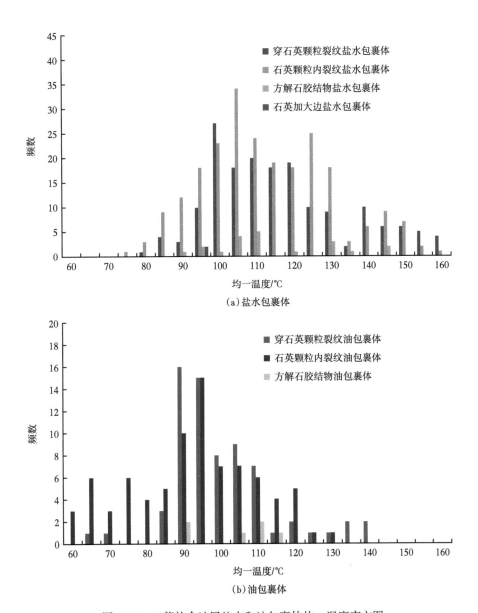

图 6-14　三肇扶余油层盐水和油包裹体均一温度直方图

表 6-6　扶余油层单个油包裹体显微荧光光谱参数

井号	深度 /m	层位	λ_{max}/nm	Q	QF535
太 34	1903.20	扶余油层	493.3949890	0.293420583	0.898477495
太 34	1903.20	扶余油层	515.1469727	0.396322042	1.160278320
太 34	1903.20	扶余油层	515.5999756	0.440411717	1.309017062

井号	深度 /m	层位	λ_{max}/nm	Q	QF535
太 34	1903.20	扶余油层	538.1879883	0.536897302	1.451117754
太 121	1695.52	扶余油层	541.7960205	0.600902796	1.586211205
太 121	1695.52	扶余油层	543.5989990	0.655776739	1.805334210
太 121	1695.52	扶余油层	542.2470093	0.689821780	1.749252915
太 121	1695.52	扶余油层	544.5000000	0.793084800	2.079525471
太 121	1695.52	扶余油层	540.8939819	0.602719009	1.579885125
杏 71	1538.12	扶余油层	491.5790100	0.212527752	0.809198618
杏 71	1538.12	扶余油层	543.5989990	0.316290855	1.174500704
葡 53	1658.40	扶余油层	549.9060059	0.570625842	1.577374220
葡 53	1658.40	扶余油层	493.8479919	0.277403206	0.833484590
升 371	1754.50	扶余油层	440.5580139	0.427691132	0.767237246
升 371	1754.50	扶余油层	495.2099915	0.233050391	0.794836819
升 371	1754.50	扶余油层	516.0520020	0.286799550	1.009681225
升 371	1754.50	扶余油层	537.2860107	0.460626334	1.284473419
芳 182	1952.68	扶余油层	542.2470093	0.962521434	2.186787605
芳 182	1952.68	扶余油层	543.5989990	0.796112657	1.911565900
肇 48	1941.46	扶余油层	456.5400085	0.445266098	0.868953228
肇 48	1941.46	扶余油层	494.3020020	0.338432103	0.897617400
肇 48	1941.46	扶余油层	496.1170044	0.290632218	0.911691546
肇 48	1941.46	扶余油层	498.3850098	0.229575872	0.833076596
源 7	1749.85	扶余油层	492.9410095	0.248079106	0.866863549
源 7	1749.85	扶余油层	536.3839722	0.465420067	1.354433894
源 7	1749.85	扶余油层	521.9320068	0.683260858	1.773225307
州 165	1842.37	扶余油层	580.9110107	0.880498052	2.212138414
州 165	1842.37	扶余油层	537.2860107	0.677851677	1.747040033
芳 241	1887.50	扶余油层	537.2860107	0.540957451	1.559898019

续表

井号	深度 /m	层位	λ_{max}/nm	Q	QF535
芳 241	1887.50	扶余油层	541.3449707	0.610810459	1.538029313
川 21	1333.00	扶余油层	545.8519897	0.806606531	2.080757141
川 21	1333.00	扶余油层	546.3029785	0.682530880	1.930706620

综上 11 口井荧光光谱分析结果说明：长垣地区主峰波长显示 3 种不同范围值，分别为 491.6~515.6nm、532.8~549.9nm 和 581.8nm，说明该区至少存在 3 幕油充注。三肇地区主峰波长显示 4 种不同范围值，分别为 441~457nm、491~516nm、522~549nm、575~585nm，说明至少存在 4 幕油气充注。

3. 油气充注年龄求取和成藏时期确定

尽管根据与烃类包裹体同期盐水包裹体均一温度—埋藏史投影确定各期次油气充注年龄的精度常常受到埋藏史恢复（剥蚀厚度、古水深和脱压实校正）和古地温梯度确定可靠性的影响，但该方法仍然是当前最快捷、最经济和最实用的方法。为此，对大庆长垣及三肇地区获取与各期次油包裹体同期的盐水均一温度在单井埋藏史图上投影（图 6-15 和图 6-16 ）。

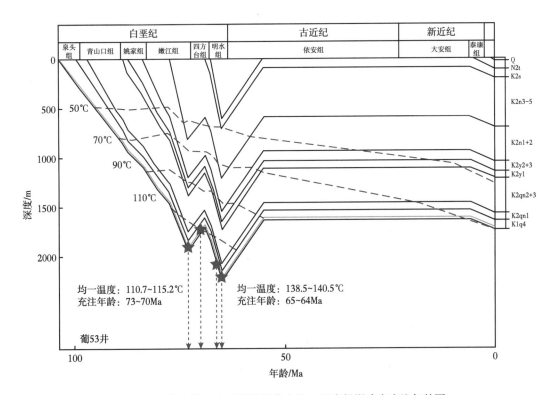

图 6-15　大庆长垣地区单井埋藏史均一温度投影确定充注年龄图

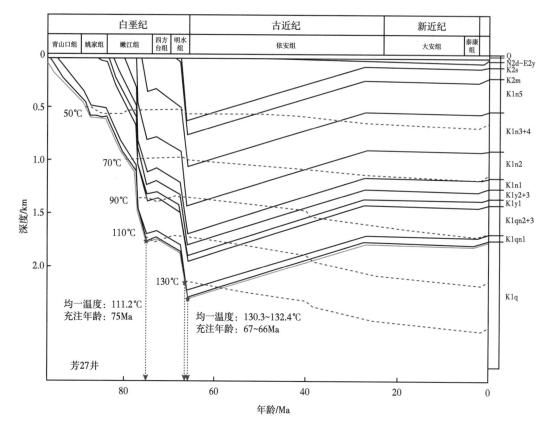

图 6-16　三肇地区单井埋藏史均一温度投影确定充注年龄图

为了消除埋深对充注年龄的影响并比较不同地区油气充注年龄异同性，可将获得的充注年龄标注到同一时间轴上，就可以进行油气成藏时期确定。长垣及三肇地区的油气成藏时期确定见表 6-7。从图 6-15、图 6-16 和表 6-7 中可以看出，长垣地区扶余油层发生了两期成藏，第一期发生在嫩江组沉积晚期 73~70Ma 期间，对应于第一幕充注；第二期发生在明水组沉积晚期 67~65Ma 期间，对应于第二幕和第三幕充注。三肇地区扶余油层发生了两期成藏，第一期发生在嫩江组沉积晚期 75~73Ma 期间，对应于第一幕充注；第二期发生在明水组沉积晚期 67~65Ma 期间，对应第二幕、第三幕和第四幕充注。

综上所述，油气包裹体揭示的油气充注信息表明，大庆长垣及三肇地区扶余油层油气平面充注差异性十分显著，具有东西部弱、中部强的充注特点。油气充注范围从生烃凹陷到朝阳沟阶地，一直到长垣隆起均有油气充注。但是，长垣隆起区杏 71 井等钻井样品中检测到 1 期油气充注，与凹陷中心相比，不仅检测概率低得多，期次也少得多；与现今长垣隆起带已发现油气藏相比，也是如此。这说明目前这些钻井并不是具备最多期次充注且成藏的条件，而三肇地区大量油气充注成藏的地方为凹陷中心到斜坡区（升 52 井、升 371 井和肇 48 井区）。

表6-7 大庆长垣及三肇地区扶余油层油气充注幕次、温度范围和充注年龄确定数据表

区块	井号	第一幕油包裹体均一温度/°C	第一幕盐水包裹体均一温度/°C	第一幕油充注年龄/Ma	第二幕油包裹体均一温度/°C	第二幕盐水包裹体均一温度/°C	第二幕油充注年龄/Ma	第三幕油包裹体均一温度/°C	第三幕盐水包裹体均一温度/°C	第三幕油充注年龄/Ma	第四幕油包裹体均一温度/°C	第四幕盐水包裹体均一温度/°C	第四幕油充注年龄/Ma
大庆长垣	太121				88.9	119.2	64						
	太34	66.1	83.8	73	92.7~94.5	115.8~118.2	66-64						
	太121	62.7	80.8	73	85.2~91.4	107.1~118.3	67~66						
	杏71	75.3	110.7~115.2	73~70				97.2~105.2	125.8~128.2	67~65			
	葡53							94.5~97.1	138.5~140.5	65~64			
	升371				94.1~98.5	108.1~118.2	66-65						
三肇凹陷	肇48	75.9	117.6~119.3	75~73				106.8	139.4	67			
	芳27	67.6	111.2	75				91.4~92.6	130.3~132.4	67~66			
	芳171				92.9	116.7	66						
	芳431				92.4	119.2~120.8	67~66	98.4	125.0	64	112.3~115.9	133.4~135.8	65~64
	芳182	64.1~67.2	81.5~94.6	75~74									
	升382				85.4	108.1	67						
	升371	67.4~71.8	81.6~93.2	75~74				108.7	121.6	66	113.9~117.4	133.8~136.9	65~64
	升554	59.4~61.2	75.7~85.7	75~74				102.6	120.4	65			
	芳182				87~92.6	117.5~118.2	67~66	99.3	123.8	64			
	肇48	51.2~64.8	106.4~119.3	75~73				102.4	136.8	66			

三、扶杨油层成藏动力学特征

松辽盆地扶杨油层作为典型的源下致密油藏，与我国其他地区的源内致密油藏存在着很大的差异，其中在成藏动力学方面就有着明显的不同。松辽盆地源下致密油藏的成藏从宏观上必须有足够克服油气浮力的超压，才能有效驱动油气从青一段烃源岩进入下伏的泉头组，在进入泉头组后，油气在微观方面要克服储层的亲水性质，排替地层中的游离水进入孔隙，最终形成致密油藏的富集。

1. 油气运移动力

作为上生下储式成藏的致密油，主要动力就是青山口组一段形成的超压。大量的研究结果表明，松辽盆地北部青一段泥岩由于单层厚度大（平均为65.5m）、沉积速率快（193.58m/Ma），正处于有机质向油气转化和黏土矿物转化脱水时期。目前，普遍欠压实，具有超压。青一段泥岩中的超压对下伏扶杨油层油气的运移和保存起着重要作用，它既是青一段泥岩生成排出油气向下伏扶杨油层"倒灌"运移的动力，又是阻止扶杨油层油气向上逸散的重要封闭动力。松辽盆地北部已在扶杨油层内找到了朝阳沟、宋芳屯、升平、头台—茂兴、肇州、榆树林、龙虎泡、巴彦查干、他拉哈等油田，同时还发现了汪家屯、升平、羊草、宋站、长春岭、三站、四站、五站等气田。这些油气田的形成与分布与上覆青一段泥岩超压有着密切关系。

研究表明，泥岩超压并不是一沉积就存在的，而是随着埋深增加，压实成岩作用增强，黏土矿物转化脱水和有机质向油气转化达到一定阶段后，其内大量孔隙流体排出受阻承压形成的。超压形成后并不是不变的，而是随着埋深增加，黏土矿物脱出的结合水及有机质演化生成的油气量越来越多，在上下排出受阻及孔隙流体不变的情况下，滞留在孔隙中的大量流体在水热增压和流体增加承压的作用下体积膨胀，使其内的超压逐渐升高。然而泥岩中的超压值并不是无限制增大。一方面，当超压值超过泥岩破裂极限（静水压力的1.4~2.4倍）时，泥岩发生破裂超压释放，超压降低。当降低至静水压力的120%~130%时，超压释放作用停止。之后，随着埋深的增加，超压仍会在各种因素的作用下继续增大，再次发生破裂释放，再次停止，从而完成泥岩自身破裂超压演化过程。另一方面，泥岩中的超压虽未达到破裂极限，但当断穿其内的断裂活动开启时，泥岩中的超压也将发生释放，超压值降低，当断裂停止活动后，泥岩中的超压又将逐渐增大。当断裂再次活动时，泥岩中的超压将再次释放，超压值降低，从而完成断裂破裂超压演化过程（图6-17）。

以大庆长垣到三肇地区为例，利用钻遇青一段泥岩的179口探井声波时差资料，根据超压值计算方法计算了青一段泥岩在主要生排烃时期，即明水组沉积末期的泥岩超压值，计算结果如图6-18所示。以图中可以看出，松辽盆地北部长垣—三肇地区的青一段泥岩在生排烃主要时期超压最高可以达到12MPa，主要以三肇凹陷的徐家围子向斜为最高值发育区，另一个次高点可以达到10MPa，以永乐向斜为主要集中区，由两个高值区向周边大型的正向构造（如朝阳沟背斜、大庆长垣等地区）递减，最低值可以降低到1~2MPa，直至边部地区降低为0。

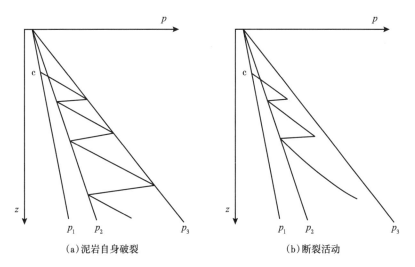

图 6-17　泥岩超压形成与演化示意图

c—超压开始形成处；p—压力；z—埋深；p_1—静水压力；p_2—泥岩愈合压力；p_3—泥岩破裂压力

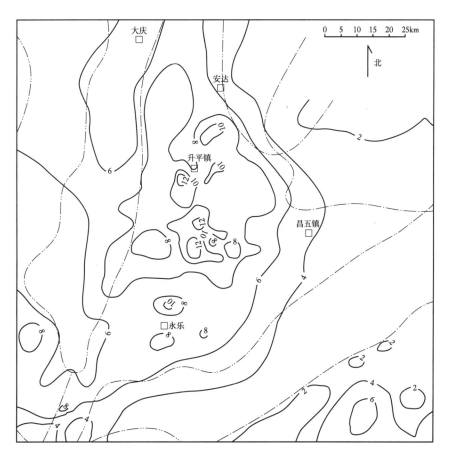

图 6-18　大庆长垣及以东地区青一段泥岩明水组沉积末期超压平面图（单位：MPa）

从压力系统上来看，三肇作为松辽盆地北部一个重要的生烃中心，是油气形成和排替的主要中心，超压较大的地区是油气下排的中心，在凹陷内部以下排为主以后，在低超压区以下排为辅，以短距离侧向运聚为主，造就了致密油独特的输导成藏方式。目前，扶杨油层 432 个原油样品的原油密度统计表明，原油密度分布范围在 0.8208~0.9217g/cm³，平均为 0.8617g/cm³，主体分布在 0.85~0.88g/cm³，占比 85.88%。大庆长垣及三肇地区扶杨油层密度分布具有三肇地区小、长垣地区和朝阳沟地区大的特点。三肇地区树 118 井—树 15 井地区和肇 294 井—肇 30 井地区原油密度小于 0.86g/cm³，在芳 38 井—芳 361 井地区和树 20 井地区最大，超过 0.88g/cm³；长垣地区南部葡 36 井—葡 462 井地区原油密度较小，小于 0.86g/cm³，最小为 0.83g/cm³，在北部葡 505 井地区和葡 521 井地区的密度大于 0.88g/cm³；朝阳沟地区的原油密度主要大于 0.86g/cm³，在源 242 井、长 21 井和朝 61 井地区的密度大于 0.88g/cm³。这些原油性质上的变化与油气在超压动力下的运移有着密切关系。

随着泥岩生排烃过程的进行，压力系统也随之发生一定的变化。根据声波时差反映出的曲线变化特点，可以近似还原和判断出青一段泥岩超压演化的一个大致过程（付广，2008）。根据图 6-19 中超压自身破裂演化模式，利用声波时差资料对松辽盆地北部青一段泥岩超压演化进行研究。结果表明，该区青一段泥岩凭自身破裂无法使其内超压释放，而只能通过断裂破裂而发生超压释放。选取大庆长垣东西两侧埋藏相对较深的徐 13 井和古 11 井为代表，三肇凹陷东部的徐 13 井青一段泥岩超压开始形成时期相对较早，大约在嫩四段沉积早期，而大庆长垣西部的古 11 井青一段泥岩超压开始形成时期相对较晚，大约在四方台组沉积早期。徐 13 井青一段泥岩超压自嫩四段沉积早期形成后，增加迅速，在主要成藏时期——嫩江组沉积时期古超压值已达到 5.9MPa，具有较强的油气向下"倒灌"运移动力和阻止油气向上运移逸散的封盖动力，至明水组沉积末期和古近系沉积末期，古超压值进一步增大至 10.2MPa，虽然这两个时期也曾因 T₂ 断裂活动引起超压释放，但之后超压缓慢增加至 11.0MPa，而古 11 井青一段泥岩超压在四方台组沉积早期开始形成，在扶杨油层油气主要运聚期——嫩江组沉积末期并未形成超压，不利于青一段烃源

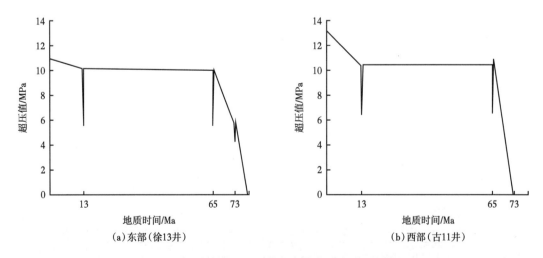

图 6-19　松辽盆地北部青一段泥岩超压演化示意图（据付广，2008）

岩生成排出油气向下伏扶杨油层"倒灌"运移，其超压值是在明水组沉积末期才超过徐 13 井青一段泥岩超压值，达到 10.4MPa，古近系沉积后超压值进一步增大。

由上述分析可知，青一段泥岩生成的油气向下伏扶杨油层中的"倒灌"运移，并非什么地方都能够发生，它取决于青山口组生油岩中剩余地层压力的垂向井段长度和数值大小。即剩余地层压力越高，分布的井段越长，就越有利于油气向下运移，这种规律表示在平面图上，就是青山口组下部泥岩下排厚度等值图。对于扶杨油层，下排厚度越大，排出的油气就越多；在运移通道好的地方进入扶杨油层的深度越大，排出的油气就越多。

根据超压作用于烃源岩和致密储层的位置关系、流体下排通道、流体排放机制等方面的差异性，将超压驱动油气下排的方式分成 3 种类型（图 6-20）。

下排方式	简化模式图	下排通道	下排条件	源储位置关系	流体下排机制
超压作用于源储界面的连续稳态下排	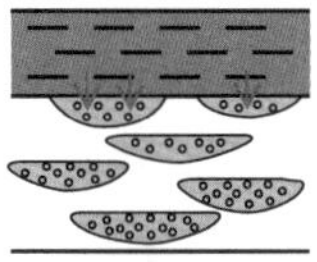	孔喉通道	当超压克服毛细管阻力、浮力和分子间束缚力时，油气可突破源储界面注入储层内部	储层紧邻烃源岩	连续稳态下排
超压通过水力破裂进行的幕式下排	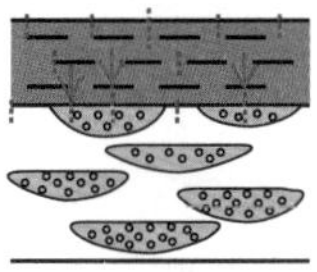	地层水力破裂	当孔隙流体压力达到或超过静岩压力的85%时，地层发生水力破裂、超压克服断裂带阻力和浮力，油气在水力破裂内向下运移	储层紧邻烃源岩	幕式下排
超压通过断裂进行的幕式下排	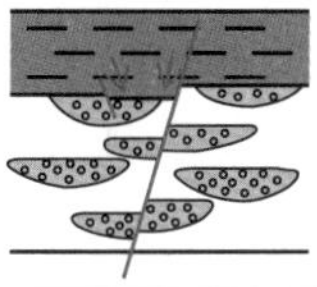	大断裂及伴生小断裂	在构造活动背景下，地层压力系数在1.27~1.73时，断裂开启，超压克服断裂带阻力和浮力，油气在断层内向下运移	储层距离烃源岩较远 储层紧邻烃源岩	幕式下排
烃源岩 储层砂体 ↓ 石油运移路径 地层水力破裂 / 断裂					

图 6-20 超压驱使油气下排的 3 种方式模式图

第一种方式是超压作用于源储界面的连续稳态下排。当烃源岩埋深达到生油门限后，由于其内部能量高、连通性差，生烃增压作用非常明显，而紧邻青一段烃源岩的储层砂岩能量低、连通性好，油气受超压作用驱动，克服毛细管阻力、浮力及分子间的吸附力，最终突破源储界面注入储层砂体内部，形成一个连续、稳定的稳态流充注过程。

第二种方式是超压通过地层水力破裂进行的幕式下排。当孔隙流体压力达到或超过静岩压力的 85% 时，地层发生水力破裂，这种类型裂隙一般近于垂直，地层垂向无明显错动，后期难以保存，在地震剖面上很难识别，虽然规模很小，但可构成油气垂向穿层运移的"隐性"通道，在超压作用下处于开启状态。油气在超压驱动下，克服断裂带阻力和浮力，在地层水力破裂中以幕式下排模式进行短距离下排。由于超压产生的地层水力破裂规模较小，断裂运移距离较短，所以这种下排方式是第一种下排方式的补充。

第三种方式是超压通过断裂进行的幕式下排。断裂是沟通烃源岩和储层砂体特别是下伏远距离致密砂岩储层的主要通道。在主要成藏期——明水组沉积末期构造活动背景下，先前断裂活动剧烈并产生伴生小断裂。当地层压力系数为 1.27~1.73 时，断裂受到构造和超压的共同作用而开启。该地区地层压力系数为 1.40~1.80，所以在明水组沉积末期三肇凹陷断裂应处于开启状态，油气在超压的驱动下，克服断裂带阻力和浮力，通过断裂下排到下伏扶余油层致密储层中。这种下排方式是一个突然流动、短期终止的瞬态流过程，是幕式下排。当压力释放，压力系数降低至 1.20~1.30 时，断裂重新闭合，直至压力不断蓄积达到下次断裂开启门限，形成一个间歇的动态下排过程（姜丽娜，2016）。三肇凹陷断裂非常发育，规模大，分布范围广，在成藏关键时刻由于超压作用均开启，因此超压通过断裂进行的幕式下排是该地区超压驱动烃源岩下排并且大规模驱使油气向下穿层运移的主要方式。

在运移动力中，坳陷盆地的水动力条件也起到了一定的影响，通常情况下由于地下水动力场的变化，油气运聚路径和方向都会发生一定的变化。松辽盆地北部扶余油层地层水水型多样，大庆长垣及以西古龙凹陷、龙虎泡阶地等地均为 $NaHCO_3$ 型，东南隆起区均为 Na_2SO_4 型，北部明水阶地有 60% 为 $NaHCO_3$ 型，而 40% 为 $CaCl_2$ 型，绥化地区又全为 $CaCl_2$ 型。三肇凹陷约 80% 为 $NaHCO_3$ 型，20% 为 $CaCl_2$ 型，西部斜坡区和三肇凹陷相近。pH 值在 7.5~9.0 之间，一般差别不大。Na^+/Cl^- 系数为 1~1.5，齐家凹陷最高为 2.04，一般较低，是各油层组中平均最低的。矿化度较低，齐家凹陷最高平均仅有 6243.054mg/L，龙虎泡阶地最低只有 250mg/L，一般为 300~400mg/L（表 6-8）。主要离子含量各地有明显差别。北部明水和绥棱地区 SO_4^{2-}、HCO_3^- 和 CO_3^{2-} 很少或不含，而 Cl^- 含量较高。三肇地区和西部斜坡地区则相反，Ca^{2+} 在东部和西部斜坡地区的含量都大于西部和北部地区。水中的溴、碘、硼含量各地差异明显，三肇和齐家凹陷、朝阳沟阶地溴、碘、硼含量都较高，而龙虎泡阶地、明水阶地、绥棱地区含量很少，没有脂肪酸。特别是龙虎泡阶地只有硼，而且仅有 0.5mg/L。水中有机物含量三肇凹陷和西部斜坡区最大，古龙凹陷和龙虎泡地区次之，齐家凹陷含量最小，仅有少量的酚，没有溶解烃、脂肪酸和氨。

表 6-8　松辽盆地北部扶余油层地层水化学组成表

构造	pH 值	主要离子含量 /（mg/L）							总矿化度 /（mg/L）
		Na^+	Mg^{2+}	Ca^{2+}	SO_4^{2-}	CO_3^{2-}	HCO_3^-	Cl^-	
三肇凹陷	8.060	1269.615	7.629	59.320	269.288	143.926	731.413	1342.970	3711.297
朝阳沟阶地	8.048	1666.589	26.254	298.993	510.373	31.010	837.162	2241.104	5727.691
明水阶地	7.726	1300.512	2.918	62.126	30.738	0	296.916	1982.246	3621.456
绥棱背斜带	7.505	1506.395	1.215	75.050	7.205	0	158.040	2359.455	4107.360
齐家凹陷	8.029	1999.830	7.923	23.705	76.881	135.398	2468.733	1496.849	6243.054
龙虎泡阶地	8.970	870.825	2.125	7.315	41.545	145.550	673.355	755.470	2496.185
西部斜坡区	7.885	1395.837	4.620	37.480	67.121	182.923	693.037	1590.341	3948.522

虽然致密油属于砂体内的短距离运聚，但在一定程度上也会受到地下水动力条件的影响，尤其是地下水碰撞带的影响。所谓地下水碰撞带，指在现今水动力环境分区中，离心流和向心流在盆地内部相向流动时，所产生的等折算水位平衡带。泥岩压实排出水是沉积盆地水动力场演化过程的孔隙自由水水源之一。松辽盆地白垩系含油层系属于年轻沉积层系，如上所述，泉头组地层水型主要为 $NaHCO_3$ 型，还包括 $CaCl_2$ 型和 Na_2SO_4 型，沉积排出水对该层水动力场油气运移特征起着重要的控制作用。盆地中某一层系的沉积环境、沉积速率、单层厚度、构造性质、埋藏压实史决定着其内补给源地下水的流动强度。然而，松辽盆地白垩系地层水动力场也如同其他盆地一样，受外补给源的控制。内外补给源的相对强度及其演化决定了盆地水动力场的演化。离心流主要发育在齐家—古龙凹陷和三肇凹陷，离心流呈放射状由凹陷中心的高水位区指向凹陷边缘的低水位区，以湖泊泥岩发育和砂泥比低为特征。盆地北部和东部的盆地边缘为大气水下渗向心流区，这种向心流和上述离心流二者在齐家—古龙凹陷和三肇凹陷周边地区相遇形成碰撞带。

运移至储层中的油气不会终止运动，而是在沉积水动力场的作用下沿压降方向进行二次运移，直到聚集在圈闭中形成油气藏，但向四周运移的油气最远距离不会超过地下水碰撞带。其原因如下：一是地下水碰撞带以外向心流区也有部分生油岩进入生油门限，但从下排厚度图上看，只有很少一部分生油岩有下排能力，也就是说，青山口组生油岩为扶杨油层提供了有限的油气来源，而深层的生油条件又较差，尽管储层发育、物性好，也有一些局部构造存在，但也很难有较好的油气藏存在；二是由于地下水碰撞带的存在，该带的外侧缺少齐家—古龙和三肇凹陷远距离运移过来的油气，只靠自身生油岩的生油气量，根本不具备形成大油气田和小油气藏群的条件。因此，地下水碰撞带外侧的油气聚集条件有别于内侧，从而确定了地下水碰撞带在寻找扶杨油层大油气田或小油气藏群过程中的重要地位。

2. 成藏充注动力物理模拟

油气在与砂岩储层接触后，需要克服亲水性的润湿阻力排替地层水，由不同大小的孔喉进入孔隙形成油气富集，这一点与常规油成藏的过程是一致的，只是其中由于致密储层的非均质性及致密化，成藏阻力相对较大。为了能够深入研究致密油藏在充注动力方面的需求，采用了真实砂岩进行物理模拟充注实验。石油充注物理模拟实验可以模拟地下石油充注、运移、聚集成藏的整个过程。刘明洁等（2014）通过双轴承压石油充注实验对鄂尔多斯盆地西峰油田长 8 段储层岩心模拟认为，石油充注受临界物性和临界出入压差双重控制，当储层临界孔隙度小于 10% 时，无论流体压差多大，均不能使石油注入砂岩样品，得出成藏孔隙度下限为 10%。为了确定松辽盆地高台子和扶余致密储层成藏物性下限，以实测油藏真实参数为依据，尽量逼近地下地质条件设计实验。

1）物理模拟实验

实验的样品来自大庆油田扶余和高台子砂岩储层。气测孔隙度、渗透率实验结果表明，样品的孔隙度分布于 3.55%~13.66%，渗透率分布于 0.049~3.46mD。

（1）样品前处理。

①洗油、测量基础数据。首先将岩心柱编号，然后放入全自动洗油仪内用比例为 3：1

的酒精与苯进行洗油和洗盐，时间为 1 个月，其目的是去除岩心里的油、水、盐等物质。洗完油后，用原洗油混合液泡大约 8h 后，浸泡溶剂的颜色不变，说明已洗干净。将洗干净的岩心放置于常温下挥发，晾干后，放于恒温箱内（60℃）烘干（12h），然后称重，测量岩心的长度和直径，测定孔隙度和渗透率。

②抽真空饱和实验流体。将样品置于高压容器内，启动真空泵，连续抽真空 12h，然后使其饱和实验流体，然后继续抽真空 4h（图 6-21）。取出岩心后放于滤纸上转一圈，去除表面流体残留，放于稍湿的滤纸上称重，得到岩心的湿重，减去干重，除以实验流体的密度即得孔隙体积。

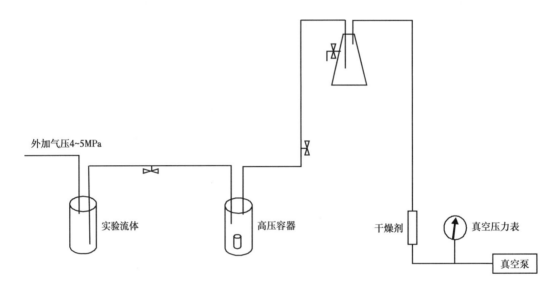

图 6-21　抽真空饱和实验流体的实验装置及流程

（2）实验参数设置。

依据研究区地层水化学数据和高压物性分析得出的原油黏度、密度数据设计实验用水和实验用油，依据地层实际地质数据设定实验进行的温度和压力条件。

（3）实验过程。

实验采用恒压法。以模拟油为流动介质，进行束缚水油驱的渗流实验。实验从最小驱替压力开始进行，最小驱替压力的设定视岩心出口端的最低流速而定，出口流速的值在 0~0.01mL/min 时的压力可视为最小驱替压力。预设定注射泵的注入压力值并保持恒定，由灵敏的压力传感器测定该流速下的岩样入口端及出口端的压差，并由流体自动计量仪精确计量出口端的流体速度，通过计算机采集，在每预定的间隔时间段内（通常 3~5min）记录一次压力差值和出口速度，当连续记录的出口速度值稳定趋于某一值（所测出的值相邻之间的误差持续小于 2%），此时认为在某一恒定驱替压差下，岩样出口端的渗流速度达到稳定状态，记录该流速下的平衡压力差和出口速度。逐步增大注入压力，并确保压力稳定后，记录相应的压力差、流量。依次类推，选取若干个不同的流体注入压力，分别记录数据，直至实验结束。

2）实验结果分析

实验中在充注动力下，最大压差可达 55MPa，致密砂岩石油能充注的最大含油饱和度为 36%~79.5%，平均为 53.7%，也就是束缚水饱和度分布于 20.53%~64%，平均为 46.3%。这说明在地层条件下，并不是只要具有足够大的充注动力，石油就可以充注进任何孔隙结构的岩石中。顺层充注的样品最大含油饱和度一般在 60% 以上，储层物性越好，含油饱和度越高。垂直层面充注的样品由于纵向非均质性强的缘故，最大含油饱和度均在 50% 以下。

充注实验还发现，原来含油的样品石油均可充注其中，而原来为干层（一个样品一半含油，另一半为干层）的样品部分石油未能充注进去，充注后二者界限非常清晰（图 6-22），样品未充注进石油的部分，其物性就是致密油不能成藏的孔隙边界值。

| 部分充注 | 全部充注 | 部分充注 | 部分充注 | 部分充注 | 部分充注 | 全部充注 |

图 6-22　致密砂岩石油充注结果及含油特征图

3. 致密储层成藏上、下限确定

1）成藏物性上限

致密油成藏物性上限指成藏期当渗透率或孔隙度小于某一个界限值时形成致密油聚集，而当储层物性大于该界限值时形成常规油聚集。通常情况下，油藏类型是按照烃类的流动性来区分的，符合达西流运动特征的即为常规油，否则为致密油。在微观尺度上，石油运移通道为连通的孔喉或微裂缝，石油能否运移取决于运移动力和阻力、储层孔隙结构、流体性质等多种地质因素的耦合作用。致密油成藏物性上限的确定对于厘定致密油分布层位和平面分布范围、确定储层致密形成时间及埋藏深度特别是确定石油储量的提交方案等均具有重要意义。根据 SY/T 6832—2011《致密砂岩气地质评价方法》，致密砂岩气定义为储层覆压基质渗透率不大于 0.1mD 的砂岩气层，其地面空气渗透率上限约 1mD，对应的孔隙度约 10%。然而目前对致密砂岩油的储层物性上限还缺乏广泛而统一的定论，由于气和油在物理性质、化学组成等方面存在明显的差异，因此相同的致密砂岩储层对气和油致密的上限标准可能存在差异。这个界限为一个相对的概念，具体的界限还取决于地质、开发或经济等因素。

从经验现象、数据统计、实验数据及理论计算的角度，从致密油和常规油地质特征及成藏机理出发，分别采用力学平衡法、产能评价法和高压压汞法，综合判断扶余储层致密物性上限值。

（1）力学平衡法。

通过对微观油质点进行受力分析确定储层致密上限。石油在储层中进行运移时动力必须大于阻力，在静水条件下，石油运移的动力主要为浮力，阻力主要为毛细管力，当浮力和毛细管力相等时对应的孔喉半径即为石油运移的临界孔喉半径（致密孔喉上限值），小于该值石油处于相对静止状态。确定致密储层临界孔喉半径后，根据高压压汞分析建立孔喉半径与储层物性关系图版，通过该图版即可求出储层致密的临界物性上限。

静水条件下，含水储层中石油质点受到的净浮力计算公式为

$$F=V（\rho_w-\rho_o）g \tag{6-1}$$

如果把体积（V）变换成单位面积乘以高度（Z），则式（6-1）变为

$$F=Z（\rho_w-\rho_o）g \tag{6-2}$$

毛细管阻力计算公式为

$$p_c=2\sigma\cos\theta（1/r_t-1/r_p） \tag{6-3}$$

式中　　F——浮力，N；

p_c——毛细管阻力，MPa；

ρ_w——地层水密度，$10^3kg/m^3$；

ρ_o——地下原油密度，$10^3kg/m^3$；

θ——润湿角，（°）；

σ——界面张力，N/m；

r_t——喉道半径，m；

r_p——孔隙半径，m；

g——重力加速度，取 $9.8m/s^2$；

V——连续油体积，m^3；

Z——油柱高度，m。

当 $p_c=F$，即 $2\sigma\cos\theta（1/r_t-1/r_p）=Z（\rho_w-\rho_o）g$ 时，计算的孔喉半径为非浮力驱动的临界孔喉半径。致密储层中由于孔隙半径（r_p）常常为喉道半径（r_t）的几十至几百倍，因此 $1/r_p$ 可忽略不计，据此得出临界孔喉半径计算公式为

$$r=2\sigma\cos\theta/[Z（\rho_w-\rho_o）g] \tag{6-4}$$

从大庆长垣及三肇地区扶余油层砂岩空气渗透率与最大孔喉半径关系图（图6-23）来看，当最大孔喉半径取375nm（现今孔喉半径）时，其对应的渗透率最大上限约为1mD，根据孔隙度与渗透率关系，其孔隙度上限约为12%（图6-24）。

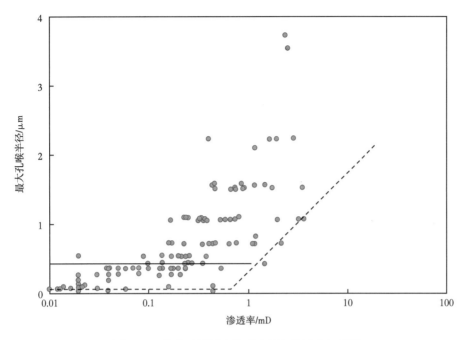

图 6-23 扶余油层最大孔喉半径与渗透率相关图

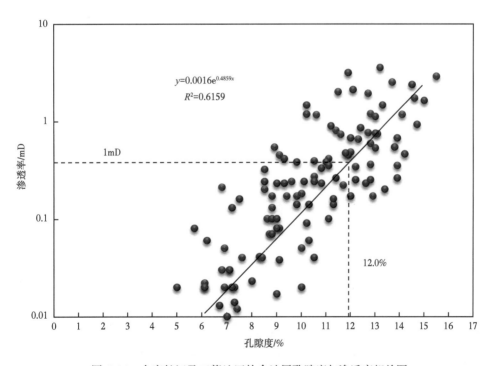

图 6-24 大庆长垣及三肇地区扶余油层孔隙度与渗透率相关图

（2）产能评价法。

根据致密油是指夹在或紧邻优质生油层系的致密碎屑岩或者碳酸盐储层中，未经过大规模长距离运移而形成的油气聚集，一般无自然产能，需通过大规模压裂技术才能形成工业产能的定义，选取研究区以前利用常规方法试油没有获得自然产能或产能很低，后期采用压裂技术使产能提高并获得工业产能的井段的孔隙度和渗透率数据 28 个数据点进行统计。统计结果表明，在孔隙度小于 12.5% 并且渗透率小于 1mD 的井段致密储层中，57%的井段储层产能通过压裂技术提产 200 倍，22% 的井段储层提产 50~200 倍，提产 50 倍以上的占总数的 79%。同时，提产效果超过 200 倍的井段储层中，孔隙度小于 12.5% 并且渗透率小于 1mD 的井段致密储层占了 89%。由此说明大庆长垣及三肇地区储层压裂改造效果以孔隙度 12.5%、渗透率 1mD 为界限（图 6-25），孔隙度小于 12.5% 并且渗透率小于1mD 的井段致密储层通过大规模体积压裂的提产效果非常显著，孔隙度 12.5%、渗透率1mD 为致密储层的成藏物性上限。

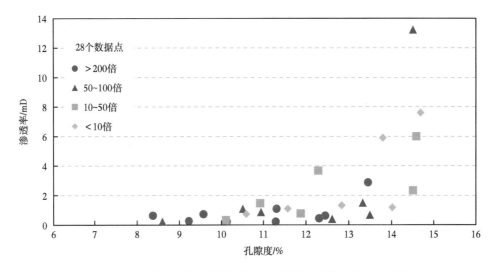

图 6-25　大庆长垣及三肇地区通过压裂增产倍数与物性关系图

（3）高压压汞法。

高压压汞分析是利用在一定的压力下进汞量来反映某一级别喉道所控制的孔隙体积，获得一定的孔隙结构信息，可以辅助判断致密上限。从储层物性与排驱压力关系图（图 6-26 和图 6-27）可以看出，当渗透率大于 1mD 时其排驱压力较低，总体小于 0.5MPa，并且随着渗透率的增加排替压力无明显增大，说明石油充注已经跨越最大喉道值形成的阻力门槛，进行线性充注；而当渗透率小于 1mD 时排驱压力显著增大，并且二者不具有线性变化关系，石油充注的启动压力值较大。因此，1mD 可作为致密与常规储层的分界。孔隙度取值小于 12% 时，排驱压力亦发生显著增大。这主要是由于孔隙度、渗透率条件直接受储层砂体内部孔喉微观连通性的影响，当连通性较差的时候，物性直接表现为低孔隙度、特低渗透率状态，此时油气充注就需要更大的排替压力才能克服毛细管阻力等一系列阻力进入储层形成油气聚集；相反，孔喉半径较大、连通性较好的情况下，只需要较小的动力即可形成有效的油气充注。

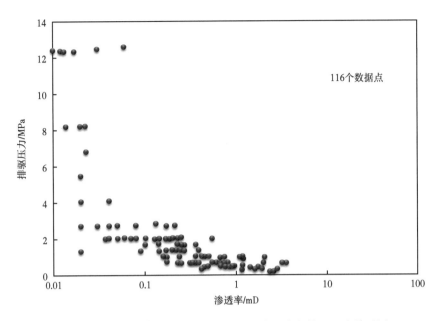

图 6-26　大庆长垣及三肇地区砂岩储层渗透率与排驱压力关系图

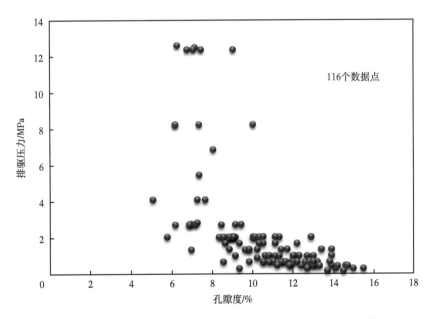

图 6-27　大庆长垣及三肇地区砂岩储层孔隙度与排驱压力关系图

　　利用力学平衡法、产能评价法和高压压汞法等，得出的大庆长垣及三肇地区储层致密上限比较一致，其渗透率上限均为 1mD 左右。不同方法得出的孔隙度上限值略有差异，综合取值 12%（表 6-9）。

表 6-9　扶余油层致密物性上限综合取值表

方法	渗透率 /mD	孔隙度 /%
力学平衡法	1	12.0
产能评价法	1	12.5
高压压汞法	1	12.0
综合分析法	1	12.0

2）成藏物性下限

（1）岩心录井含油产状法。

岩心录井含油产状法确定的是现今致密储层含油物性下限，成藏物性下限主要指在排烃或成藏过程中，不能接受烃类有效充注而形成各种含油产状的储层物性。通过对岩心含油产状的描述，按照岩心含油面积占总面积的百分比，将其划分为饱含油、富含油、油浸、油斑、油迹、荧光 6 个级别，其中荧光级肉眼看不见原油，油迹（岩心含油面积占比小于 5%）和部分油斑（岩心含油面积占比为 5%~40%）级岩心含油性较弱。只要是现今岩心具有含油产状，而不论其含油性的强弱与分布，均说明其在地质历史时期发生过石油充注，而相应地找到普遍不含有油气产状的储层物性界限，可近似代表石油充注成藏的物性下限。

通过对大庆长垣及三肇地区扶余油层 78 个数据点不同含油级别储层物性统计发现，在孔隙度与渗透率交会图中，随着含油性变好，储层物性越好，说明储层物性对含油性的控制作用明显。当孔隙度小于 5%、渗透率小于 0.02mD 时，以不含油为主和极少的油迹，代表现今致密储层含油物性下限（图 6-28）。

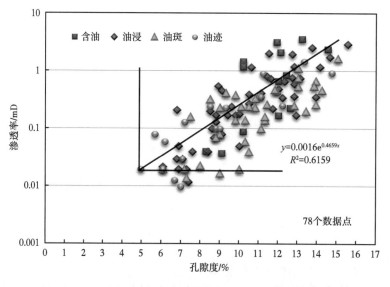

图 6-28　大庆长垣及三肇地区扶余油层物性与含油产状关系图

（2）石油充注物理模拟法。

如前所述，石油充注物理模拟实验可以更加相对真实地模拟地下石油充注、运移、聚集成藏的整个过程。刘明洁等（2014）通过双轴承压石油充注实验对鄂尔多斯盆地西峰油田长 8 段储层岩心模拟，认为石油充注受临界物性和临界出入压差双重控制，当储层临界孔隙度小于 10% 时，无论流体压差多大，均不能使石油注入砂岩样品，成藏孔隙度下限为 10%。以扶余油层实测油藏真实参数为依据，逼近地下地质条件设计实验，样品孔隙度分布于 5.03%~9.18%，渗透率分布于 0.049~0.421mD。充注实验发现，原含油的样品石油均可充注其中，而原为干层（样品一半含油，另一半为干层）的样品部分石油未能充注进去，充注后二者界限非常清晰，样品未充注进石油的部分（视面孔率为 0）的物性即成藏的物性下限。对未充注进模拟油样品物性进行测试，扶余油层成藏孔隙度下限平均约为 5%，渗透率平均约为 0.03mD。

综合岩心含油产状法、面孔率法、最小有效孔喉法及石油充注模拟实验法，大庆长垣及三肇地区扶余油层致密砂岩成藏孔隙度下限为 5%，渗透率下限约为 0.02mD（表 6-10）。根据大庆长垣及三肇地区扶余储层压汞孔隙度与平均孔喉半径关系图，当孔隙度取 5% 时，对应的平均孔喉半径为 30nm。多种方法与实验数据最终确定将孔隙度 5%、渗透率 0.02mD、平均孔喉半径 30nm 作为扶余油层致密油成藏物性下限。

表 6-10   致密油成藏物性下限综合取值表

方法	渗透率 /mD	孔隙度 /%
岩心含油产状法	0.02	5.0
面孔率法	—	5.1
最小有效孔喉法	0.02	4.8
石油充注模拟实验法	0.03	4.8
综合分析法	0.02	5.0

第三节   源下致密油形成的主控要素与有利区分布

松辽盆地扶余油层油气主要来自上部青山口组湖相优质烃源岩，为典型的上生下储上盖型生、储、盖组合，油藏类型主要为断层—岩性、断块、构造—岩性和岩性四种类型，形成上生下储油气藏需具备以下两方面条件：（1）具有足够大的超压；（2）存在连通扶杨油层的断裂。其生成的油气可以在超压的作用下，在主要排烃期，即在嫩江组沉积末期、明水组沉积末期和古近系沉积末期沿着断裂通道向下伏的扶杨油层中"倒灌"运移。

一、致密油成藏主控要素

1. 广泛分布的青山口组优质烃源岩控制致密油分布范围
青山口组暗色泥岩厚度为 20~80m，有机质类型以 I 型和 II A 型干酪根为主，有机碳含量为1.5%~4.0%，镜质组反射率为0.6%~1.3%，按照烃源岩评价标准，属于成熟烃源岩，成熟烃源岩面积为$1.67×10^4km^2$，充足的油源为扶余油层的油气聚集创造了良好的地质条件。成熟烃源岩分布范围不但控制扶余油层含油面积，而且其与运移通道的组合关系，直接决定扶余油层"倒灌"的油气运移方式。如扶余油层全部工业油流探井都分布在成熟烃源灶范围内，而位于烃源灶外的升平北部试油都为水层。青一段的生油门限基本上可定为1500m，与由镜质组反射率为0.7%所确定的生油门限（1550m）相近，而生油高峰的埋深应该超过2000m（卢双舫等，2009）。

有效烃源岩分布控制油气藏的形成与分布，扶杨油层中油气藏大部分都分布于青一段的有效烃源岩区内，由于陆相沉积相变快、岩性变化大，砂体连通性不好，油气长距离运移比较困难，有利生油区及其附近地区含油气最丰富，目前已发现扶余油层石油储量大部分分布在有利生油区范围内。源外地区扶余油层油成藏模式为青一段烃源岩生成的油气首先沿T_2断裂向下"倒灌"运移至扶余油层，进而在浮力的作用下沿断裂配合砂体形成的输导通道侧向运移进入扶余油层，最后在断块、构造高部位或断层岩性圈闭中聚集成藏。

2. 超压是油气向下"倒灌"运移的动力

中央坳陷区大面积发育超压，压力系数大于1.7，从松辽盆地北部青一段地层压力系数与储量叠合图上可知，压力系数在1.8以上最有利于油气富集。另外，从松辽盆地北部泉四段突破压力与储量叠合图可知，扶余油层成藏与突破压力相关性强，突破压力大不利于油气运移成藏。

青山口组烃源岩在凹陷中心部位油气排烃高峰时期的超压最大值可达到20MPa，现今剩余压力也多在10MPa左右，且由凹陷中心向周边超压值逐渐减小（图6-29）。超压形成于嫩江组沉积末期，明水组沉积末期达到高峰，与青山口组烃源岩排烃时期相一致，此时断层选择性活动导致超压幕式释放和油下排；通过理论计算超压驱动油气下排深度一般

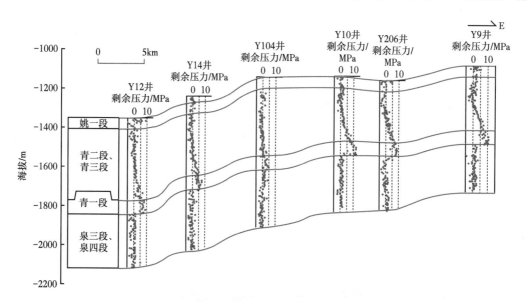

图6-29　三肇凹陷剩余压力分布连井剖面图

大于 300m，与全区 337 口探评井做出的实际油底包络面约为 200m 相吻合，对应扶余油层主要含油层位为 F I 和 F II 油层组。

两种油源断层是油气向下运移的通道，I 型断层单向下排和 II 型断层双向上下排。扶杨油层是典型的上生下储的成藏组合，断裂为重要的通道，油气成藏期活动沟通储层和烃源岩的断层为油源断层。研究表明，继承性活动断层的规模、活动期次与烃源岩生排烃期次的匹配关系是油气聚集成藏的关键因素。研究中划分为两种类型断裂，I 型指未断穿 T_1^1，油气只能下排至扶余油层；II 型指断穿 T_1^1，油气既能上排，也能下排至扶余油层。因此，II 型断层控制源上油气的分布和油气存储边界，其附近有利于油气向上运移，葡萄花油层油气产量明显高于扶余油层；I 型断层是控制源下扶杨油层成藏的主要断层。

3. 砂体规模和物性控制含油性

河流—浅水三角洲环境下形成的河道、分流河道砂体，呈枝状、网状大面积分布，为油气聚集提供有利储集条件：松辽盆地北部扶杨油层受六大物源体系控制，自下而上发育曲流河、网状河、浅水三角洲沉积，垂向上以曲流河道、分流河道、决口河道砂体为主，平面上呈枝状、网状大面积分布，满盆含砂，构成了最有利的储集砂体。储层砂体类型对储层物性具有一定的影响，研究区中河道、分流河道砂体孔隙度平均为 10%，渗透率平均为 1mD，为致密油提供储集空间。

4. 正向断垒和断阶构造有利于油气富集

断陷期形成、坳陷期和构造反转期均持续活动的断层，以及坳陷期形成、构造反转期持续活动的断层可作为油源断层。断裂密集带有利于油气侧向运移，其边界断裂为油运移的输导通道，同时也是油气成藏期活动的油源断层（杨喜贵等，2009）。从勘探成果上看，工业井主要沿着密集带外边界分布，断裂密集带夹持的区块油层产量、丰度相对较高，油气主要赋存于堑垒构造垒块上或阶梯构造高部位（图 6-30）。需要说明的是，T_2 层似花状地堑形成的密集带不利于油气聚集，油主要聚集在 T_2 油源断裂的下盘（付广等，2011）。如果至今断层仍活动，对油气藏有一定的破坏作用。

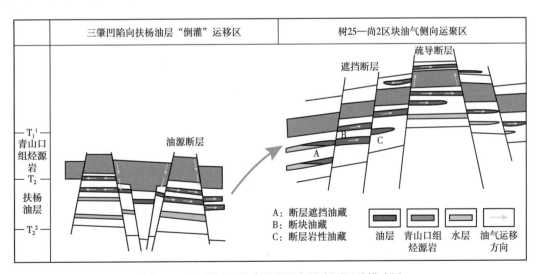

图 6-30　三肇地区扶余油层油气沿断裂运移模式图

二、致密油成藏模式

油气成藏模式是对一组控制某一构造或区带内油气藏形成的基础条件、动力介质和演化历程等要素单一模型或多要素复合模型的一种概括。它基本涵盖了特定研究区大部分主要油藏形成的主控要素、形成过程和分布规律。

松辽盆地北部扶杨油层致密油主要来自上覆青一段泥岩排烃，具有上生下储的源下致密油特点。由于泉四段顶面断裂（带）大量密集发育，相当一部分断裂都断入青一段甚至青二段、青三段，起到沟通源储的桥梁作用，成为油气向下排替的重要通道。油气首先在凹陷区运移到扶杨油层，在凹陷内低隆起如肇州鼻状构造、宋芳屯鼻状构造等聚集，而后逐步向大庆长垣方向运移。按照源内和源外的不同输导成藏方式，建立扶杨油层凹陷区、斜坡区、隆起区致密油成藏模式（图6-31）。

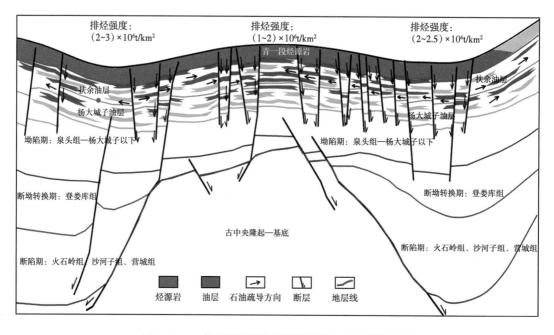

图6-31　三肇地区东西向扶杨油层致密油成藏模式图

凹陷区：处于三肇地区中心位置，R_o大于1.0%，明水组沉积末期烃源岩生烃强度分布范围在$(700\sim900)\times10^4 t/km^2$，生烃增压产生的异常压力可达26MPa，砂体规模小，储层物性差，断裂相对稀疏，主要沿断层"倒灌"运移，青一段烃源岩生成的油气直接"倒灌"运移到扶杨油层致密砂体，形成上生下储—异常压力驱动—断裂垂向运移型准连续分布的成藏模式。

斜坡区：邻近三肇地区凹陷区分布，R_o分布范围在0.9%~1.0%，明水组沉积末期烃源岩生烃强度分布范围在$(400\sim700)\times10^4 t/km^2$，生烃增压产生的异常压力分布范围在6~22MPa，砂体分布较厚，储层物性相对较好，断裂较为发育，青一段烃源岩生成的油气可以直接排烃充注到砂体，进入砂体的石油可以侧向运移，同时也可以接受来自凹陷区烃源岩生成的油气的侧向运移，尤其在斜坡相对高部位砂体聚集，形成上生下储—异常压力驱动—断裂垂向＋砂体侧向运移型准连续分布的成藏模式。

大庆长垣：R_o 分布范围在 0.5%~0.9%，明水组沉积末期青一段烃源岩生烃强度小于 $300×10^4t/km^2$，生烃增压产生的异常压力小于 8MPa，储层砂体在大庆长垣及三肇地区最为发育，储层物性好，断裂发育，主要接受斜坡区烃源岩生成的油气侧向运移，上覆的青一段烃源岩生成的石油通过垂向运移提供部分石油，在构造高部位可能还存在浮力驱动运移，形成上生下储—异常压力＋浮力驱动—断裂垂向＋砂体侧向运移型准连续分布的成藏模式。

朝阳沟阶地：朝阳沟区青一段烃源岩生烃强度较小，小于 $400×10^4t/km^2$，生烃增压产生的异常压力小于 4MPa，储层砂体规模发育，储层物性好，断裂相对发育，石油主要为斜坡区青一段烃源岩生成的油气侧向运移充注，在较高部位浮力驱动运移，尤其在高部位富集，上覆青一段烃源岩会提供部分石油，形成上生下储—异常压力＋浮力双驱动—断层垂向＋砂体侧向运移型准连续分布的成藏模式。

三、致密油有利区预测

通过对扶杨油层成藏主控因素分析，可划分为三类有利区：Ⅰ类有利区依据构造背景及断裂组合方式划分为Ⅰ-1类和Ⅰ-2类，其中Ⅰ-1类以背斜为构造背景，Ⅰ＋Ⅱ型或Ⅰ型断层为主，有利区主要为杏树岗、高台子、太平屯、葡萄花构造、朝阳沟阶地、长春岭背斜带，以鼻状构造为构造背景及Ⅰ＋Ⅱ型断层为主，有利区主要为龙西、环三肇凹陷鼻（榆树林、升平鼻、宋芳屯鼻、模范屯鼻、头台鼻）；Ⅰ-2类以向斜为构造背景，Ⅰ＋Ⅱ型断层为主，有利区主要分布在徐家围子向斜和永乐向斜。Ⅱ类有利区依据构造背景及断裂组合方式可划分为Ⅱ-1类和Ⅱ-2类，其中Ⅱ-1类以鼻状构造为构造背景及Ⅰ型断层为主，有利区主要为环齐家—古龙凹陷鼻（喇西鼻、萨西鼻、杏西鼻、高西鼻、葡西鼻、新肇鼻、敖南鼻、大安鼻、英台鼻、龙南鼻）；Ⅱ-2类以向斜构造背景及Ⅰ型断层为主，有利区主要为齐家北向斜、齐家南向斜、常家围子向斜、他拉哈向斜、古龙向斜、敖南向斜。Ⅲ类区以向斜和Ⅰ型断层为主，有利区主要为王府凹陷、安达凹陷；以背斜为构造背景和Ⅰ型断层为主，有利区主要为长垣北段，由于上部高台子油层发育，油气分流作用下，整体较差（表 6-11 和图 6-32）。

表 6-11　松辽盆地北部扶余油层有利区分布情况表

有利区分类		构造组合特征		有利区分布
		构造背景	断裂组合	
Ⅰ	Ⅰ-1	背斜	Ⅰ＋Ⅱ	杏树岗、高台子、太平屯、葡萄花构造
		背斜	Ⅰ	朝阳沟阶地、长春岭背斜带
		鼻状构造	Ⅰ＋Ⅱ	龙西、环三肇凹陷鼻（榆树林、升平鼻、宋芳屯鼻、模范屯鼻、头台鼻）
	Ⅰ-2	向斜	Ⅰ＋Ⅱ	徐家围子向斜、永乐向斜

续表

有利区分类		构造组合特征		有利区分布
		构造背景	断裂组合	
II	II-1	鼻状构造	I	环齐家—古龙凹陷鼻（喇西鼻、萨西鼻、杏西鼻、高西鼻、葡西鼻、新肇鼻、敖南鼻、大安鼻、英台鼻、龙南鼻）
	II-2	向斜	I（II型零星分布）	齐家北向斜、齐家南向斜、常家围子向斜、他拉哈向斜、古龙向斜、敖南向斜
III	—	向斜	I（II型零星分布）	王府凹陷、安达凹陷（烃源岩差）
		背斜	I	长垣北段（上部高台子油层发育，油气分流）

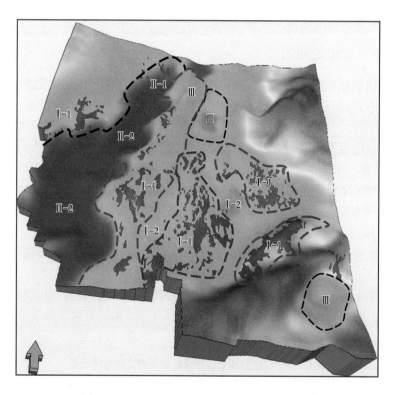

图 6-32　松辽盆地北部扶余油层有利区分布图

在致密油成藏过程中，FI油层与FII油层在沉积环境、砂体特征、储层物性和供烃能力等多方面存在差异，导致其含油性也明显不同。

在FI油层组上部的FI-1油层组，由于受控于三角洲前缘为主的沉积环境，水下分流河道砂体规模小，物性差，油气沿断裂向下运聚后，在储层条件允许的岩性圈闭内聚集成藏，但由于水下分流河道非均质性较强，同时出现了一些干砂层与油层互层或叠置共生，在生烃膨胀作用的影响下，青一段泥岩在底面与砂岩的接触位置产生破裂缝，紧邻青一段烃源岩下部的河道砂体可以直接受到部分油气充注，但由于此处的砂体一般厚度较小，物性变化快，往往形成孤立的透镜体油藏或小规模岩性油藏。

在 F I-2 至 F II-1 油层组中，以分流河道砂体为主要储层，烃类沿断层向下运聚，在优质储层中形成聚集。由于储层的非均质性的影响，通常会出现断裂附近较好储层中聚集油气，而远端砂体的含油性变差，甚至为干层，或者在油层的上下由于多期小型河道或者决口扇的叠置，尽管纵向砂体增厚，但仅局部砂体含油性较好。一般情况下，距离断裂较近的储层含油性相对较好。在通常情况下，由于断裂大都起到的是垂向输导的作用，在油气排替进入泉头组之后，进入物性较好储层中后，会进行短距离的侧向运聚。同时，由于在不同地区会出现多期河道在垂向上产生叠加，会在一定程度上增大侧向运聚的距离，但因河道方向多变和断裂密集，整体侧向运聚的距离仍然有限。从整体上看，扶杨油层在构造、河道砂体和断裂的作用下，形成岩性、断层—岩性为主的油藏，不存在统一的油水边界。决口扇砂体储层以薄互层为主，非均质性较强，含油性较差。

在 F II 油层的中下部，沉积环境由三角洲平原相向曲流河相过渡，河道砂体规模变大、厚度增加，由于距离上覆烃源岩层距离增大，一般会大于 100m，导致油气充注量减少，充注动力减弱，使得砂层组的含油性明显减弱。平面上的油层发育区呈局部分布，含水增加，尤其在宋芳屯至徐家围子一线以南，水层发育，无统一油水界面，局部经常出现油水倒置现象，在水平井勘探部署时需要格外注意。

按照上述致密油成藏模式分析，综合各种地质条件，适宜部署水平井的区域应该构造高部位或者斜坡区相对平缓且距离断裂小于 1km 的目标区。在层位上，一是 F I-2 和 F I-3 油层组，以分流河道砂体为主，剩余资源量大，砂体规模相对小，变化快，对水平井钻探技术要求高；二是 F II 油层组，以分流河道、曲流河砂体为主，砂体规模相对较大，水平井钻探效果好，但分布范围有限。

第七章　致密储层性质表征

致密油层的质量优劣取决于储层品质和工程品质两个主要方面，这两个方面是决定致密油层最终产量的关键因素。近年来，通过应用先进的微—纳米致密储层物性分析、孔喉分布表征、含油气性评价等分析化验手段，基本明确了松辽盆地北部扶余油层致密储层的物性、含油性、流动性和可压性特征。以岩心标定测井，应用丰富的测井资料，建立了一套完整的扶余油层致密油储层分类评价方法，为致密油层有效改造提供了基础和依据。

第一节　致密储层物性评价

一、储层孔隙度、渗透率特征

松辽盆地北部扶余油层在大庆长垣、齐家凹陷北部，以及龙虎泡地区存在局部孔隙度大于 12% 的储层，渗透率为 0.2~1mD，相对其他地区物性稍好。齐家—古龙凹陷内部大部分地区孔隙度在 8% 以下。龙虎泡地区西侧和北侧物性好，油水同层、水层发育，主要为常规油藏发育区。大庆长垣与三肇凹陷过渡的斜坡带、齐家—古龙凹陷的新肇鼻状构造和敖南鼻状构造，以及三肇凹陷内部大部分地区在不同层系孔隙度分布在 5%~12% 之间，渗透率在 0.02~1mD 之间，属于致密储层范畴，发育纯油层和干层（图 7-1 和图 7-2）。

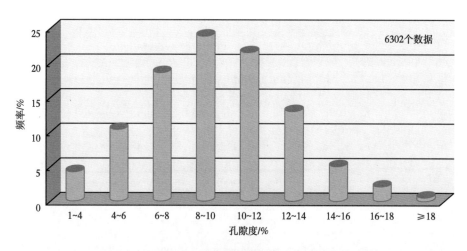

图 7-1　松辽盆地北部扶余油层致密油区孔隙度分布图

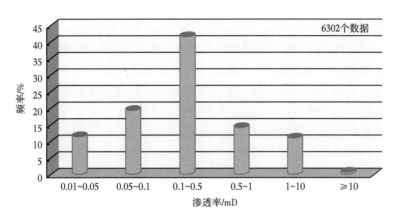

图 7-2　松辽盆地北部扶余油层致密油区渗透率分布图

　　扶余油层孔隙度主要介于 6%~22% 之间，平均为 13.6%；渗透率通常低于 100mD，平均为 30.3mD。在凹陷部位绝大部分地区孔隙度小于 12%，渗透率小于 1mD（图 7-3）。扶余油层物性较好的储层主要分布于埋藏深度较浅或次生孔隙较发育的地区。例如，物性最好的储层分布在西部斜坡和次生孔隙比较发育的宋站地区。朝阳沟—长春岭大部分地区

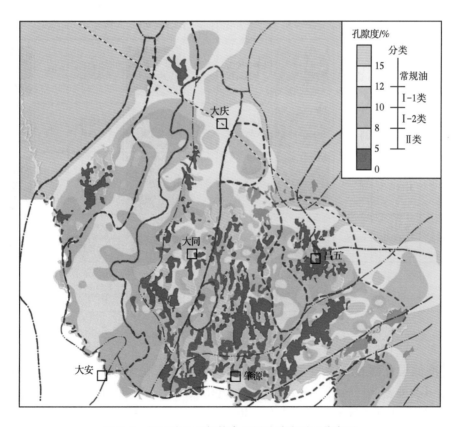

图 7-3　松辽盆地北部扶余油层孔隙度平面分布图

次生孔隙较发育，储层质量较好。齐家—古龙、三肇凹陷等其他地区扶余油层埋藏深度大，成岩作用较强，储层质量明显降低，孔隙度主要集中在 5%~12% 之间，地面渗透率大都低于 1mD，其内部流体流动受到孔隙连通及孔喉的影响，流动形式已经属于非达西流状态。扶余油层埋深一般为 1200~2580m，由于深度跨度较大，其与孔隙度之间的变化关系也非常复杂，大量孔隙度值随着深度增加而减小。扶余油层岩石类型以细砂岩和粉砂岩为主，细砂岩略多于粉砂岩，各地区填隙物总量平均值介于 17.5%~21.0% 之间，整体上较高。粒度和泥质含量与物性同样具有较好的线性关系，即孔隙度和渗透率随粒度中值的增大而增大，随泥质含量的增加而减小。此外，石英的次生加大相对比较普遍，大多数地区方解石胶结物含量也较高。因此，无机成岩作用对储层物性的影响程度非常大。

二、储层孔喉特征

不同沉积环境下致密储层孔隙结构特征差别明显（图 7-4）。三角洲内前缘相区孔隙类型以粒间溶孔和粒内溶孔为主，小孔占 50%~70%、中孔占 15%~20%、微孔占 5%~20%、纳米孔占 3%~5%、大孔占 1%~5%；三角洲外前缘相区孔隙类型以晶间孔和粒间孔为主，纳米孔占 40%~55%、微孔占 20%~45%、小孔占 5%~10%、大孔占 5%、中孔占 2%。

基质孔隙分类	孔隙半径/μm	三角洲内前缘			三角洲外前缘			湖相区		
		孔隙类型	孔隙比例/%	孔隙图像	孔隙类型	孔隙比例/%	孔隙图像	孔隙类型	孔隙比例/%	孔隙图像
大孔	>20	原生粒间孔	1~5	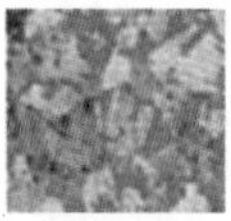	生物体腔孔；有机质孔	1	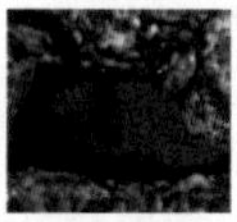	生物体腔孔；有机质孔	0.5	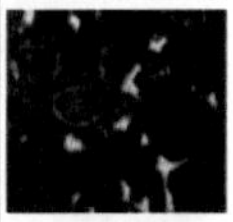
中孔	10~20	原生料间孔；粒间溶孔	15~20		有机质孔；生物体腔孔	1		生物体腔孔；有机质孔	1	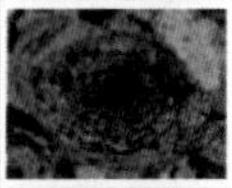
小孔	2~10	粒间溶孔；粒内溶孔	50~70		粒间孔；粒内溶孔；有机质孔	5~10		粒间溶孔；粒内溶孔；有机质孔	1	
微孔	0.5~2	粒间孔；粒内溶孔；晶间孔	5~20	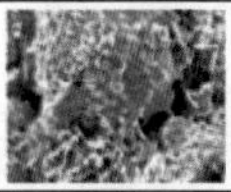	粒间孔；有机质孔	20~45	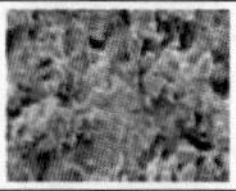	有机质孔；粒间孔；粒内溶孔	2~35	
纳米孔	<0.5	粒间孔；晶间孔	3~5	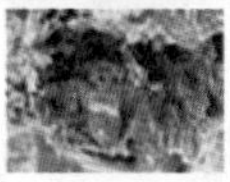	粒间孔；晶间孔；有机质孔	4~55	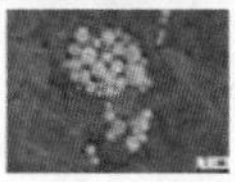	有机质孔；粒间孔；晶间孔	65~80	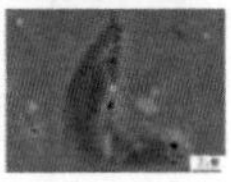

图 7-4　致密储层孔隙结构特征与沉积相关系

致密油储层孔喉直径为微—纳米级。其中，致密砂岩储层孔喉直径为 20~1000nm（图 7-5）。Ⅰ类致密储层储集空间主要由微米级孔隙构成，孔隙半径集中分布在 0.5~4μm，主要储集空间分布在 1~8μm，小喉大孔；Ⅱ类致密储层主要由微—纳米级孔隙构成，孔隙半径分布在 0.5~2μm，主要储集空间分布在 0.5~4μm，小喉小孔。

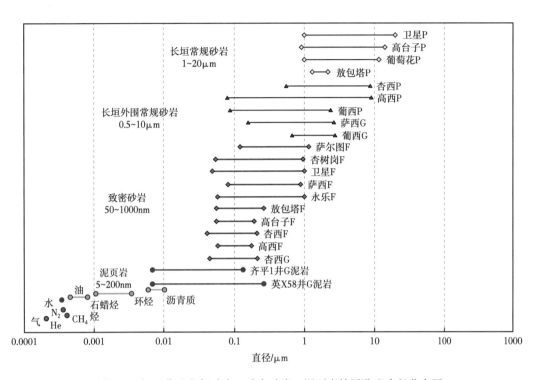

图7-5 松辽盆地北部砂岩、致密砂岩、泥页岩储层孔喉直径分布图

致密储层孔隙度和渗透率均与孔隙半径中值呈正相关（图7-6），相关系数（R）分别为0.8025和0.8943，孔隙度和渗透率与孔隙半径中值均为高度相关，孔隙半径中值与渗透率的相关性稍高于孔隙度。

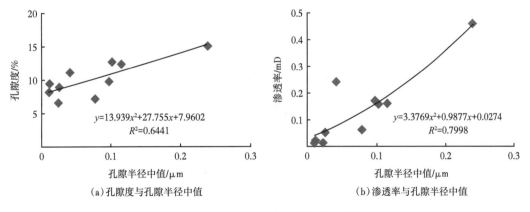

（a）孔隙度与孔隙半径中值

（b）渗透率与孔隙半径中值

图7-6 致密油储层物性与孔隙半径中值关系图

通过对扶余油层纳米CT扫描发现，不同尺度扫描发现的孔隙类型、大小、数量及体积不同。以F26井为例，致密砂岩2mm子样微米CT（分辨率1μm）扫描结果显示其孔隙半径主要分布在0.59~29.3μm之间，平均为2.1μm，以小孔隙为主，CT分析孔隙

度为 2.12%；65μm 子样精细纳米 CT 扫描（分辨率 65nm）发现其孔隙半径主要分布在
50~3000nm 之间，平均为 160nm，为纳米级孔隙，CT 分析孔隙度为 8.29%，水平渗透率
为 0.1mD。常规分析测得该样品孔隙度为 9.89%，渗透率为 0.34mD，与纳米 CT 孔隙度分
析结果较接近（图 7-7）。

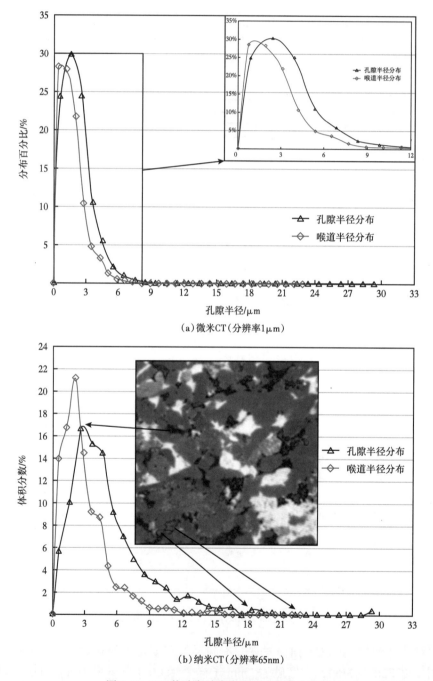

（a）微米CT（分辨率1μm）

（b）纳米CT（分辨率65nm）

图 7-7　F26 井致密砂岩微米 CT 孔喉分布图

根据 78 块压汞资料统计（渗透率为 0.01~1mD），扶余油层致密储层以纳米级孔喉系统为主，平均孔喉半径和中值孔喉半径均在 1μm 以下，绝大部分样品孔喉半径小于 0.5μm。平均孔喉半径分布在 0.1~0.5μm 之间，比例大于 60%。从致密储层的孔隙结构特征分析，扶余油层致密砂岩储层非均质性强，在一个 2mm 的样品中反映出来的孔隙和喉道的分布非常不均，反映出致密砂岩受沉积和成岩改造比较强烈，增强了流体渗流的复杂性。Z48 井扶余油层 1941.81m 样品，CT 分析的孔隙度为 5.2%，其孔喉配位数主体分布区间较小，平均为 4.0，孔隙和喉道连通性较差，且非均质性强 ［图 7-8（a）］。S371 井扶余油层 1754.50m 样品，CT 分析的孔隙度为 7.9%，其孔喉配位数主体分布区间较大，平均为 7.9，孔隙和喉道连通性较好 ［图 7-8（b）］。

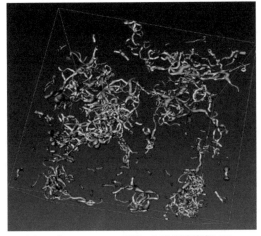 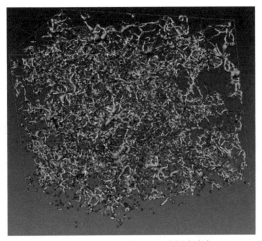

（a）Z48井，1941.81m，油迹，CT分析孔隙度5.2%，　　　（b）S371井，1754.50m，油浸，CT分析孔隙度7.9%，
　　　孔隙不发育且连通性较差　　　　　　　　　　　　　　孔隙发育且连通性较好

图 7-8　致密砂岩微米 CT 典型样品孔喉结构三维分布图（2mm 样品）

三、致密储层物性分类

致密储层的精细分类在常规孔隙度、渗透率特征上没有明显差异，无法有效区分，必须从其内部的微观特征入手分析。通过恒速压汞实验，储层微观的孔喉大小分布与含油性具有明显的相关性。随着致密储层的物性变好，储层的油气充注压力迅速减小，更加容易形成油气富集。

从物性与含油性关系分析，油迹显示的储层样品孔隙度总体大于 5%，渗透率大于 0.03mD，孔隙半径一般为 10~30μm，平均喉道半径总体大于 50nm，孔隙配位数一般小于 3。油斑显示的储层样品，孔隙度总体大于 7%，渗透率大于 0.06mD，孔隙配位数一般为 2~4，平均喉道半径总体大于 60nm。油浸显示的储层样品孔隙半径一般为 20~50μm，孔隙度总体大于 9%，渗透率大于 0.15mD，孔隙配位数为 2~5。分流河道砂体中粉—细砂岩类物性好、含油性好。对英 X58 井进行含油饱和度分析，粉砂岩含油饱和度一般低于 40%，细砂岩含油饱和度普遍较高，最高可达 70%。对龙虎泡油田塔 28 区块计算含油饱和度，

FⅠ油层组 61 口井，含油饱和度一般为 43.8%~64.3%，平均为 55.7%；FⅡ油层组 60 口井，含油饱和度一般为 48.1%~64.5%，平均为 56.8%，含油饱和度较高。总体分析，源下致密油开采最主要的是找好砂体，其物性高，含油饱和度高。

选取 9 块砂岩样品，在地层条件下（实验温度为 85℃，实验压力为 1~55MPa），模拟地下油驱水岩心流动实验。其中，3 块砂岩样品为渗透率大于 1mD 为常规砂岩，6 块砂岩样品为渗透率小于 1mD 的致密砂岩。分析结果表明，常规砂岩中流体流动状态接近达西渗流，致密砂岩中流体流动状态呈非达西渗流流动特征，存在启动压力梯度，随着储层物性变差，流体在地下砂岩中流动时所需要的启动压力梯度越高，油气在致密砂岩储层中需要更大的动力，常规储层与致密储层的分界标准为孔隙度 12% 左右（图 7-9）。

根据典型高压压汞曲线，致密储层内部可分为两大类，即致密储层Ⅰ类和Ⅱ类，其对应物性界限为孔隙度为 8%，渗透率为 0.1mD，对应的孔喉半径为 75nm。致密储层Ⅰ类又可以精细分为Ⅰ-1 类和Ⅰ-2 类，对应物性界限为孔隙度为 10%，渗透率为 0.25mD，孔喉半径为 175nm。这样的分界标准在致密储层的含油气显示级别上可以得到较好的一致性。其中，Z42 井的Ⅱ类致密储层孔隙度小于 8%，孔喉半径比值集中分布在 135~495，含油性基本以油斑为主；F241 井的Ⅰ-2 类致密储层孔隙度为 10%，渗透率为 0.16mD，孔喉半径比值集中分布在 160~320，表明储层连通性的喉道半径有所增大，储油能力增强，含油性以油浸为主；Y7 井的Ⅰ-1 类致密储层孔隙度为 12%，已经达到常规油与致密油的分界线，连通的孔喉半径进一步增大，储层连通性更强，孔喉半径比值集中分布在 45~135，油气充注门槛进一步降低，含油性以含油为主，成藏条件明显改善（图 7-10 和图 7-11）（李国会等，2019）。

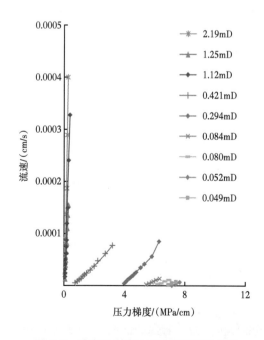

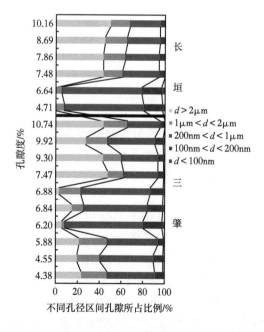

图 7-9　致密砂岩非达西渗流特征曲线图　　　图 7-10　不同类型致密储层孔隙结构差异性变化图

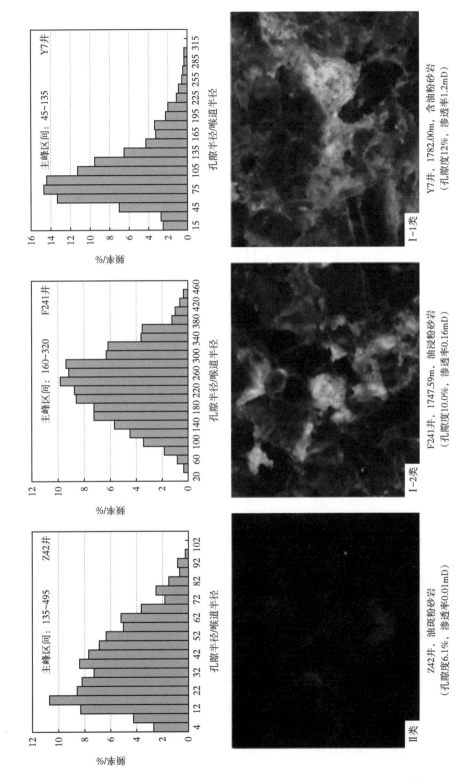

图 7-11 扶余油层致密储层内部精细分类差异对比图

通过上述分析，扶余油层致密储层含油物性下限孔隙度为5%，渗透率为0.03mD，结合常规储量提交下限，确定扶余油层致密油分类标准如下：Ⅰ类储层孔隙度为8%~12%，渗透率为0.1~1mD，喉道半径大于100nm，以油浸和油斑为主，部分为富含油、油迹；Ⅱ类储层孔隙度为5%~8%，渗透率为0.03~0.1mD，喉道半径为50~100nm，以油斑和油迹为主。

四、储层物性参数测井评价

致密储层孔隙类型多样，孔隙结构复杂，要准确计算其孔隙度、渗透率难度较大，因为较小的绝对误差就可产生较大的相对误差。因此，需要采用高精度孔隙度测井信息且能反映出不同孔隙大小分布特征的孔隙结构参数，在孔隙结构评价基础上建立有针对性的孔隙度、渗透率测井计算模型。

1. 有效孔隙度测井计算模型

建立有效孔隙度模型主要采取多参数统计回归方法，采用岩心刻度测井方法建立精细的孔隙度、渗透率解释模型，模型精度较单一参数模型有明显提高。应用大庆长垣南部扶余油层45口井153层岩心分析有效孔隙度资料，选用声波时差、岩性密度和泥质含量作为参数，建立了长垣南地区扶余油层有效孔隙度测井解释模型，相关系数为0.93，平均绝对误差为0.95%，选择8口新井31层数据进行验证，计算的有效孔隙度平均绝对误差为0.55%（图7-12）。

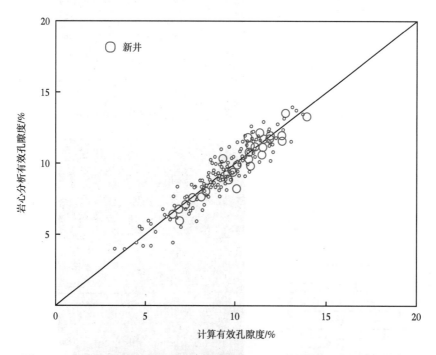

图7-12　大庆长垣南扶余油层测井计算与岩心分析孔隙度对比图（模型与验证）

$$\phi = 30.4 - 16.46\rho_b + 0.2849\Delta t - 0.0266V_{sh} \qquad (7-1)$$

式中　ϕ——岩心孔隙度，%；

　　　ρ_b——密度测井值，g/cm³；

　　　Δt——声波时差测井值，μs/ft；

　　　V_{sh}——泥质体积分数，%。

　　为了求准储层条件下的孔隙度，对齐家和大庆长垣南地区不同岩性、物性的 18 块样品进行了 7MPa、10MPa、14MPa、19MPa、24MPa 共 5 个有效覆压条件下的孔隙度测量（图 7-13）。发现孔隙度随有效覆压（ϕ^* 为初始有效覆压下的孔隙度）的增大而减小，相同围压条件下孔隙度绝对变化量不大。因此，储层条件下某一围压下的孔隙度可采取统一加减校正值的方法来计算。

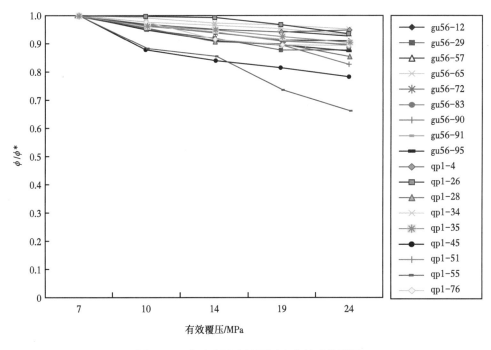

图 7-13　孔隙度随有效覆压变化关系曲线图

　　将扶余油层岩心核磁共振分析的孔隙度与其 X 射线衍射分析结果进行对比，发现扶余油层孔隙度随黏土矿物含量增加而减小，随长石含量增加而增大，石英含量与孔隙度相关性不明显（图 7-14）。碎屑岩由岩石骨架与填隙物组成，一般来说，岩石骨架含量越多，孔隙度越高，填隙物含量越多，孔隙度越低。扶余油层骨架颗粒主要由长石与石英矿物组成，填隙物主要为泥质成分，泥质成分由黏土矿物及极细小的石英和长石组成。其中，黏土矿物含量占 50%~70%，但由于长石较石英不稳定，极易黏土化，在泥质中稳定存在的长石含量较少，因此长石可以表征骨架多少，而黏土矿物可以代表填隙物含量，通过长石与黏土矿物含量建立扶余油层储层类型划分图版，可以定性判断储层类型。

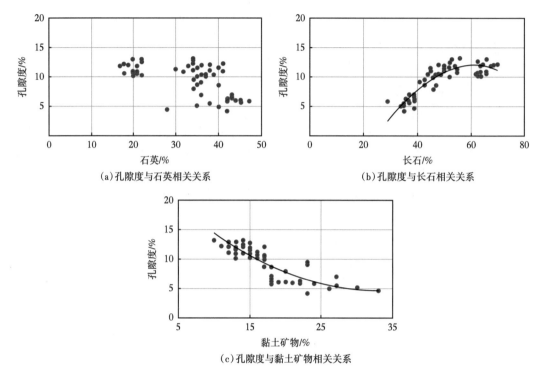

(a)孔隙度与石英相关关系　　　　　　　(b)孔隙度与长石相关关系

(c)孔隙度与黏土矿物相关关系

图 7-14　石英、长石、黏土矿物与孔隙度关系图

应用 8 口井 153 个层，建立长石、黏土矿物含量交会图版，对扶余油层致密储层进行分类（图 7-15）。致密 I-1 类：长石含量大于 38%，黏土矿物含量小于 15%，孔隙度大于 10%。致密 I-2 类：长石含量为 30%~38%，黏土矿物含量为 12%~20%，孔隙度介于 8%~10%。致密 II 类：长石含量小于 30%，黏土矿物含量大于 20%，孔隙度小于 8%（表 7-1）。

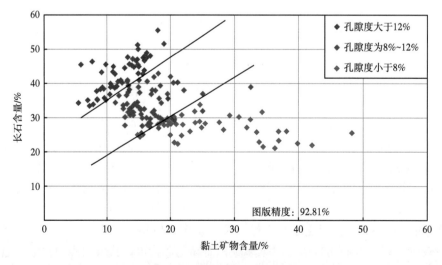

图 7-15　长石含量与黏土矿物含量交会图版

表 7-1 致密油不同类别储层物性特征评价参数表

分类	物性分类标准之孔隙度 /%	矿物特征参数	
		长石含量 /%	黏土矿物含量 /%
致密 I-1 类	> 10	> 38	< 15
致密 I-2 类	8~10	30~38	12~20
致密 II 类	< 8	< 30	> 20

2. 渗透率测井计算模型

渗透率是评价储层性质和生产能力的主要技术指标之一，齐家地区和大庆长垣南地区扶余油层泥质、钙质含量较高，导致孔隙结构比较复杂。孔隙度相近时，渗透率相差 2~3 个数量级，计算储层参数时需考虑孔隙结构的影响。分析孔隙度、渗透率—压汞联测结果时发现，大孔喉是决定渗透率大小的关键因素，求取渗透率的关键是准确描述孔喉的大小和分布。为此，创新性提出了一种新的渗透率计算方法，即在孔隙结构分析的基础上利用大孔喉孔隙度计算空气渗透率的方法。

同理，采用压汞资料统计不同孔径对渗透率的贡献值，当孔隙半径大于 0.1μm 时，所对应的渗透率贡献累计值超过 96.7%，因此将孔隙半径为 0.1μm 作为区分长垣南地区扶余油层大孔和微孔的界限。选用 14 口井的 84 块压汞资料，通过测井参数敏感性分析，建立了大孔喉孔隙度测井计算模型，与压汞资料对比的绝对误差为 0.58%。计算见式（7-2）。

$$\phi_{大孔} = 14.6 + 0.28\phi_{有效} + 0.21\Delta t - 9.65\rho - 0.14V_{sh} \qquad （7-2）$$

式中　$\phi_{大孔}$——大孔喉孔隙度，%；

　　　$\phi_{有效}$——有效孔隙度，%；

　　　V_{sh}——泥质体积分数，%；

　　　ρ——密度测井值，g/cm³；

　　　Δt——声波时差测井值，μs/ft。

应用长垣南 5 口井 10 块核磁和 14 口井 77 块压汞样品，确定了空气渗透率与大孔喉孔隙度关系图（图 7-16），建立了大孔喉孔隙度计算渗透率解释模型，与原常规孔隙度、渗透率关系法计算的渗透率相比，新模型的相关系数有了明显提高（由 0.78 提高到 0.92），测井计算渗透率的相对误差从原来的 62% 降低到 38%（图 7-17）。

对上述建立的大孔喉孔隙度计算渗透率的方法进行验证，大庆长垣南扶余油层组 8 口井 28 层，计算的渗透率平均相对误差为 48.7%（图 7-18）。

为了求准储层条件下的渗透率，对原始储层物性做出正确评价，对不同岩性、物性的 18 块样品进行了 7MPa、10MPa、14MPa、19MPa、24MPa 5 个有效覆压条件下的渗透率测量，提出了一种新的应力敏感评价指标表征低渗透岩样渗透率与有效覆压的关系。

实验表明，岩样含泥质、胶结物等塑性成分较多时受力增大，渗透性快速降低。以往采用测井方法计算渗透率是基于地面温度、压力条件下的渗透率（$K_{地面}$）分析结果，因此不能代表地下渗透率（$K_{地下}$），需要进行校正。

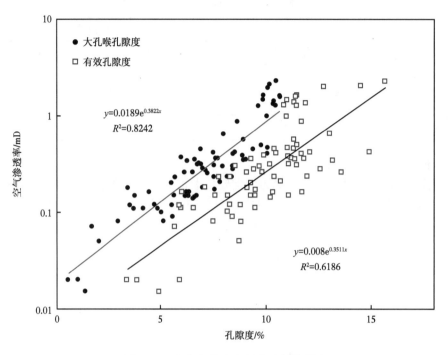

图 7-16　大孔喉孔隙度与渗透率关系图

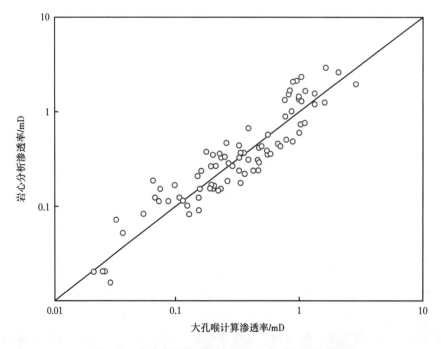

图 7-17　大孔喉计算渗透率与岩心分析渗透率对比图

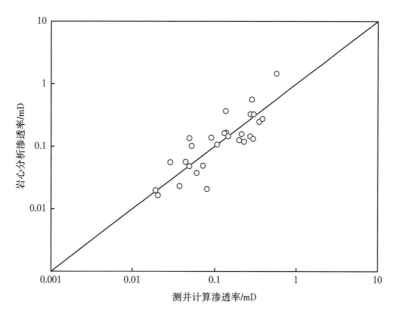

图 7-18　大庆长垣南扶余油层验证井测井计算与岩心分析渗透率对比图

根据地下渗透率与有效覆压关系对地面渗透率进行校正，即有

$$K_{地下} = K_{地面} \times \left(\sqrt{\frac{p_{地下} - p_{p}}{p_{地面}}} \right)^{-S_{p}}$$　　　　（7-3）

式中　$p_{地下}$——储层的上覆压力，MPa；

　　　$p_{地面}$——实验室条件下的围压，MPa；

　　　p_{p}——孔隙流体压力，MPa；

　　　S_{p}——应力敏感系数。

求取式（7-3）的关键是应力敏感系数 S_{p} 的确定。实验发现，不同压力下渗透性的变化取决于岩石孔隙结构和塑性成分的影响程度（图 7-19），岩石中塑性成分主要为泥质，应用岩心刻度测井方法建立了应力敏感系数与泥质含量、孔隙结构指数的关系［式（7-4）］，即可实现连续的地下渗透率计算。

$$S_{p} = -0.08 \times \sqrt{\frac{K_{地面}}{\phi_{地面}}} + 0.06 \times V_{sh} \quad R^2 = 0.95$$　　　（7-4）

式中　$\phi_{地面}$——地面孔隙度，%；

　　　$K_{地面}$——地面渗透率，mD；

　　　S_{p}——应力敏感系数；

　　　V_{sh}——泥质体积分数，%。

将测井计算的地下渗透率与岩心分析渗透率进行对比（图 7-20），相对误差为 26.3%，精度较高。地下渗透率的准确计算可为油气田开发过程中渗流模型的建立和油气藏数值模拟提供依据。

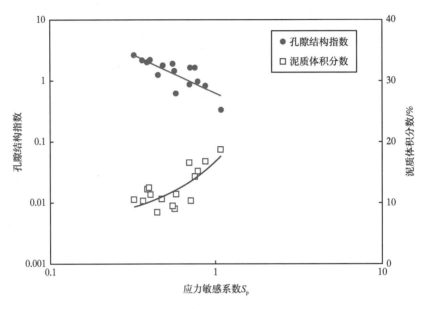

图 7-19　大庆长垣扶余油层应力敏感系数与泥质体积分数和孔隙结构指数关系图

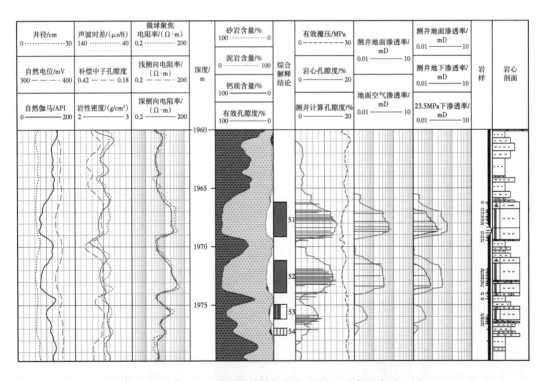

图 7-20　台斜 15 井测井计算与岩心分析地下渗透率对比图

第二节　致密储层含油性评价

一、含油性录井评价技术

致密储层含油性录井评价采用岩石热解和定量荧光技术。为了消除油基钻井液的影响，对热解参数进行了优选，对定量荧光技术进行了改进和数值校正。

1. 岩石热解评价法

选取柴油、油基钻井液及含油砂岩样品分别进行热解分析，从分析谱图分析，油基钻井液的主要成分是柴油，柴油的热解峰主要是 S_1 峰，S_2 峰很小。因此，理论上油基钻井液对热解分析的影响主要是 S_1 峰，对 S_2 峰基本无影响。

模拟地下温度和迟到时间对扶余油层致密储层具代表性的含油砂岩岩心样（取自水基钻井液直井扶余油层岩心中的油浸粉砂岩）进行油基钻井液浸泡，分别对同一样品浸泡前后做两次分析（表 7-2）。结果表明，油基钻井液对岩石热解 S_1 影响较大，对 S_2 基本无影响，可以优选岩石热解 S_2 进行含油性评价。

表 7-2　含油砂岩油基钻井液浸泡前后热解数据表

序号	油层组	岩性	油基钻井液浸泡前			油基钻井液浸泡后		
			$S_0/$（mg/g）	$S_1/$（mg/g）	$S_2/$（mg/g）	$S_0/$（mg/g）	$S_1/$（mg/g）	$S_2/$（mg/g）
1	高台子	油浸粉砂岩	0.01	3.89	2.99	0.09	41.66	3.08
2	高台子	油浸粉砂岩	0.01	3.94	3.13	0.11	38.65	2.87
3	高台子	油斑粉砂岩	0.01	1.26	0.74	0.01	13.07	0.77
4	高台子	油斑粉砂岩	0.01	1.28	0.74	0.06	12.18	0.66
5	扶余	油浸粉砂岩	0.01	6.87	4.02	0.05	49.99	4.14
6	扶余	油浸粉砂岩	0.01	9.94	5.13	0.08	38.65	5.34
7	扶余	油浸粉砂岩	0	4.92	4.06	0.01	23.56	4.68
8	扶余	油浸粉砂岩	0.001	5.71	6.23	0.10	27.69	6.57

通过对 10 口井 253 层岩石热解数据统计，建立的热解 S_2 与储层类型含油性评价标准如下：I-1 类储层 S_2 整体大于 5.0mg/g；I-2 类储层 S_2 一般在 3.0~6.0mg/g 之间；II 类储层 S_2 基本小于 3.5mg/g；干层为无含油显示的 II 类储层。

2. 定量荧光评价法

消除油基钻井液荧光影响的传统方法是扣除背景值，但背景值很难确定，通过反复实验分析，认为采用谱图相似度对比法可有效确定背景值。具体做法如下：

（1）实验确定原油和油基钻井液谱图的差异。

实验表明原油的最高峰波长为 350~360nm，而油基钻井液最高峰波长为 310nm 左右，随着油基钻井液含油质量浓度的增加，波长为310nm左右的峰在逐渐增高。

（2）建立原油和油基钻井液混合谱图模型。

由于数据量大，人工配比无法实现，采用计算机进行谱图拟合。首先，提取正钻井的油基钻井液谱图与同区块同层位已分析井的原油样品的分析谱图，将其作为原始谱图；然后利用软件在保持原油谱图不变的条件下将钻井液谱图分别按不同比例缩放，并叠加到原油谱图上，形成多个混合谱图，从而模拟建立同一地区同一层位油基钻井液与原油的混合谱图模型。

（3）利用谱图相似度确定背景值。

将待分析未知样品谱图与混合谱图库中的谱图进行相似度比对，找到相似度最高的混合谱图，将该混合谱图中的钻井液谱图作为背景值扣除，就可获得原油谱图。

定量荧光通常以含油质量浓度作为判断含油性的指标。通过对10口井253层定量荧光数据统计，建立的定量荧光含油质量浓度与储层类型含油性评价标准为：I-1类储层定量荧光含油浓度大于600mg/L；I-2类储层定量荧光含油浓度介于450~600mg/L；II类储层定量荧光含油浓度小于450mg/L；干层为无含油显示的II类储层。

3. 气测录井法

气测资料对于不同储层、不同物性、不同流体类型，呈现出不同的曲线形态、不同的显示特征，这些特征构成了气测资料区分油气水层的重要依据。

但是在水平井钻井施工中，常常加入经过乳化处理的原油、磺化沥青等有机质润滑剂堵漏剂，对气测录井必然有一定的影响。通过实践发现，C_1值受到的影响较小，所以对于水平井，使用C_1值来判断油气显示效果较好。由于水平井井眼轨迹进入油层后，气测值的基线在油层段会出现整体升高，这时在水平段内气测值的基值仍然是储层含油性的反映，因此气测峰基比的参考价值变小，C_1平均值反映了不同层整体的含油丰度的差异。水平井气测评价参数如下：C_1基值、峰值；C_1曲线峰形；对应气测井段C_1平均值。

二、致密储层饱和度模型

储层电性是岩性、物性、孔隙结构、含油性和地层水电阻率等因素的综合反映，由于致密油气的储集空间很小，油气对电阻率值的贡献小，因此致密油气电阻率的高低不能简单地归结于含油性所致，计算致密油饱和度时应剔除非油气部分电阻率影响，突出油气作用。

扶余油层I类储层细砂岩可动流体达65%（X井，F油层，2123.23m，细砂岩，孔隙度为13.6%，渗透率为0.46mD），主要分布在孔喉半径14~7132nm孔隙内，主峰为383nm；I类储层相对较低孔隙度、渗透率粉砂岩（X井，F油层，2123.07m，粉砂岩，孔隙度为13.9%，渗透率为0.28mD）可动流体达51%，主要分布在孔喉半径20~5431nm孔隙内，主峰为150nm。扶余油层可动流体饱和度与平均孔喉半径呈正相关。I类油层可动流体饱和度明显高于II类油层，可动流体存在的孔隙半径也明显大于II类；II类油层束缚水与可动水存在的孔隙大小也有明显差异，而I类油层束缚水与可动水存在的孔隙差别较小（图7-21）。

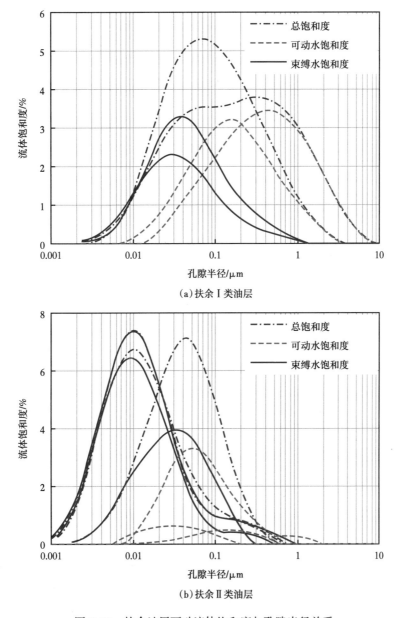

（a）扶余 I 类油层

（b）扶余 II 类油层

图 7-21　扶余油层可动流体饱和度与孔隙半径关系

1. 致密油饱和度模型

大庆长垣南扶余油层致密储层岩性较纯，泥质、钙质含量相对较低，其导电规律主要受复杂孔隙结构的影响。因此，针对该油层用岩电实验资料建立了含水饱和度解释模型，确定了变孔隙胶结指数 m 值，并应用密闭取心井资料进行了验证，取得了较好的应用效果，为储层分类奠定了基础。

储层原始含水饱和度的建立是以阿尔奇公式为基础，表达式如下：

$$S_w = n \sqrt{\frac{abR_w}{R_t \phi^m}} \quad\quad (7-5)$$

$$S_o = 1 - S_w \quad\quad (7-6)$$

式中　S_w——原始含水饱和度，%；

　　　S_o——原始含油饱和度，%；

　　　ϕ——孔隙度，%；

　　　R_w——地层水电阻率，$\Omega \cdot m$；

　　　R_t——原始地层电阻率，$\Omega \cdot m$；

　　　a，b——岩性系数；

　　　m——胶结指数；

　　　n——饱和度指数。

研究区应用葡 53 井、葡 68-61 井和葡 94-30 井 14 块岩电实验资料进行参数求取，得到该区扶余油层阿尔奇公式中 m、n、a、b 的值，其中 m 主要反应储层的孔隙结构：$a=1.14$，$m=0.51\phi+1.4988$；$b=1$；$n=0.91$。

应用式（7-5）和式（7-6）解释研究区的葡 333 密闭取心井，单层测井计算与岩心分析的原始含油饱和度平均绝对误差为 2.8%，平均相对误差为 7.0%（表 7-3），满足储量规范误差要求，可以作为大庆长垣南扶余油层测井计算储层原始含油饱和度的经验公式，处理结果如图 7-22 所示。

表 7-3　大庆长垣南扶余油层原始含油饱和度精度对比表

序号	井号	顶深 / m	测井解释 原始含油饱和度 / %	岩心分析 原始含油饱和度 / %	误差 /%	
					绝对误差	相对误差
1	葡 333	1539.4	51.1	54.4	3.3	6.0
2		1541.5	62.5	63.5	1.0	1.6
3		1550.9	52.8	58.1	5.3	9.1
4		1569.3	37.8	45.3	7.5	16.5
5		1570.4	50.3	53.9	3.6	6.7
6		1684.4	34.7	35.2	0.5	1.4
7		1696.5	4.1	5.0	0.9	17.8
8		1739.3	36.1	35.8	0.3	0.8
9		1740.3	50.5	52.3	1.8	3.4
10		1740.9	58.3	54.4	3.9	7.2

注：原始含油饱和度平均绝对误差为 2.8%；原始含油饱和度平均相对误差为 7.0%。

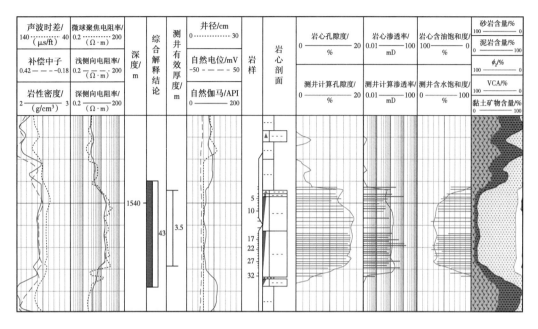

图 7-22　葡 333 井处理的含水饱和度对比图

2. 油水层识别

扶余油层在纵向上分为泉四段和泉三段，储层电性上有所差别。因此，优选反映流体性质的深侧向电阻率和自然电位曲线及反映储层物性的声波时差曲线，分层位建立泉四段和泉三段油水层识别图版。

1）泉四段油水层识别图版

应用泉四段 74 口井 116 层的试油和测井资料，选用自然电位和综合参数 C，即 $C=\mathrm{RLLD}\times\mathrm{DT}^2/1000$，建立了油水层识别图版。其中，油层 53 层、差油层 55 层、油水同层 6 层、水层 2 层，图版精度为 96.6%（图 7-23）。识别标准如下：

（1）油层：$C\geqslant5.0962\times\mathrm{SP}+81$ 且 $C\geqslant81$。

（2）油水同层：$5.0962\times\mathrm{SP}+58.105 < C < 5.0962\times\mathrm{SP}+81$ 且 $C\geqslant81$。

（3）水层：$C\leqslant5.0962\times\mathrm{SP}+58.105$。

其中，RLLD 为深侧向电阻率，$\Omega\cdot\mathrm{m}$；SP 为自然电位，mV；DT 为声波时差，$\mu\mathrm{s/ft}$。

2）泉三段油水层识别图版

应用泉三段 57 口井 99 层的试油和测井资料，选用自然电位和综合参数 C，建立了油水层识别图版。其中，油层 34 层、差油层 36 层、油水同层 12 层、水层 17 层，图版精度为 98%（图 7-24）。识别标准如下：

（1）油层：$C\geqslant7.1458\times\mathrm{SP}+75.283$ 且 $C\geqslant81$。

（2）油水同层：$6.8976\times\mathrm{SP}+56.858 < C < 7.1458\times\mathrm{SP}+75.283$ 且 $C\geqslant81$。

（3）水层：$C\leqslant6.8976\times\mathrm{SP}+56.858$。

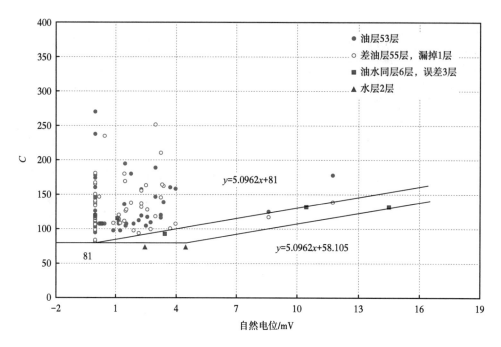

图 7-23　大庆长垣南地区泉四段油水层识别图版（图版精度 96.6%）

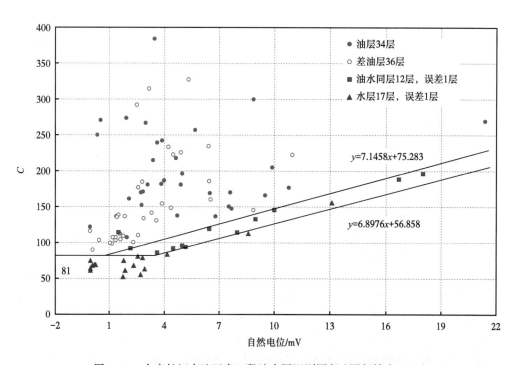

图 7-24　大庆长垣南地区泉三段油水层识别图版（图版精度 98%）

第三节　致密储层可压性评价

为达到储层改造最优化，除了明确储层岩性、物性和含油性外，还需搞清楚储层应力大小、应力方向及其各向异性等参数，即基于工程品质评价成果选择压裂层段，以充分解放致密储层的油气潜力。因此，地应力及其各向异性评价是致密油气评价的重点内容之一，也是致密油气评价重点发展的方向之一。

一、常规测井资料求取横波时差模型

为了计算杨氏模量和泊松比等弹性参数，需要精度较高的横波时差 DTS 资料。但由于研究区横波资料少，需要通过现有常规测井资料和已测少量阵列声波测井资料，找到横波与常规测井参数间的关系。

优选 11 口井眼规则井，选择与横波时差曲线对应关系较好的纵波时差、中子孔隙度和泥质含量，建立了大庆长垣南扶余油层常规曲线预测横波时差 DTS 计算模型［式（7-7）］。

$$DTS = 64.9 + 84.6CNL + 0.74DTC + 0.35V_{sh} \tag{7-7}$$

式中　DTS——横波时差，μs/ft；

　　　CNL——中子孔隙度，%；

　　　DTC——纵波时差，μs/ft；

　　　V_{sh}——泥质体积分数，%。

模型计算与阵列声波得到的横波时差对比分析，平均绝对误差为 4.4μs/ft，平均相对误差为 3.0%。

利用金 341 井、古 303 井等 6 口井对计算模型进行验证，将模型计算与阵列声波测井得到的横波时差数值对比分析，重构的横波时差曲线与阵列声波得到的横波时差曲线基本一致，其平均绝对误差为 3.8μs/ft，平均相对误差为 3.3%，可以看出采用纵波时差和泥质含量拟合的横波时差比较精确，能够基本满足生产需求（图 7-25 和图 7-26）。横波时差计算模型的建立实现了缺少横波测井的情况下估算岩石力学参数，为脆性指数和地应力参数计算奠定基础。

二、岩石力学参数求取

1. 岩石的弹性参数

岩石力学参数一般指岩石的弹性参数和强度参数，是制订钻井、完井、油气开发方案和施工措施的重要依据。利用测井资料计算地应力中需要引入的岩石力学参数（如泊松比、弹性模量等）。岩石力学参数的变化对地应力的传递、衰减、集中、分散都会产生很大的影响，在进行地应力计算时必须考虑岩石力学性质的影响。

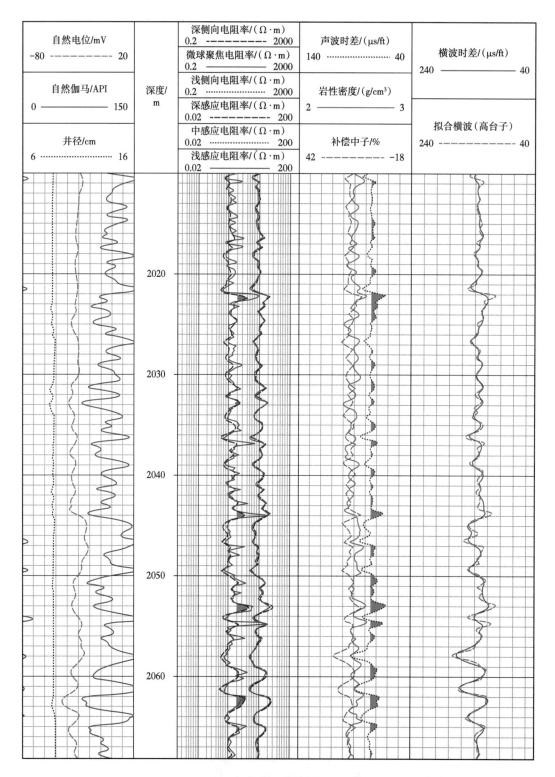

图 7-25　金 341 井模型计算与实测横波时差对比图

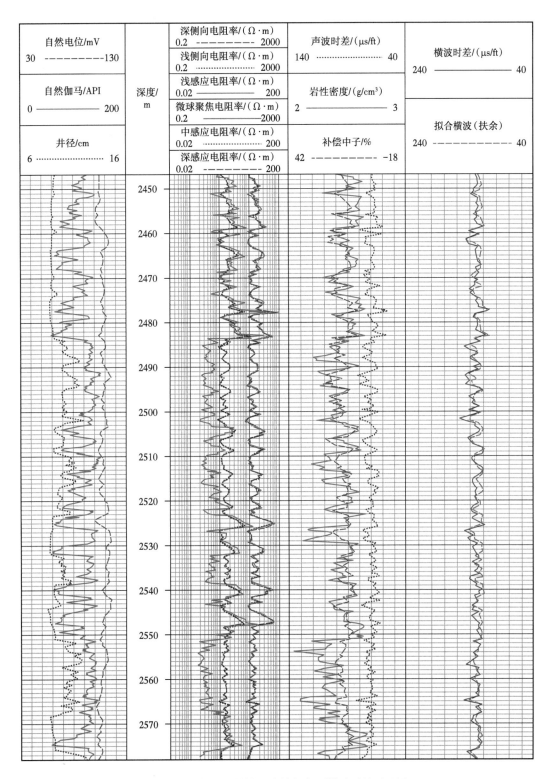

自然电位/mV 30 ---------130			深侧向电阻率/(Ω·m) 0.2 --------- 2000	声波时差/(μs/ft) 140 ·········· 40	横波时差/(μs/ft) 240 ———— 40
	深度/ m		浅侧向电阻率/(Ω·m) 0.2 ·········· 2000		
自然伽马/API 0 ———— 200			浅感应电阻率/(Ω·m) 0.02 ········· 200	岩性密度/(g/cm³) 2 ———— 3	
			微球聚焦电阻率/(Ω·m) 0.2 ·········2000		拟合横波（扶余） 240 ---------- 40
井径/cm 6 ·········· 16			中感应电阻率/(Ω·m) 0.02 ········· 200	补偿中子/% 42 --------- -18	
			深感应电阻率/(Ω·m) 0.02 --------- 200		

图 7-26　古 303 井模型计算与实测横波时差对比图

197

利用测井资料计算岩石力学参数，其计算模型如下：

$$E_s = \frac{\rho_b}{\Delta t_s^2} \times \left(\frac{3\Delta t_s^2 - 4\Delta t_p^2}{\Delta t_s^2 - \Delta t_p^2} \right) \tag{7-8}$$

$$\mu_s = \frac{0.5 \left(\Delta t_s / \Delta t_p \right)^2 - 1}{\left(\Delta t_s / \Delta t_p \right)^2 - 1} \tag{7-9}$$

式中 E_s——杨氏模量，GPa；

       ρ_b——地层体积密度，g/cm³；

       Δt_s——横波时差，μs/ft；

       Δt_p——纵波时差，μs/ft；

       μ_s——泊松比。

实验室在模拟地层条件下测量了 6 口井 19 块岩心的杨氏模量与泊松比，并与模型计算的杨氏模量、泊松比对比。杨氏模量平均绝对误差为 1.57GPa，平均相对误差为 4.97%；泊松比平均绝对误差为 0.012，平均相对误差为 4.96%，满足储层评价需要（图 7-27）。

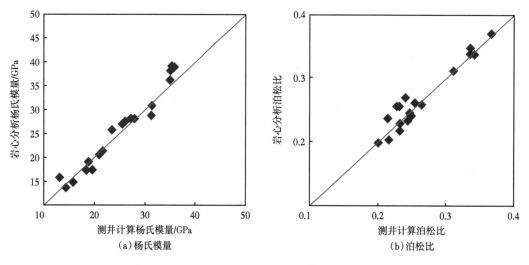

图 7-27   模型计算与岩心分析杨氏模量和泊松比对比图

利用测井资料计算岩石弹性参数是动态的，反映的是地层在瞬间加载时的力学性质，与真实地层所受的长时间静载荷是有差别的，在实际应用中地应力计算模型用的是静态弹性参数，需要对测井计算弹性参数进行动静态转换，通过岩石力学实验可以把动态弹性参数转换成静态弹性参数。为此，应用金 281 井、齐平 1 井、敖 9-7 井等 8 口井 61 块样品三轴抗压试验，分别建立了齐家高台子油层和长垣南扶余油层杨氏模量和泊松比两个弹性参数动静态转换模型 6 个（图 7-28），模型计算与实验静态杨氏模量、泊松比相比平均相对误差分别为 9.0%、7.9%。动静态转换模型的建立为地应力参数计算打下基础。

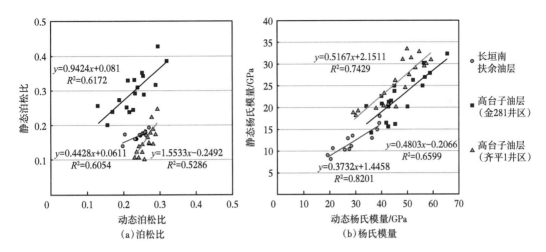

图 7-28　齐家高台子油层和长垣南扶余油层泊松比与杨氏模量动静态关系图

金 281 井区高台子油层：

$$\mu_s = 0.9424\mu_d + 0.081 \qquad R^2 = 0.6172 \qquad (7-10)$$

$$E_s = 0.4803E_d - 0.2066 \qquad R^2 = 0.6599 \qquad (7-11)$$

齐平 1 井区高台子油层：

$$\mu_s = 1.5533\mu_d - 0.2492 \qquad R^2 = 0.5286 \qquad (7-12)$$

$$E_s = 0.5167E_d + 2.1511 \qquad R^2 = 0.7429 \qquad (7-13)$$

大庆长垣南扶余油层：

$$\mu_s = 0.4428\mu_d + 0.0611 \qquad R^2 = 0.6054 \qquad (7-14)$$

$$E_s = 0.3732E_d + 1.4458 \qquad R^2 = 0.8201 \qquad (7-15)$$

式中　μ_s——静态泊松比；

　　　μ_d——动态泊松比；

　　　E_s——静态弹性模量，GPa；

　　　E_d——动态弹性模量，GPa。

2. 脆性指数计算

岩石脆性指数是评价地层岩石脆性好坏的参数，通过脆性指数可以反映地层岩石的可压性，从而指导压裂施工，脆性指数也是制订钻井、完井和油气开发方案的重要依据。以下总结了常用的脆性指数的表征方法，即矿物组分法、弹性参数法和实验室法。

1）矿物组分法计算岩石脆性指数

该方法的计算公式如下：

$$BI = \frac{V_q}{V_q + V_{ca} + V_{cl}} \times 100\% \qquad (7-16)$$

式中　BI——脆性指数；

V_q，V_{ca}，V_{cl}——储层中的石英、方解石和黏土矿物的含量。

从式（7-16）可以看出，石英含量越高，岩石的脆性指数越大。一般来说，地层脆性矿物含量越多、泊松比越小、杨氏模量越大，则脆性越强。

2）弹性参数法计算岩石脆性指数

岩石弹性力学参数可以反映岩石的可压性，因此利用声波测井资料可以建立脆性指数计算方法。泊松比是侧表面为自由弹性杆，横向相对压缩与纵向相对伸长之比。杨氏模量是当弹性杆在与轴线垂直的截面上受到均匀分布的应力作用时，所加之力与相对伸长之比。以上两个参数能够在一定程度上描述岩石的可压性，泊松比和杨氏模量是两个不同量纲的参数，泊松比在 0.1~0.45 之间，而杨氏模量在 5~70GPa 之间，因此首先要将两者进行归一化处理统一量纲。

$$\mu_{Brit} = (\mu - \mu_{max}) / (\mu_{min} - \mu_{max}) \qquad (7-17)$$

$$E_{Brit} = (E - E_{min}) / (E_{max} - E_{min}) \qquad (7-18)$$

$$BI = \frac{\mu_{Brit} + E_{Brit}}{2} \qquad (7-19)$$

式中　μ_{Brit}——利用泊松比计算的岩石脆性指数；

μ——当前点泊松比；

μ_{max}——处理层段最大泊松比；

μ_{min}——处理层段最小泊松比；

E_{Brit}——利用杨氏模量计算的岩石脆性指数；

E——当前点杨氏模量，GPa；

E_{max}——处理层段最大杨氏模量，GPa；

E_{min}——处理层段最小杨氏模量，GPa；

BI——岩石脆性指数的综合评价结果。

为了井与井之间具有对比性，μ_{max}、μ_{min}、E_{max}、E_{min} 在区域上有统一的经验值，齐家高台子油层分别为 0.32、0.20、67.0GPa、5.0GPa，长垣南扶余油层分别为 0.35、0.10、45.0GPa、10.0GPa。

3）实验室法求取脆性指数

单轴和三轴试验是获取岩石参数、研究岩石性质和建立岩石力学模型的基本手段，岩石压缩时的应力—应变曲线也是定性评价岩石脆性程度大小的最直观、最有效的方法。通过试验过程中记录的加载至破坏全过程的应力—应变曲线（图 7-29），可以定量获得不同岩石相同应力状态下的脆性特征，还可以获得岩石在不同应力状态下脆性特征，以峰值强度和残余强度建立的脆性指标，考虑了峰后应力降的大小，认为应力降大者脆性强。

$$BI = \frac{\tau_p - \tau_r}{\tau_p} \times 100\% \qquad (7-20)$$

式中　BI——脆性指数；

　　　τ_p——岩石破坏强度，MPa；

　　　τ_r——残余强度，MPa。

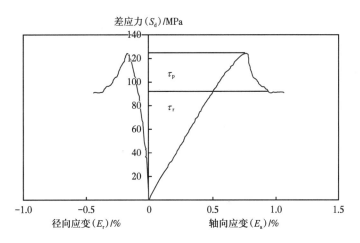

图 7-29　岩石破坏过程应力—应变曲线图

4）脆性指数计算方法评估

应用 9 块岩心做全岩分析和三轴试验，将弹性参数法、矿物组分法与实验室法计算的脆性指数进行对比，优选出适合致密油储层的脆性指数计算方法。

将弹性参数法与实验室法计算的脆性指数进行对比（图 7-30），弹性参数法计算的脆性指数与实验室计算方法吻合较好，说明该区域杨氏模量和泊松比最大经验值、最小经验值是合理的。

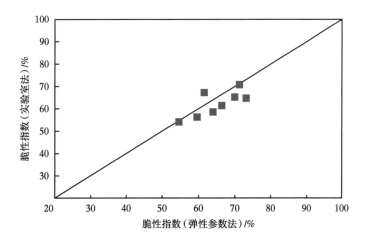

图 7-30　弹性参数法与实验室法脆性指数对比图

　　将实验室法与矿物组分法计算脆性指数对比分析看出（图 7-31 和图 7-32），钙质（指方解石和白云石）作为脆性矿物计算的脆性指数与实验室法计算的脆性指数更接近，因此矿物组分法中方解石应该放在分子上。但矿物组分法计算的脆性指数较实验室法偏大，分析原因为孔隙度的影响。因此，对矿物组分法进行校正，其改进的计算公式为

$$BI = \frac{V_q}{V_q + V_{ca} + V_{cl}} \times (100 - m \times \phi) \times 100\% \qquad (7-21)$$

式中　ϕ——孔隙度，%；

　　　m——校正系数，利用 9 块岩心的全岩分析与实验室法计算的脆性指数资料进行优化
　　　　　处理，其 m 值为 3.7。

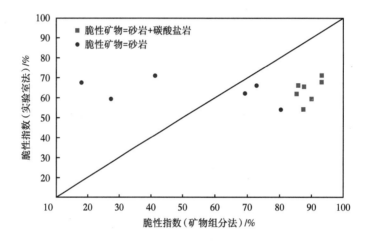

图 7-31　矿物组分法与实验室法脆性指数对比图（未做孔隙度校正）

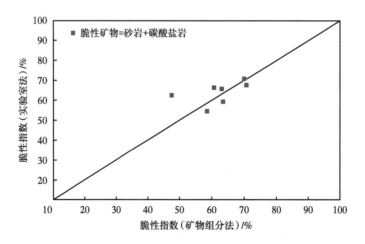

图 7-32　矿物组分法与实验室法脆性指数对比图（孔隙度校正）

　　将改进的矿物组分法与实验室法计算的脆性指数进行对比（图 7-33），这两种方法计算的脆性指数相近，其平均绝对误差为 4.99%，平均相对误差为 8.01%。

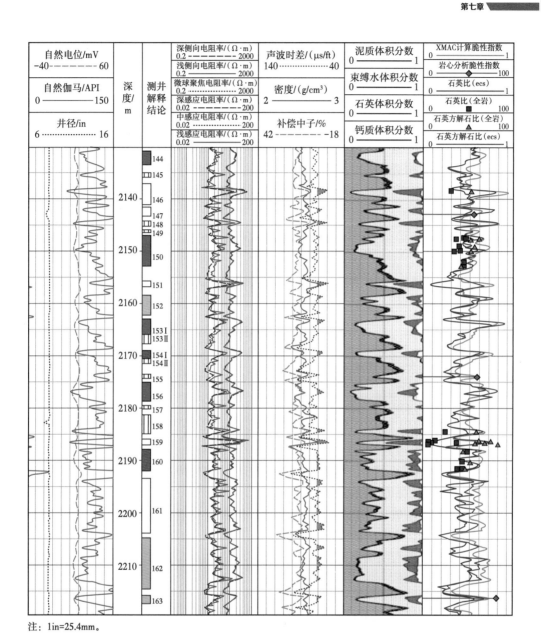

注：1in=25.4mm。

图 7-33　金 281 井三种方法计算的脆性指数与实验室法分析对比图

3. 地应力及破裂压力计算

地应力特征研究可为油田的整体高效开发与优化压裂设计提供基础，地应力方向为开发压裂井网布局及井网调整提供了依据，使油水井避开最大水平主应力方向和裂缝走向，以避免发生暴性水淹；另外，地应力在斜度井、水平井设计，地层出砂预测方面也有广泛的应用，因此开展地应力研究是非常必要的。

1）地应力大小

地应力包括垂直地应力 σ_v 和最大水平地应力 σ_H、最小水平地应力 σ_h 三种。σ_v 可通过上覆地层的全井眼密度测井值及其对深度的积分并考虑上覆地层的孔隙压力而确定。地应力评价主要指水平地应力（σ_h 和 σ_H）评价。实验室通过差应变法测量地应力的大小。目前，常用的地应力模型有多孔弹性模型、Newberry 模型、黄氏模型。为此，在实验室测量了 8 口井 19 块岩心，对上述 3 个模型进行评估。实验表明，适合齐家、大庆长垣致密油储层的地应力模型为黄氏模型。

黄氏模型认为地下岩层的地应力主要来源于上覆岩层压力，另一部分来源于地质构造应力。该模型考虑了构造应力的影响，但没有考虑地层刚性对水平地应力的影响，对地层各向异性考虑不充分，比较适合构造平缓的地区。其模型如下：

$$\left.\begin{array}{l} \sigma_h = \left(\dfrac{\mu_s}{1-\mu_s} + A\right)(\sigma_v - \alpha\sigma_p) + \alpha\sigma_p \\[3mm] \sigma_H = \left(\dfrac{\mu_s}{1-\mu_s} + B\right)(\sigma_v - \alpha\sigma_p) + \alpha\sigma_p \end{array}\right\} \qquad (7\text{-}22)$$

$$p_f = 3\sigma_h - \sigma_H - \alpha\sigma_p + S_t$$

式中　σ_H，σ_h——最大、最小水平地应力，MPa；

　　　μ_s——静态泊松比；

　　　σ_v——上覆岩层压力，MPa；

　　　σ_p——孔隙压力，MPa；

　　　α——地层孔隙压力贡献系数；

　　　A，B——构造应力系数；

　　　S_t——岩石抗拉强度，MPa。

其中，构造应力系数 A、B 是应用齐平 1 井、英 X58 井等 6 口井共 15 组岩心地应力实验结果进行反算求出，高台子油层 $A=0.971$、$B=0.709$，扶余油层 $A=0.515$、$B=0.311$。

岩石抗拉强度是通过实验室测量结果，结合常规测井曲线，建立模型求取：

$$S_t = 0.1793 S_c - 6.3297 \qquad (7\text{-}23)$$

$$S_c = -254.972 - 0.20673 V_{sh} - 2.13429 YMOD + 154.2175 ZDEN \qquad (7\text{-}24)$$

式中　S_c——岩石抗压强度，MPa；

　　　V_{sh}——泥质含量；

　　　YMOD——杨氏模量；

　　　ZDEN——密度。

利用 15 块岩心计算了上述 3 种模型的最小、最大水平地应力，然后与实验室测试结果进行对比（表 7-4、图 7-34 和图 7-35），由此可见黄氏模型计算的地应力值与实验室测试的结果最接近，说明此种方法是切实可行的，可以在齐家、长垣南致密油储层进行应用。

表 7-4　3 种模型计算的最小、最大水平地应力与实验室测试结果对比表

岩心号	井名	井深/m	σ_v/MPa	σ_H/MPa	σ_h/MPa	最小水平地应力 /MPa						最大水平地应力 /MPa	
						黄氏模型	黄氏模型误差	多孔弹性模型	多孔弹性模型误差	Newberry模型	Newberry模型误差	黄氏模型	黄氏模型误差
A	英 X58	2059.00	50.76	42.02	34.03	35.09	1.06	36.27	2.24	26.94	6.94	43.33	1.31
B	英 X58	2057.00	52.11	42.55	34.21	34.58	0.37	33.03	1.18	26.58	6.58	43.06	0.51
D	英 X58	2060.00	51.95	42.22	34.35	33.41	0.74	33.13	1.02	24.80	4.80	40.60	1.62
5	英 X58	2002.55	49.63	41.07	32.89	32.69	1.66	32.24	2.11	25.28	5.28	45.53	4.46
151	英 X58	2126.64	53.21	48.22	39.32	36.55	3.66	36.82	3.93	28.79	8.79	44.50	3.72
C	齐平 1-14	1924.00	48.22	40.04	34.15	37.50	1.82	35.95	3.37	27.85	7.85	40.30	0.26
A	葡 333	1702.50	42.15	34.43	29.08	28.63	0.44	21.53	7.54	20.40	20.40	33.66	0.76
B	葡 333	1557.15	38.36	30.94	25.67	26.75	1.08	24.07	1.60	19.22	0.78	31.35	0.41
C	葡 333	1560.35	37.72	30.00	25.25	26.33	1.08	24.19	1.06	18.46	1.54	30.65	0.65
D	葡 33	1693.20	40.93	34.19	27.84	28.80	0.96	26.39	1.45	20.85	0.85	34.02	0.17
E	葡 33	1692.17	40.45	32.60	26.95	29.12	2.17	25.44	1.51	20.95	0.95	34.13	1.53
F	葡 311	1635.80	39.84	34.93	28.14	28.07	0.07	24.78	3.37	20.10	0.10	32.85	2.08
G	葡 311	1655.65	41.56	34.56	27.10	28.73	1.63	25.19	1.91	20.43	0.43	33.36	1.20
H	葡 312	1691.64	41.10	33.20	27.88	28.86	0.98	24.92	2.96	21.12	8.88	34.26	1.06
I	葡 312	1688.47	41.54	34.10	28.20	28.74	0.54	25.57	2.63	21.03	1.03	34.14	0.04
平均误差							1.22		2.53		5.01		1.32

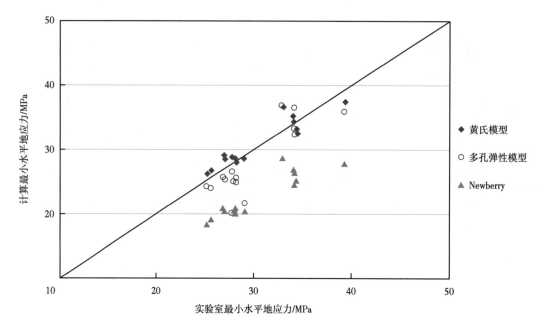

图 7-34　计算最小水平地应力与实验室结果对比

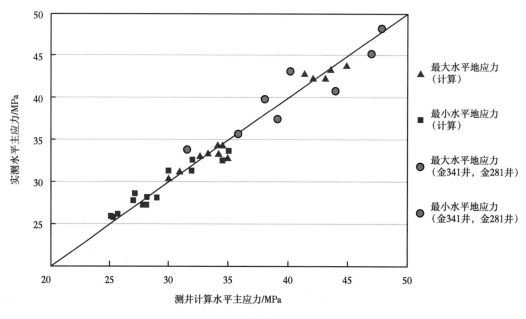

图 7-35　计算与实测水平主应力对比图

对金 341 井、金 281 井 4 块岩心进行地应力测试,将结果与黄氏模型计算的地应力进行对比(图 7-36),最大水平主应力平均绝对误差为 2.07MPa,最小水平主应力平均绝对误差为 1.51MPa。

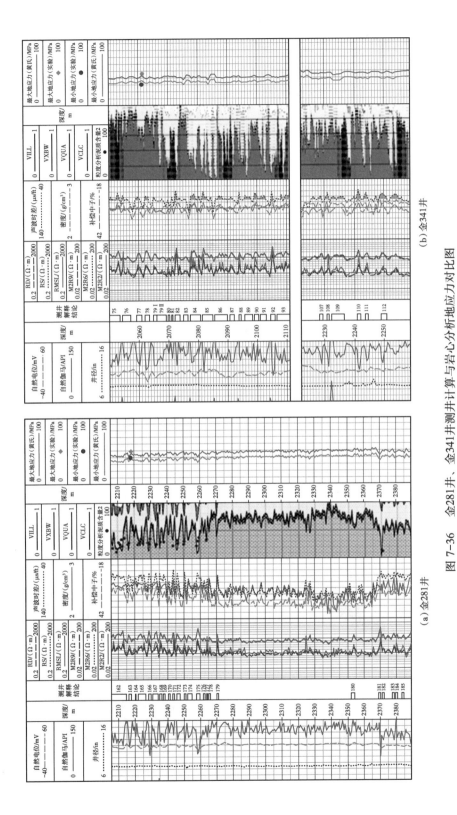

图 7-36　金281井、金341井测井计算与岩心分析地应力对比图

（a）金281井　　（b）金341井

目前计算破裂压力的模型比较多，主要有黄氏模型、Newberry 模型、Eaton 模型、Biot模型。将6口井24层模型计算的破裂压力与试油压裂的破裂压力进行对比（图7-37），可见黄氏模型与试油结论吻合较好，其平均绝对误差为3.43MPa，平均相对误差为9.49%。因此，利用黄氏模型计算破裂压力满足生产需要。

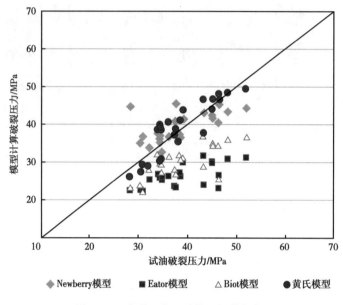

图 7-37　破裂压力四种模型评估与优选

将25口井233层试油压裂资料的破裂压力与黄氏模型计算的破裂压力进行对比。图 7-38（a）显示了有 XAMC 资料的井黄氏模型计算破裂压力与试油压裂破裂压力的对比情况，其平均绝对误差为3.0MPa，平均相对误差为6.6%，精度可以满足储层评价需要。

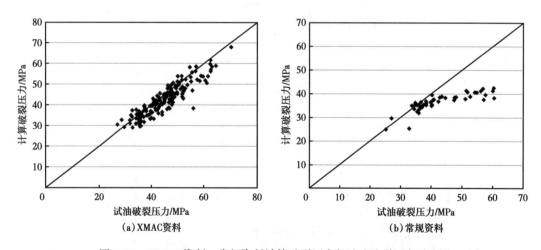

图 7-38　XMAC 资料、常规资料计算破裂压力与试油破裂压力对比图

图 7-38（b）显示了应用常规资料黄氏模型计算破裂压力与试油压裂破裂压力的对比情况，其平均绝对误差为 6.2MPa，平均相对误差为 12.7%。误差较大，因此将计算模型进行校正，校正公式如下：

$$FPX=6.9549e^{0.049FP} \tag{7-25}$$

式中　FPX——校正后的破裂压力，MPa；

　　　FP——黄氏模型计算破裂压力，MPa。

校正后的破裂压力与试油破裂压力对比（图 7-39），平均绝对误差为 3.57MPa，平均相对误差为 8.24%。利用 10 口井 62 层的试油破裂压力与校正后破裂压力进行对比验证（图 7-40），平均绝对误差为 3.49MPa，平均相对误差为 9.83%，精度可以满足储层评价需要。

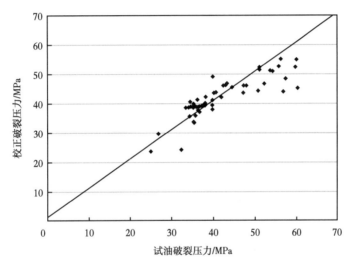

图 7-39　校正后与试油破裂压力对比

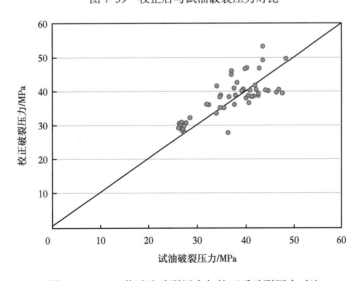

图 7-40　10 口井试油破裂压力与校正后破裂压力对比

2）地应力方向

在水平井轨迹优选和压裂方案设计中，地应力方位及其各向异性是非常重要的参数，在压裂或者天然裂缝地层中更是如此。在这种情况下，地应力方向决定地层渗透率的方向性，从而直接影响储层的开采。目前由测井资料确定水平地应力方位的方法主要有三种：

（1）偶极声波测井提供的快慢横波方向。

利用交叉偶极子测井确定地应力的依据是井周的地应力会造成横波的各向异性效应。横波在声学各向异性地层中传播可产生横波分裂现象，即分裂成沿刚性方向传播的快波和沿柔性方向传播的慢波，从阵列声波测井交叉偶极模式下的测量资料通过波场多分量旋转技术可提取快慢波信息，而快横波传播方向与最大水平主应力方向一致。

（2）FMI 电阻率成像测井。

电成像测井是分析地应力方位极其重要的资料之一，地层被钻开后，井壁附近地应力场发生变化，会产生应力释放缝、井眼崩落及钻井诱导缝等。根据这些变化及在成像测井图像上形成的响应特征，可确定出水平地应力方位。从电成像测井图像上可以拾取井壁压裂缝方位确定最大水平主应力方向，由应力释放缝方位确定出最小水平地应力方向。

（3）双井径椭圆井眼崩落法。

在非均匀地应力场中钻直井，当钻井液压力过低时，井壁将总是沿着最小水平主应力方向坍塌，形成椭圆井眼，其垂直方向为最大水平地应力方向。

第四节　致密油层分类评价标准

依据致密油储层岩性、物性、含油性、脆性参数，建立了松辽盆地北部扶余油层致密油综合评价标准（表 7-5 和表 7-6），将致密油储层划分为 I-1 类、I-2 类、Ⅱ类和干层；其中干层为无含油显示的Ⅱ类层。

表 7-5　扶余油层致密油储层评价标准（油基）

类型	孔隙度 / %	主要岩性	含油级别	X 射线衍射		岩石热解 S_2 / （mg/g）	定量荧光含油浓度 / （mg/L）	脆性指数
				长石含量 / %	黏土矿物含量 /%			
I-1	> 10	粉砂岩	油浸、油斑	> 38	< 15	> 5.0	> 600	> 46.5
I-2	8~10	粉砂岩、泥质粉砂岩	油斑、油浸	30~38	12~20	3.0~6.0	450~700	
Ⅱ	5~8	泥质、含钙粉砂岩	油斑、油迹	< 38	> 20	< 3.5	< 550	39~46.5
干层	< 5	泥质、含钙粉砂岩	无					

表 7-6　扶余油层致密油储层评价标准（水基）

类型	孔隙度 / %	主要岩性	含油级别	X 射线衍射		岩石热解 S_T/ （mg/g）	定量荧光 含油浓度 / （mg/L）	脆性 指数
				长石含量 / %	黏土矿物 含量 /%			
I-1	＞ 10	粉砂岩	油浸、油斑	＞ 38	＜ 15	＞ 12.0	＞ 500	＞ 46.5
I-2	8~10	粉砂岩、泥 质粉砂岩	油斑、油浸	30~38	12~20	8.0~13.0	400~650	
II	5~8	泥质、含钙 粉砂岩	油斑、油迹	＜ 38	＞ 20	＜ 8.5	＜ 450	39~46.5
干层	＜ 5	泥质、含钙 粉砂岩	无					

第八章 致密油资源潜力与"甜点"评价

松辽盆地北部扶余油层单层砂体厚度薄，规模小、横向变化快，垂向集中程度一般、错叠连片分布。基于这一特点，建立了细分油层组、砂层组资源评价方法，应用小面元容积法较准确地计算了扶余油层致密油资源量。创新形成了地震资料黏弹偏处理、Z反演、T_2屏蔽下精细砂体预测等关键技术，井震结合构建了不同类型河道砂体识别方法，对细分砂层组单体"甜点"，分层叠合"甜点"和"甜点"区进行了预测。明确了大庆长垣中南部、三肇凹陷宋方屯—肇州地区隆起、龙虎泡阶地是致密油近期重大主攻区带，齐家—古龙凹陷扶余油层是突破方向。

第一节 致密油资源潜力评价

一、致密油资源评价方法

1. 资源评价方法选择

非常规油气资源呈大范围连续分布，与常规油气资源评价方法完全不同。美国地质调查局（USGS）提出的"连续型"油气资源评价的FORSPAN模型（Clarkson et al., 2011），强调"连续型"油气聚集由一系列油气充注单元组成，油气藏的油气充注单元生产数据是预测资源潜力可增储量的基础，可以利用生产数据获取关于油气地质储量和"采收率"的信息，为预测可增储量提供了一项评价策略。

FORSPAN模型的基本原理如下：把一个"连续型"油气藏分成若干评价单元，预测其中未被钻井证实但有潜在可增储量的单元数量，以及最终可采的油气量，通过一系列计算最终得到整个"连续型"油气藏的预测储量。这种评价方法认为，连续油气聚集是由油气充注单元组成的集合体。每一个单元都有一定的产气量，但是不同单元的生产开发指数（包括经济效益）差别很大。一般在评价前，部分"甜点"的分布情况已经很明确，"甜点"区的生产数据比较齐全，而有潜在可增储量的未测单元常常分布在"甜点"附近。

目前，我国非常规油气勘探开发还处于起步阶段，对这些非常规油气资源评价方法的研究、规范和标准的制定还处于初级阶段。结合全国第四次油气资源评价，根据不同勘探程度初步建立几种非常规油气资源评价方法：体积法或容积法、分类资源丰度类比法、EUR类比法、小面元容积法、资源空间分布预测法和成藏数据模拟法等（郭秋麟等，2011）。在较低勘探程度区只能采用体积法或容积法；在中低勘探程度区可优先采用分类资源丰度类比法、EUR 类比法和小面元容积法；在部分较高勘探程度区可采用资源空间分布预测法和成藏数据模拟法（王社教等，2014）。松辽盆地北部扶余油层致密油勘探面积 $1.2×10^4$ km^2，探井 2070 口，单井控制含油面积 0.9~9.6km^2，根据勘探程度和资料录取情况，致密油资源评价主要采用小面元容积法。

2. 小面元容积法

该方法的基本思路是将评价区划分为若干网格单元（或面元），考虑每个网格单元致密储层有效厚度、有效孔隙度和含油饱和度等参数的变化，逐一计算出每个网格单元资源量。

首先划分评价区网格，确定小面元面积。一般采用矩形网格划分评价区，也可以根据评价区致密储层物性参数来确定网格类型。如果资料来源于录测井成果，可采用 PEBI 网格，如果资料来源于综合分析成果，可采用三角网格或其他变面积网格。本书研究采用了PEBI 网格。

其次求取小面元有效孔隙度、有效厚度、含油饱和度等参数，一般根据实际分析数据或测井解释数据确定。当小面元内有数据点时，取数据点各项参数的平均值；当小面元内没有数据点时，可使用网格插值工具求取关键参数。

评价区致密油地质资源量的计算，采用式（8-1）：

$$Q_{ip} = \sum_{i=1}^{j} \left[100 × A_{oi} × H_{oi} × \phi_i × (1 - S_{wi}) × \rho_{oi} / B_{oi} \right] \qquad （8-1）$$

式中　　Q_{ip}——评价区致密油地质资源量，10^4t；

　　　　A_{oi}——小面元含油面积，km^2；

　　　　H_{oi}——小面元有效厚度，m；

　　　　ϕ_i——小面元有效孔隙度，%；

　　　　S_{wi}——小面元含水饱和度，%；

　　　　ρ_{oi}——地面原油密度，t/m^3；

　　　　B_{oi}——原油体积系数；

　　　　j——评价区划分的小面元（网格）个数。

二、致密油资源分级估算

1. 评价单元划分

评价单元是资源评价的基本单元。由于松辽盆地北部扶余油层致密油是与常规油共生，为了更准确地评价致密油资源，综合考虑有效烃源岩分布、致密储层物性及油水关系等因素，确定扶余油层致密油主要分布于中央坳陷区，分布面积约 $1.2×10^4$ km^2。评价区带划分主要参考二级构造单元分布，整体划分为龙虎泡阶地、齐家—古龙凹陷、大庆长垣、三肇凹陷、朝阳沟阶地—长春岭背斜带及王府凹陷 6 个评价单元。

致密油资源非均质性强，横向变化快。为了准确评价致密油资源，根据评价区带石油地质特征的差异，结合储层物性、含油性相关性分析，建立了致密储层物性分类标准。当储层含油性为油浸时，孔隙度普遍大于 8%，渗透率大于 0.1mD；当储层含油性为油斑时，孔隙度普遍大于 7%，渗透率大于 0.06mD；当储层含油性为油迹时，孔隙度普遍大于 5%，渗透率大于 0.03mD。也就是说，随着储层物性变好，含油级别呈现递增的趋势。因此，结合前人对致密储层的分类（蒙启安等，2014），对致密油资源进行分级，以孔隙度 8% 为界，将每个评价单元划分成 I 类资源区（$\phi \geqslant 8\%$）、II 类资源区（$\phi < 8\%$），同时扣除掉常规油区。

2. 计算参数选取

扶余致密油藏的单井产量与储层物性、含油性、岩性相关性分析表明：在常规压裂方式下，物性下限为有效孔隙度为 8%、空气渗透率为 0.1mD，含油性和岩性下限为油浸粉砂岩；在采用水平井 + 大规模体积压裂技术的情况下，储层物性、含油性下限大大降低，物性下限为有效孔隙度为 5%、空气渗透率为 0.03mD，含油性和岩性下限为油斑粉砂岩。

通过对扶余油层近 2000 口井进行储层参数研究，划分单井油层厚度（图 8-1），落实储层有效孔隙度（图 8-2），重新认识扶余油层展布和储层物性分布情况，油层厚度相对较大，一般为 2~15m，平均为 3.6m；储层物性较差，有效孔隙度一般为 8%~12%。由于岩心测试的饱和度资料相对较少，储层含油饱和度主要参照储量区内的饱和度来确定，长垣地区含油饱和度取值 54%~60%，长垣以东地区取值 41%~60%，长垣以西地区取值 50%~60%。基本落实扶余油层致密油资源丰度一般为（15~80）×10^4t/km²，丰度小于 15×10^4t/km² 资源主要分布在齐家—古龙凹陷和三肇凹陷的徐家围子向斜区（图 8-3）。

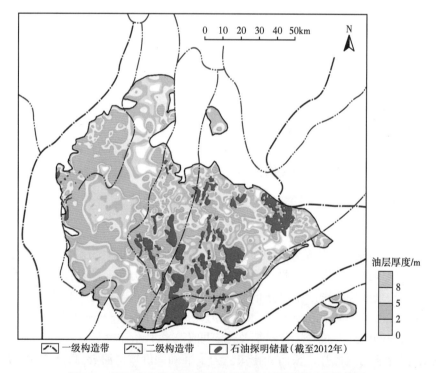

图 8-1　松辽盆地北部扶余油层致密油油层厚度平面等值图

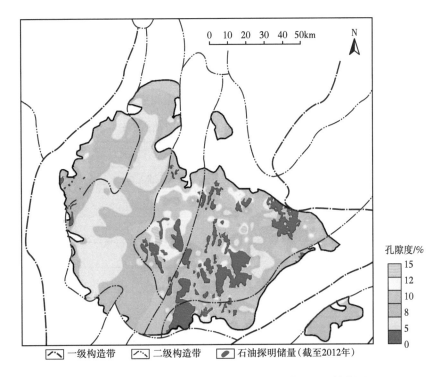

图 8-2　松辽盆地北部扶余油层致密油孔隙度平面等值图

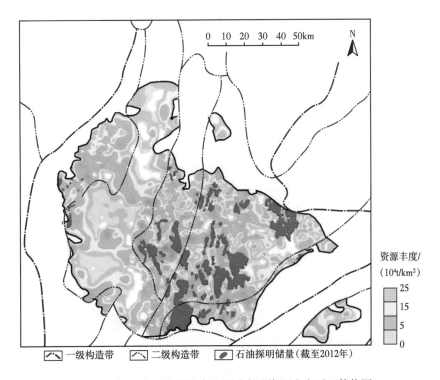

图 8-3　松辽盆地北部扶余油层致密油资源丰度平面等值图

3. 计算结果

应用小面元容积法计算松辽盆地北部扶余油层致密油可探明资源量为 $11.16 \times 10^8 t$，I类致密油资源量为 $10.16 \times 10^8 t$，II类致密油资源量为 $1.00 \times 10^8 t$。I类资源主要分布在龙虎泡阶地、大庆长垣、三肇凹陷、朝阳沟阶地—长春岭背斜带；II类资源主要分布在龙虎泡阶地、齐家—古龙凹陷和三肇凹陷部分地区（图 8-4 和表 8-1）。

表 8-1　松辽盆地北部扶余油层致密油资源分布表

区带	致密油可探明资源量 / ($10^8 t$)		
	I 类区	II 类区	小计
龙虎泡阶地	1.66	0.24	1.90
齐家—古龙凹陷	1.78	0.69	2.47
大庆长垣	2.04	—	2.04
三肇凹陷	3.16	0.07	3.23
朝阳沟阶地—长春岭背斜带	1.15	—	1.15
王府凹陷	0.37	—	0.37
合计	10.16	1.00	11.16

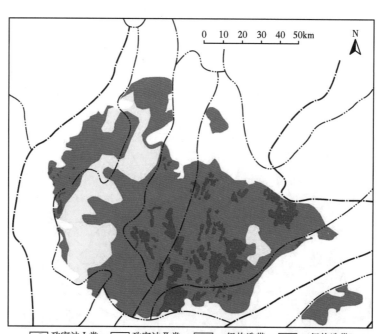

图 8-4　松辽盆地北部扶余油层致密油资源单元划分图

三、致密油资源分布

1. 龙虎泡阶地

龙虎泡阶地扶余油层顶面总体构造形态为齐家—古龙凹陷向西北方向抬升的单斜构造，其上发育 4 组北北东向断裂带使其构造复杂化，呈现地垒、地堑、断阶相间分布的构造格局。龙虎泡阶地油源条件较优越，横向上毗邻齐家—古龙生油凹陷，有利于油气的侧向运移；纵向上青山口组生油岩也具有一定的生烃能力，青一段泥岩 R_o 在 0.8%~1.3% 范围内。扶余油层沉积时期，主要受西部沉积体系控制，东西向、北西向错叠连片的河道砂体与广泛发育的北北东向断裂匹配，在斜坡构造背景下形成构造—岩性、断层—岩性油藏。致密油藏勘探面积为 1250km^2，油藏埋深为 1530.6~1979.8m，中部埋深为 1738.0m；油层厚度为 5.0~24.0m，平均为 12.0m；有效孔隙度一般 8.0%~14.5%，平均为 12.1%。致密油资源量为 1.90×10^{8}t，其中 I 类资源量为 1.66×10^{8}t，占比较高；II 类资源量为 0.24×10^{8}t，仅在埋藏相对较深地区分布。

2. 齐家—古龙凹陷

齐家—古龙凹陷扶余油层顶面总体构造形态为一个二级负向构造，包括凹陷区发育的 6 个向斜及其东侧斜坡区发育的 7 个鼻状构造带，呈现隆凹相间的构造格局。齐家—古龙凹陷油源条件优越，青一段泥岩 R_o 在 0.8%~1.6% 范围内。扶余油层沉积时期，研究区位于北部、南部、西部沉积体系交汇区，三角洲前缘砂体错叠连片，直接下伏于本地优质生油岩之下，广泛发育的源储断裂为油气垂向运移通道，形成构造—岩性、断层—岩性油藏。由于油藏埋藏深，储层成岩作用强，导致扶余油层物性差、含油性差。致密油勘探面积 4300km^2，油藏埋深为 1930.0~2590.0m，中部埋深为 2260.0m；油层厚度为 2.0~16.0m，平均为 8.0m；有效孔隙度一般 7.0%~11.0%，平均为 8.7%。致密油资源量为 2.47×10^{8}t，其中 I 类资源量为 1.78×10^{8}t，主要分布在长垣西侧鼻状构造带，II 类资源量为 0.69×10^{8}t，主要分布在深洼区。

3. 大庆长垣

大庆长垣横向上夹持在齐家—古龙和三肇凹陷之间，扶余油层顶面总体构造形态呈现"凹中隆"的构造格局，大型的二级背斜构造内部含有 6 个三级正向构造，断裂发育。大庆长垣油源条件优越，横向上正向构造对两侧油气聚集具有诱导作用，纵向上青山口组生油岩也具有一定的生烃能力，青一段泥岩 R_o 在 0.5%~1.4% 范围内。扶余油层沉积时期受控于北部和南部沉积体系，砂体错叠连片，与构造、断裂相匹配，形成构造—岩性、断层—岩性油藏。由于油藏埋藏相对较浅，储层物性条件好，常规、致密油藏共生。致密油勘探面积为 1400km^2，油藏埋深为 1190.0~2230.0m，中部埋深为 1710m；油层厚度为 5.0~25.0m，平均为 16.6m；有效孔隙度一般为 9.0%~14.5%，平均为 12.1%。致密油资源量为 2.04×10^{8}t，均为 I 类资源。

4. 三肇凹陷

三肇凹陷扶余油层顶面总体构造形态为一个二级负向构造，内部含有多个三级构造，断裂发育，呈现出隆凹相间、垒堑相间的构造格局。三肇凹陷油源条件优越，青一段泥

岩 R_o 在 0.7%~1.2% 范围内。扶余油层沉积时期受控于北部和南部沉积体系，砂体错叠连片，有效烃源岩与三角洲前缘分流河道砂体叠合，在断层的沟通作用下，形成构造—岩性、断层—岩性油藏，常规、致密油藏共生。致密油勘探面积为 3900km²，油藏埋深为 1720.0~2264.0m，中部埋深为 1992.0m；油层厚度为 2.0~22.0m，平均为 14.4m；有效孔隙度一般为 9.0%~14.0%，平均为 11.8%。致密油资源量为 3.23×10⁸t，其中Ⅰ类资源量为 3.16×10⁸t，占比较高，Ⅱ类资源量为 0.07×10⁸t，仅在埋藏相对较深地区分布。

5. 朝阳沟阶地—长春岭背斜带

朝阳沟阶地—长春岭背斜带横向上夹持在三肇和王府凹陷之间，扶余油层顶面总体构造形态呈现"两隆两凹"的构造格局。朝阳沟—长春岭地区扶杨油层油气主要来自三肇和王府凹陷的成熟烃源岩，本地青一段泥岩 R_o 在 0.6%~0.8% 范围内，生烃能力有限。扶余油层沉积时期受控于西南部沉积体系，北东方向展布的河道砂体与该区近南北向分布的三条主要断裂带斜交，在斜坡构造背景下，形成断层—岩性、构造—岩性、岩性—构造油藏。由于油藏埋藏相对较浅，储层物性条件好，常规、致密油藏共生。致密油勘探面积为 815km²，油藏埋深为 1061.0~1346.0m，中部埋深为 1203.5m；油层厚度为 4.4~22.6m，平均为 13.8m；有效孔隙度一般为 9.0%~14.0%，平均为 11.6%。致密油资源量为 1.15×10⁸t，均为Ⅰ类资源。

6. 王府凹陷

王府凹陷扶余油层顶面总体构造形态为一个二级负向构造，西北坡陡东南坡缓，断层发育，垒堑断阶相间分布。本地青一段泥岩 R_o 在 0.6%~0.75% 范围内，生烃能力有限。扶余油层沉积时期受控于西南部沉积体系，北东方向展布的河道砂体受油源、构造、断裂控制，油气主要富集在王府凹陷西北坡，以断层—岩性油藏为主。致密油勘探面积为 334km²，油藏埋深为 1673.0~2007.0m，中部埋深为 1840.0m；油层厚度为 3.0~18.0m，平均为 10.0m；有效孔隙度一般为 9.0%~13.0%，平均为 11.2%。致密油资源量为 0.37×10⁸t，均为Ⅰ类资源。

第二节　井震结合"甜点"评价技术

针对松辽盆地北部扶余油层薄储层地震勘探难题，近年来，在大庆长垣、三肇、齐家、龙虎泡地区开展地震资料处理解释攻关，形成了一套适合于松辽盆地致密油地质特点的砂体识别和储层预测地震处理解释技术，有力地支持了致密油勘探开发部署。

一、表层模型静校正及表层 Q 补偿技术

主要是在原有流程基础上研发表层 Q 补偿新技术，同时量化监控手段和处理解释一体化评价。

目的层原始单炮地震资料频带展宽 20~30Hz，成果资料频带展宽 15~20Hz。通过近地表调查发现，松辽盆地表层潜水面之上为厚度 10m 左右的未成岩介质，平均 Q 值在 10 以内，地震波的吸收衰减 80% 发生在近地表层，严重降低地震资料的垂向分辨率，消除或

减小近地表层对地震波的吸收衰减作用是提高地震分辨率的有效途径之一。

近地表 Q 值场的建立方法主要是利用近地表调查资料求得不同区域的近地表 Q 值，由地震初至波获得三维工区内地震波的相对振幅变化，求出全区 Q 值相对变化，再用已知点的 Q 值对其标定，获得空变 Q 值场。应用稳健的 Q 补偿算法实现三维叠前振幅补偿与相位校正，并且研究试验了近地表补偿在地震处理流程中的位置。在多个地震工区进行了推广应用，有效恢复表层对高频信号的衰减，目的层地震原始单炮拓展 20~30Hz，成果资料频带展宽 15~20Hz，效果明显。

二、黏弹性叠前时间偏移技术

拓宽成果剖面有效频带 10~20Hz。实际地球介质存在黏性吸收，地球介质的小尺度非均匀性也产生类似于黏性吸收的幅值衰减效应。这些客观存在的因素导致地震波在传播过程中发生幅值的吸收衰减；衰减对地震波的不同频率成分是不同的，频率越高，衰减得越强。因此，地表记录到的来自不同深度反射的地震信号其频带是不同的，导致的结果是构造越深，常规偏移成像的分辨率就越低。黏弹性叠前时间偏移技术通过等效 Q 值场与等效速度场的有机结合，在偏移过程中补偿地震波的地球介质黏性、薄层散射导致的高频地震波幅值衰减，恢复被衰减的高频成分，使得中、深层构造的成像分辨率达到与浅层接近的程度，且可保证稳定性并避免噪声放大。该方法不对 Q 值的空间分布作层状或均匀的假设，通过引入描述地震波幅值吸收衰减的等效 Q 值，将补偿吸收衰减与叠前时间偏移有效地结合到一起，同时在算法上改进了相位稳定项，从而达到提高频率并保持相位合理的效果（图 8-5）。

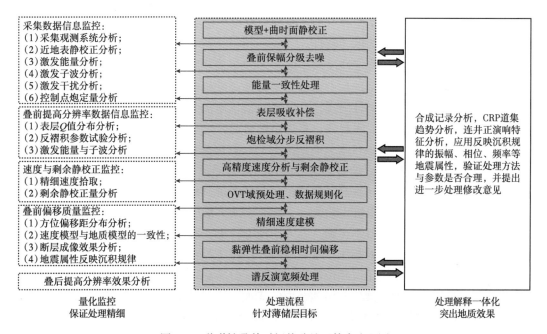

图 8-5　黏弹性叠前时间偏移处理技术流程图

该技术自 2017 年以来，完成了多个水平井重点目标区处理，进一步拓宽成果剖面有效频带 10~20Hz。以兴城工区为例，常规叠前时间偏移的地震频带宽度为 8~80Hz，黏弹性叠前时间偏移的地震频带宽度可达到 5~87Hz。通过地震剖面的储层标定结果可以看出，扶余油层的地震分辨率得到较大幅度提高，多个砂体的地震响应特征得到明显改善。

以上两项 Q 补偿技术的应用，使地震资料有效频宽提高 30Hz 以上，扶余油层薄互层砂体地震识别率由 25% 提高到 50%，为"甜点"地震预测奠定了良好的资料基础。

三、薄层阻抗直接反演技术（Z 反演）

传统 BG 反演理论在地球物理反演上表示为统一的泛函方程 $d=GM+\Delta d$，其中 d 为观测数据，G 为算子矩阵，M 为地质模型，Δd 为观测数据 d 的误差。该理论认为，若正演结果 GM 与实际观测数据 d 不符合，则原因在于观测数据存在误差 Δd，或者模型 M 不准确，而不可能来自算子矩阵 G。在重磁电反演中，这种描述是合适的，因为在重磁电反演中，作用于地质模型的矩阵是一个三维积分算子，理论上无误差。但对于地震波阻抗反演，算子矩阵 G 是由地震子波构成的，地震子波不但有误差，而且有时误差很大。这就是说，若地震正演结果 GM 与地震记录 d 不符合，原因可能来自模型 M 不准确，也可能是地震记录中含有噪声 Δd，更可能是地震子波组成的算子矩阵 G 引起的。很多情况下，声波测井合成地震记录与井旁道不吻合，大多数情况下存在波形上的差异，这明显不是地震随机噪声引起的，不符合的原因主要来自算子矩阵 G。所以需要对传统 BG 反演理论进行改进，使其更加适合于地震波阻抗反演。现有商业软件都是基于 BG 反演理论，大致可分为两类：一类是确定性的约束稀疏脉冲反演，反演结果的分辨率低；另一类是模型约束地质统计学随机模拟反演，反演结果纵向分辨率高，但是有多个反演结果，结果有不确定性。Z 反演改进了 BG 反演存在的不足，通过采取以下措施来提高地震子波的精度，保证波阻抗反演的精度，降低反演的多解性。

Z 反演求解数学模型与确定性反演不同，因为在薄互层的情况下，地震反射并不适合用稀疏脉冲来描述，而各层面的反射系数也不可能是随机分布的，每一层的顶和底的反射系数都是有关联的，近似成对地出现，所以 Z 反演求解的是层状波阻抗模型，比较符合薄互层地质情况，降低了反演的多解性，算法还更稳定。

偏移后地震记录并非自激自收，而是由多个入射角叠加构成，相当于存在一个等效入射角，而声波测井合成地震记录属于自激自收，合成记录与井旁道就会存在偏差，Z 反演算法考虑并消除了这个偏差，提高了合成记录与井旁地震道的相似程度。因此，在井点上 Z 反演的结果与测井的声波阻抗比较符合。现有反演算法中，合成记录与井旁地震道相似度低，在井点上的反演结果就不正确，因为用模型约束，掩盖了这个事实。

在常规的反演中，子波的相位常常被忽略，而在 Z 反演算法中，使用了稳定的相位分析与计算方法，保证了地震子波相位的准确性。充分考虑了反演目的层数据边界对反演的影响，将振幅过零点作为反演的开始和结束的界面，不仅数据的截断误差小，而且在后续傅里叶变换中引起吉普斯效益最小，保证了地震高频信息的精度。同样以杏山工区为例，Z 反演对薄互层的识别能力明显提高。应用工区的统计结果显示，砂体识别率在黏弹偏

50% 基础上提高到 75%。

四、去 T_2 屏蔽砂体预测技术

扶余油层顶面与青山口组底界形成强反射，对应 T_2 构造层。由于 T_2 屏蔽模式中砂体位于 T_2 波峰内时，T_2 反射振幅加强，砂体厚度薄，难以有效识别。通过近年来不断探索，建立了采用黏弹保幅偏移剖面、谱反演拓频剖面、Z 反演和波形分解特色技术预测（图 8-6）。

当砂体位于 T_2 波谷内，波谷幅度减弱或出现弱复波，可采用黏弹保幅偏移剖面、谱反演拓频剖面、Z 反演和地质统计学反演预测；当砂体位于 T_2 下弱波峰时，弱波峰的反射振幅强时砂体相对较发育，可采用黏弹保幅偏移剖面、谱反演拓频剖面、Z 反演和地质统计学反演预测。T_2 屏蔽模式的实际应用符合率为 70%。

五、河道砂体"甜点"地震反射模式

扶余油层的河道砂体具有"单砂体厚度薄、横向变化快、纵向不集中"的地质特点，同时河道频繁改道所形成的多期砂体叠置现象也十分常见。通过多个开发分区砂体精细对比，划分四种不同河道砂体组合类型；同时考虑到 T_2 强反射层对 F I -1 油层组三个砂层组的不同屏蔽影响，又总结出三种类别。扶余油层的砂体类别一共有三大类（简单模式、复合波模式和 T_2 屏蔽模式）、六小类（单期河道、两期河道叠加、多期河道相邻叠加、砂体位于 T_2 波峰内、砂体位于 T_2 波谷内、砂体位于 T_2 下弱波峰）。

通过实际资料井震联合标定与正演模拟分析研究发现，在当前地震资料现状下，不同砂体岩相类别有不同的地震反射特征，并且地震预测"甜点"的难度也有所不同。针对以上类别划分，根据研究实践总结出不同的相对有效的配套技术（图 8-7）。

单期河道具有短轴状强反射特征、空间变化快，可采用黏弹保幅偏移剖面、Z 反演、地质统计学反演等预测，实际应用的符合率为 91%。

两期河道叠加，夹层厚度小的情况下表现为一个同相轴，随着夹层厚度加大、下部砂体逐渐表现为复波，可采用黏弹保幅偏移剖面、谱反演拓频剖面、Z 反演、地质统计学反演等预测；多期河道相邻叠加，上部砂体的顶面为强反射特征、中部砂体被屏蔽、下部砂体逐渐表现为复波，可采用黏弹保幅偏移剖面、谱反演拓频剖面、Z 反演、地质统计学反演等预测，复合波模式的实际应用符合率为 65%。

通过持续探索致密油"甜点"地震预测技术，不断完善，有效支撑了"甜点"目标优选和水平井实施。该技术共支撑扶余油层致密油预探及评价区块 47 口水平井实施，以长垣南部、三肇凹陷扶余油层为主，水平井入靶点砂岩地震预测准确率为 80%，水平段平均砂岩钻遇率在 75% 以上。其中 2019 年，永乐工区完钻水平井三口，平均水平段长度为 1352m，钻遇砂岩 1192m、油层 1033m，砂岩钻遇率为 88%，油层钻遇率为 76.5%。以肇平 26 井为例，该井位于三肇凹陷的永乐地震工区，2017 年通过黏弹偏移处理，地震分辨率得到大幅度提高，砂体的响应特征明显，并开展了 Z 反演砂体预测，"甜点"砂体的特征也明显，实钻效果较好，水平段长 1370m，其中砂岩 1274m，砂岩钻遇率为 93%，含油砂岩 1131m，油层钻遇率为 82.6%，实钻与地震预测一致。

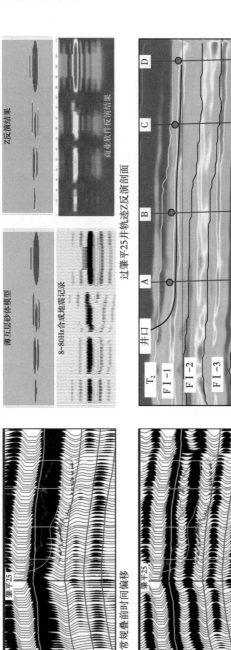

图 8-6　T₂屏蔽下薄层砂岩识别方法

222

层位	沉积相带	砂体类型	地震模式	地震模式及特点	典型井	典型井地震反射特征	地震反射特征描述	地震砂体刻画技术
扶余油层	曲流河	点坝	简单模式	单期河道单一振幅	肇平1	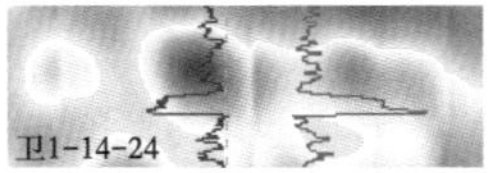 卫1-14-24	中强或强振幅，砂岩位于正相位，砂体横向变化快	黏弹保幅偏移、地震沉积学解释、地质统计学反演或波形反演
	三角洲平原、三角洲前缘	分流河道、水下分流河道、窄小河道	复合波模式	两期河道相邻叠加	肇平5	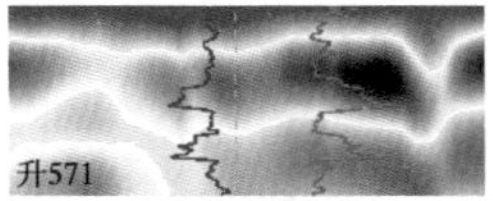 升571	中强或强振幅，砂岩位于正相位或负相位，砂体横向变化快	黏弹保幅偏移、去砂实验、振幅补偿属性分析、地震沉积学解释、地质统计学反演或波形反演
				多期河道相邻叠加	肇平6	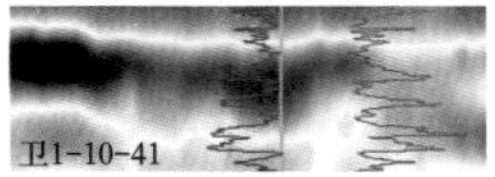 卫1-10-41	中强振幅，波形复杂，多数砂岩位于正相位，砂体横向变化快	黏弹保幅偏移、谱反演、地质统计学反演或波形反演
	三角洲前缘	水下分流河道	T_2屏蔽模式（F I -1）	砂体位于T_2波峰内	肇平3	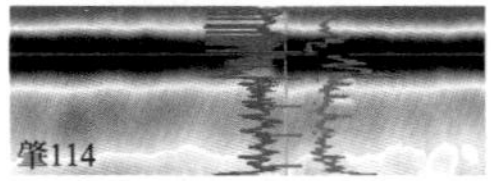 肇114	砂体横向变化快，砂体特征被T_2强反射屏蔽	黏弹保幅偏移、频及振幅属性分析、地质统计学反演
				砂体位于T_2波谷内	肇平25	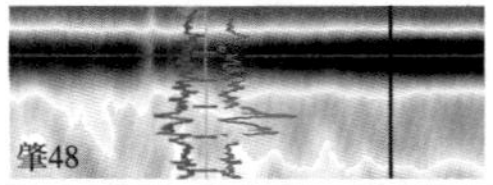 肇48	砂体横向变化快，砂体特征被T_2强反射屏蔽，振幅或波形有一定变化	黏弹保幅偏移、子波分解重构与振幅属性分析
				砂体位于T_2下弱波峰	肇平15	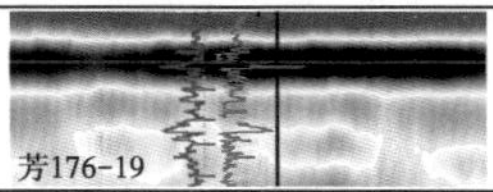 芳176-19	砂体横向变化快，砂体部分屏蔽，振幅反射特征较明显	黏弹保幅偏移、子波旁瓣压缩、谱反演提频处理、乙反演、振幅属性分析、地质统计学反演、乙反演、地质统计学反演或波形指示反演

图 8-7　不同类型河道复合体地震相应特征及识别方法

第三节　扶余油层致密油"甜点"预测

致密油"甜点"指在致密储层普遍发育地层中，油气相对富集、油水关系相对简单，并且能够满足钻探目的实现集中勘探开发的地质区块。在选择和判定致密油"甜点"区时，主要考虑砂体厚度、单层油层厚度、物性条件和构造因素四个方面。

一、"甜点"分类

主要选择砂体厚度较大、具有典型的河道特征的储层类型。如前文所述，具有曲流河道及三角洲分流河道特征的储层类型，大都具有很好的物性特征，一般在分类上均属于Ⅰ类致密储层，孔隙度大都可以达到10%以上，含油性一般具有油斑以上级别，因此在选取时当油层达到一定厚度时，储层物性也都可以达到较好的条件。在油层厚度参数中考虑单砂体油层厚度主要是为了实现后续勘探的可行性和效益性，一般情况下只有满足单砂体厚度大于2m，才可以通过水平井钻探，结合后续的大规模体积压裂等改造工艺实现致密油的有效开采，累计厚层达到8m以上可以具有开发效益，因此在油层厚度上主要优选单层厚度大于2m或累计厚度大于8m的富集地区。

在烃源岩评价、储层分类评价基础上，综合考虑储层、工程因素，将扶余油层致密油地质"甜点"共划分为两大类、三小类，这两大类储层的共同特征是都位于烃源岩下部，有机碳含量（TOC）一般大于2%，镜质组反射率一般都大于0.75%，已经处于成熟阶段。其中，第一大类（Ⅰ类）是最好的地质"甜点"，共分为Ⅰ-1和Ⅰ-2两小类（表8-2）。

Ⅰ-1类地质"甜点"主要以Ⅰ-1类致密油层为基础，沉积相以曲流河、分流河道为主，储层岩性为细砂岩和粉砂岩，通常为单层或两期叠置，旋回清晰，电性特征明显，孔隙度为10%~12%，渗透率为0.25~1mD，微观孔喉结构以喉道半径中值150~350nm、排驱压力小于1MPa为特征，油气显示通常为油浸及以上级别，含油饱和度一般大于50%，作为有利地质"甜点"，参照井的单层油层厚度一般大于3m，单井产量大于1t/d，且脆性指数大于40%，破裂压力小于33MPa，有利于后期的大规模体积压裂改造储层质量。

Ⅰ-2类地质"甜点"主要以Ⅰ-2类致密油层为基础，沉积相以分流河道为主，储层岩性为细砂岩、粉砂岩和粉细砂岩，通常为单层或多期叠置，含油性不均。孔隙度为8%~10%，渗透率为0.1~0.25mD，微观孔喉结构以喉道半径中值75~150nm、排驱压力主要位于1~3MPa为特征，油气显示通常为油迹、油斑和油浸，含油饱和度一般为45%~65%，仅次于Ⅰ-1类地质"甜点"。参照井的单层油层厚度有所减薄，一般在2~3m之间，单井产量为0.3~1t/d，两侧邻近断裂距离为0.6~1.0km，且脆性指数大于40，破裂压力小于33MPa。

Ⅱ类地质"甜点"是相对较差的一类目标类型，主要以Ⅱ类致密油层为基础，沉积相以水下分流河道、决口扇为主，储层岩性为粉砂岩、泥质粉砂岩、含钙粉砂岩，通常为单层薄砂体、砂泥互层结构。孔隙度相对较小，一般为5%~8%，渗透率为0.02~0.1mD，微观孔喉结构以喉道半径中值为30~75nm、排驱压力大于3MPa为特征，油气显示通常为油迹、油斑，含油饱和度一般小于 40%。受沉积环境影响，砂体较薄，参照井的单层油层厚度一般小于 2m，单井产量小于 0.3t/d，脆性指数小于 40%，破裂压力大于 33MPa，这样的"甜点"不利于水平井的钻探，也不利于后期工程上的大规模缝网压裂来改造储层质量，该类地质"甜点"目前不宜作为勘探部署的重点目标砂体。

表 8-2 松辽盆地北部扶余油层致密油"甜点"评价标准

评价参数			I 类		II 类
			I -1	I -2	
储层	沉积特征	相类型	曲流河、分流河道	分流河道	水下分流河道、决口扇
		岩性	细砂岩、粉砂岩	细砂岩、粉砂岩	粉砂岩、泥质粉砂岩、含钙粉砂岩
		砂体结构	单层或两期叠置，旋回清晰，电性特征明显	单层或多期叠置，含油性不均	河道与决口扇叠加，层薄、非均质性强
	物性特征	ϕ/%	10~12	8~10	5~8
		K/mD	0.25~1.00	0.10~0.25	0.02~0.10
	孔喉特征	喉道半径中值 /nm	150~350	75~150	30~75
		排驱压力 /MPa	< 1	1~3	> 3
	主要含油级别		油浸及以上	油迹、油斑、油浸	油迹、油斑
	S_w/%		> 50	45~65	< 40
	电性		DT ≥ 70, RLLD ≥ -3.5DT+273.9	70 < DT < 74, RLLD < -3.5DT+273.9	RLLD < 15, DT < 70, RLLD ≥ 15
烃源岩	TOC/%			> 2	
	R_o/%			> 0.75	
油层	最大单层厚度 /m		> 3	2~3	< 2
规模	断裂距离 /km		> 1.0	0.6~1.0	< 0.6
工程参数	脆性指数 /%			≥ 40	< 40
	破裂压力 /MPa			≤ 33	> 33

二、地质"甜点"识别

为了能够实现采用水平井开采，需要对油水平面分布做分析，避免在压裂改造过程中影响原油产量。除考虑到砂体厚度、单层油层厚度、物性条件外，在构造因素方面，扶余油层顶面断裂系统发育，要想保障钻井尤其是水平井的可实施，必须要求"甜点"构造条件满足构造坡度平缓、断裂密度相对较低、断裂之间的距离应该大于500m。对于油水复杂地区，可以考虑采用直井缝网压裂方式实施。

按照上述四方面"甜点"优选标准，通过纵向细分层多要素综合精细研究，松辽盆地北部扶余油层FⅠ、FⅡ油层组纵向170m的地层单元中细分12个砂层组。由于每一期的沉积环境不同，受到沉积条件的影响，每一个砂层组的储层发育性质和状态也有一定的差别。如FⅠ1-1砂层组，在该时期三肇凹陷内部是以三角洲—滨浅湖相沉积为主，该砂层组的储层多以三角洲水下分流河道为主，砂体规模小、厚度薄、物性相对较差，平面上延伸性较弱；而FⅠ3-2砂层组则是以三角洲平原沉积为主，分流河道的规模明显大于水下分流河道，储层的厚度、平面规模和物性等都明显好于FⅠ1-1砂层组。这样的精细分层研究可以更加准确地刻画砂层组级的有利致密储层分布，较以往的5分级别更精进了一步。

通过分层精细识别地质单体"甜点"，落实多层叠合"甜点"227个，进而预测出23个规模"甜点"区（图8-8）。这些"甜点"区的平面分布由于受到物源、沉积相、油源、断裂等多种因素影响，两大油层的"甜点"富集区平面分布和规模略有不同。其中，FⅠ油层由于紧邻上覆的青山口组烃源岩，受断裂输导成藏控制，平面的"甜点"区面积相对较大，规模好于FⅡ油层，主要分布在三肇凹陷北部、南部，朝阳沟阶地紧邻地区，大庆长垣构造大面积分布。FⅡ油层的"甜点"区规模相对较小，集中分布在三肇南部和长垣南部地区。

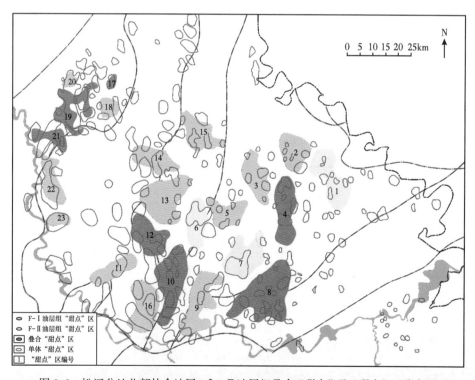

图8-8　松辽盆地北部扶余油层FⅠ/FⅡ油层组叠合"甜点"及"甜点"区分布图

在松辽盆地北部FⅠ、FⅡ油层组23个"甜点"区中，大庆长垣致密油"甜点"区以Ⅰ类为主，识别"甜点"区6个，面积1076.3km²；三肇地区识别"甜点"区8个，面积1552.6km²；龙西地区识别"甜点"区7个，面积487.3km²；齐家—古龙地区识别"甜点"区2个，面积295.2km²。合计面积3411.4 km²（表8-3）。

根据规模"甜点"分区，估算大庆长垣致密油"甜点"区资源量22064.2×10⁴t，待探明"甜点"资源量18006.2×10⁴t；三肇地区致密油"甜点"区资源量31828.3×10⁴t，待探明"甜点"资源量31608.3×10⁴t；龙西地区致密油"甜点"区资源量9989.7×10⁴t，待探明"甜点"资源量6976.7×10⁴t；齐家—古龙致密油"甜点"区资源量6051.6×10⁴t，待探明"甜点"资源量6051.6×10⁴t（表8-4）。

表8-3 松辽盆地北部扶余油层"甜点"区面积统计表

区带	规模"甜点"名称	"甜点"区面积/km²	探明面积/km²	控制面积/km²	预测面积/km²
三肇	1	198.8		29.5	
	2	133.7		9.2	28.4
	3	146.5			56.1
	4	182.1		3.8	64.0
	5	120.5		30.6	3.7
	7	192.1		16.3	31.9
	8	356.7	11.6	49.2	101.1
	9	222.2		65.4	34.9
	小计	1552.6	11.6	204.0	320.1
长垣	6	128.0		5.3	31.5
	10	254.0	30.1	43.7	10.8
	12	159.5	44.5	17.9	22.9
	13	256.6		8.7	21.9
	14	133.1	9.2	14.1	11.2
	15	145.1		14.4	21.5
	小计	1076.3	83.8	104.1	119.8
齐家—古龙	16	184.0			
	11	111.2			
	小计	295.2			

续表

区带	规模"甜点"名称	"甜点"区面积/km²	探明面积/km²	控制面积/km²	预测面积/km²
龙西	17	17.3			
	18	50.8			
	19	158.4	64.4		49.5
	20	24.6			19.2
	21	74.3		17.1	8.6
	22	120.0			4.6
	23	41.9			
	小计	487.3	64.4	17.1	81.9
合计		3411.4	159.8	325.2	521.8

表 8-4 松辽盆地北部扶余油层"甜点"区资源量统计表

区带	"甜点"数/个	"甜点"区面积/km²	"甜点"区资源量/(10⁴t)	待探明面积/km²	待探明"甜点"资源量/(10⁴t)
三肇	8	1552.6	31828.3	1541.0	31608.3
长垣	6	1076.3	22064.2	992.5	18006.2
龙西	7	487.3	9989.7	422.9	6976.7
齐家—古龙	2	295.2	6051.6	295.2	6051.6
合计	23	3411.4	69933.7	3251.6	62642.7

三、"甜点"分布主控要素

1. 地质条件因素

地质条件因素如下：

（1）广泛分布的青一段、青二段优质烃源岩奠定了源下致密油形成的物质基础；

（2）三角洲前缘相带与青山口组有效烃源岩叠合，为形成大面积连续型致密油藏创造了有利条件；

（3）扶余油层储层致密过程主要受压实和胶结作用控制，纳米级喉道为主要的渗流通道，致密油成藏的物性上限为渗透率为 1mD，孔隙度为 12%，成藏下限渗透率为 0.03mD，孔隙度为 5%；

（4）致密油成藏经历两期主要充注，经历边成藏、边致密过程，晚期主生烃增压作用

提供成藏有效动力;

（5）储层物性控制致密油分布，构造高部位、富砂区致密油成藏更为有利。Ⅰ类区分布在三肇低隆起、长垣中南部、龙西地区；Ⅱ类区分布在安达、齐家—古龙、双城地区。

2."甜点"形成主控要素

"甜点"形成主控要素如下：

（1）近源更富集；

（2）物性决定含油性；

（3）砂体大小决定单体"甜点"规模；

（4）构造位置影响油富集程度。

预测松辽盆地北部中浅层致密油四大区带"甜点"面积 3411.4km^2，"甜点"资源总量 6.99×10^{8}t。

第九章 水平井优化设计、钻探跟踪调整与钻后评价

"水平井＋大规模体积压裂"技术是实现致密油有效开发的重要手段。针对扶余油层较强的非均质性，提高水平井油层钻遇率，优化压裂设计十分重要。近年来，针对水平井钻探过程中取得的成功经验和遇到的瓶颈问题，建立了致密油水平井优化设计、随钻跟踪调整，以及钻后评价技术规程。水平井钻遇率大幅度提高，"地质＋工程"压裂优化设计有力支撑了致密油层增产改造效果。

第一节 水平井优化设计

"水平井＋大规模体积压裂"是致密油勘探开发的核心技术。近年来，针对松辽盆地北部致密油特点，依托水平井钻探实践，逐步形成了水平井部署设计技术，即优选靶区定"甜点"，明确目的层、优选靶层，确定最佳钻探方向、优化轨迹（图 9-1）。

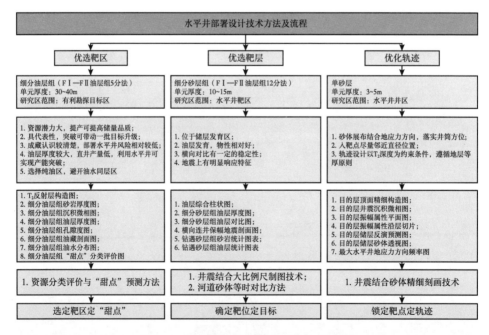

图 9-1 致密油水平井部署设计技术流程

一、水平井设计技术规程

1.水平井设计基本要求

具体如下：

（1）目标层顶面构造特征描述，包括微幅度构造、小断层、地层倾角等。

（2）目的层的储层特征，包括储层特性描述、储层物性及含油性分析、储层黏土矿物及敏感性分析、储层非均质性分析。

（3）目的层砂体形态刻画。

（4）油水分布及油藏类型：确定油水在平面上和纵向上分布特点，目的层和其他油层在剖面上的配置关系及油藏类型。

（5）储量评价。

（6）建立精细的油藏地质模型。从构造、油层、储层、油藏性质和储量评价方面对水平井目的层进行论证，并建立精细的油藏储层地质模型。

（7）区域地应力情况分析，确定区域最大主应力方向。

2.水平井优化设计

1）水平井位置、长度、靶前距优化设计

（1）平面位置优化：地面条件调查，地上地下结合确定最佳位置。

（2）垂向位置优化：确定水平段井眼轨迹距油层顶底的距离，保证压裂效果。

（3）水平段方向优化：水平井轨迹方向尽可能垂直最大主应力方向，一般应大于60°。

（4）水平段沿砂体走向部署，保证水平段长度在1000m左右，考虑砂体宽度、距断层位置、邻近井距离等因素，确保井轨迹两侧砂体宽度均大于200m，保证体积压裂效果。

2）水平井设计靶点优化

（1）设计靶点包括水平段靶点坐标、垂深及距油层顶底距离、水平段长。

（2）水平段尽量平直，有利于水平轨迹的控制，减少后续作业风险。

（3）开展地质与工程施工风险评价，并有相应的预案。

二、油藏地质描述

1.区域井对比细分层评价

工作具体如下：

（1）搜集单井地质细分层数据，包括深度、厚度、孔隙度、解释结论、试油成果。

（2）统计细分单元钻遇砂岩、油层的层数、厚度、孔隙度，按油层集中度优选排序。

（3）总结细分单元平面砂岩、油层的层数、厚度、孔隙度、油水分布规律。

（4）细分层对比。

（5）平面上按断裂带、构造平缓、油水复杂及储层类型，结合沉积微相分区分带评价，初步给出有利区。

提交的成果：单井柱状图，细分层砂岩、油层、厚度、层数、孔隙度统计图表，细分单元砂岩、油层的层数、厚度、孔隙度、油水平面分布图，细分单元对比图，细分单元沉积微相平面图，细分单元油藏剖面图，细分单元初步有利区分布图等。

2. 有利区地震地质一体化刻画

1）构造精细刻画

（1）已知井通过 VSP 资料标定形成相对准确的时深关系，与叠加速度联合建立速度场。

（2）根据合成记录标定和层序地层对比，横向追踪解释有地质意义的砂岩组界面，最终网格要达到 1cdp×1cdp。

（3）5m 以上断距的层间断层要解释。

（4）构造图描述：构造形态、顶面埋深、构造高差、地层倾角，断层发育情况、断层倾角、断距、断层延伸长度及断层变化情况，可疑断层用点划线表示，评价构造图精度。

（5）描述水平井轨迹方向微幅度构造、地层倾角变化。

2）砂体精细刻画

（1）评价细分层单元和地震能识别的地层单元匹配性，使二者有较好的对应性。

（2）属性分析：属性对井符合率达到 75%~80%，对目标砂体进行连续 1ms 的切片解释。

（3）井震联合反演：过井、连井叠后砂岩反演剖面（波阻抗、自然伽马、电阻率等）；叠前地质统计学波阻抗、纵横波速度比等有效储层连井反演剖面。

（4）砂体平面预测：以砂岩组为单元的研究区砂岩厚度、油层厚度、地震反演后的砂岩厚度预测，叠前、叠后反演小区域目标砂体属性切片及定量厚度预测，细分砂岩层地震和地质结合的沉积微相预测。

3）井震联合地质建模

在反演成果基础上，开展井震联合地质建模（Petrel，深度域岩性、物性等模型），确定目标砂体的空间位置和横向展布规律。

重点图件：大区域标准层构造图（比例尺 1∶25000，等值线距 5m、10m），砂岩组顶面构造图（比例尺 1∶10000，等值线距 2m、5m，扶余油层 5 分），"甜点"区目标层顶面构造图（比例尺 1∶10000，等值线距 1m），砂岩组属性平面及剖面图，砂岩组内目标体连续 1ms 的切片属性平面及剖面图，砂岩组砂岩厚度、油层厚度、地震反演后的砂岩厚度预测平面图，叠后砂岩反演剖面、平面图（波阻抗、自然伽马、电阻率等），叠前地质统计学波阻抗、纵横波速度比等有效储层反演剖面、平面图，细分砂岩层地震和地质结合的沉积微相平面图，井震联合地质建模目标砂体空间展布特征显示等。

3. "甜点"优选

工作具体如下：

（1）以细分单元为计算单元，用储层参数结合砂体形态，重新估算有利区资源潜力并排序。

（2）建立评价"甜点"要素及相应数据库，包括参考井号、层号、储层描述、厚度、面积、空间位置、砂体规模、油藏类型、资源潜力等。

（3）建立不同地区"甜点"优选排序表。

提交的成果：分层分类资源潜力评价表、"甜点"要素数据库、"甜点"优选排序表等。

三、水平井优化设计

1.优选靶区

选定靶区定"甜点"。在致密油资源精细分类评价和"甜点"识别基础上，根据盆地致密油分布规律，落实水平井"甜点"，原则如下：

（1）资源潜力大，提产可提高储量品质；

（2）具代表性，突破可带动一批储量目标升级；

（3）构造相对简单，成藏认识较清楚，部署水平井风险低；

（4）油层厚度较大，直井产量低，利用水平井可实现产能突破；

（5）选择纯油区，避开水区和油水同层区。

需要特别强调，选择构造相对平缓和断裂不发育区域，是为了满足在钻探中具有平滑的井眼轨迹，以便于后期压裂施工改造，一般水平井井眼轨迹狗腿度小于6°。选择单层厚度较大、油层连续性好、邻近发育有多层致密油层、集中度较高的目标靶层，有利于提高油层钻遇率和后期穿层增产改造的整体效果，最大限度从设计开始保证能有效提高水平井产量。

重点图件：目的层精细构造图，细分油层组砂岩厚度图、沉积微相图、油层厚度图、孔隙度图，油水分布图，油藏剖面图，以及分油层组"甜点"分类评价图等。

2.优选靶层

确定靶位定"目标"，原则如下：

（1）位于致密油层发育区，单油层厚度较大、横向分布稳定；

（2）地震特征上有明显的响应，砂体容易识别；

（3）致密油层物性、含油性相对好。

首先按油层组、砂层组分别统计不同层位直井油层钻遇率，进行精细井间油层对比，明确主力含油层段及砂岩垂向的组合特征。在此基础上，开展井震结合砂体精细刻画分析，通过靶区邻井精细井震时深标定、靶层精细构造解释，对过水平井轨迹方向变密度剖面、沿层属性切片＋变时窗属性、地震反演砂体预测剖面等进行综合分析，明确砂体的空间结构、垂向叠置关系、分布范围，以及水平井轨迹方向砂体变化规律。与此同时，要加强邻井靶层的岩性、物性、电性、含油性分析，确保水平井段钻遇好的油层，奠定提产的物质基础。

重点图表：砂岩和油层钻遇率统计图表、油层综合柱状图、单井及连井精细地震合成记录标定图、细分砂层组致密油层精细对比图、细分砂层组砂岩与致密油层厚度图、大比例尺沉积微相图、常规地震剖面与地震反演平面与剖面图等。关键技术为井震结合大比例尺沉积微相制图技术、河道砂体等时对比技术等。

3.优化轨迹

锁定靶点定"轨迹"，原则如下：

（1）与砂体展布方向（走向）一致；

（2）轨迹与最大主应力方向垂直；

（3）从高构造部位向低构造部位钻进；

（4）避免轨迹（井斜角）大幅度变化。

在实际水平井轨迹靶点设计过程中，考虑到地表条件和地下地质条件，上述各项原则不能同时满足。一般情况下，水平井轨迹尽可能沿砂体走向设计，轨迹与最大主应力方向夹角应最好保持在 60°~90° 之间，以确保后期压裂改造达到最佳效果。

重点图表：目的层和砂体顶面精细构造图，目的层井震结合沉积微相图，轨迹方向常规和变密度剖面图、地震反演剖面图，振幅属性平面图、振幅属性沿层切片、储层反演预测图，水平井段砂体结构图，最大水平井地应力方向频率图，水平井轨迹平面、剖面投影图，水平井段靶点参数表等。

第二节　水平井跟踪调整技术

水平井钻探的目的是最大限度地扩大井筒附近供油面积，提高单井产量。水平井轨迹控制工作十分重要，要求在实钻过程中能够准确入靶，并确保水平段在目的层中稳定钻进，以提高油层的钻遇率（图 9-2）。

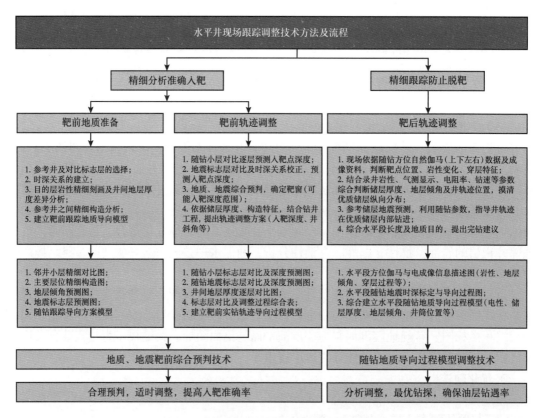

图 9-2　致密油水平井跟踪调整技术流程

一、水平跟踪调整技术规程

1. 轨迹控制机制

轨迹控制小组由研究单位、设计单位、施工单位、服务单位技术人员组成。主要职责是负责水平井精确入靶和水平段轨迹控制，负责召开钻前交底会、入靶方案分析会、水平段钻探分析会、完钻讨论会，负责做好现场跟踪记录，实时分析调整，遇重大决策问题及时汇报。

2. 入靶点控制

工作具体如下：

（1）建立地质导向模型。根据油藏地质模型和轨迹建立地质导向模型，确定入靶靶区（斜深和垂深范围）及入靶角度。

（2）建立多个标志层逐层逼近靶点。

①建立井区对比标志层，预判水平井各标志层在井轨迹上的斜深、垂深和井斜等。

②对比随钻测录井资料和邻井资料，确定钻头位置。

（3）利用旋转地质导向技术计算靶点参数。

①利用自然伽马或其他成像技术计算目的层倾角和深度，确定入靶深度和角度。

②利用随钻和录井资料评价岩性和含油性，确定入靶点坐标、井深（斜深、垂深）、井斜和靶前距等。

重点图表：地质导向模型，邻井小层精细对比图，标志层在井轨迹上预测表（顶、底斜深和垂度、坐标），地层倾角预测图，随钻测井和录井资料小层标志层对比及深度预测图，随钻地震标志层对比及深度预测图，井间地层厚度逐层对比图，标志层对比及调整过程综合表等。

3. 水平段轨迹控制

工作具体如下：

（1）根据入靶点对其他靶点进行校正，建立水平段地质导向模型。

（2）利用地质导向技术进行分析，确定钻头在地层中的位置。

（3）根据随钻和录井资料分析储层特征，结合砂体横向变化，估算视地层倾角，实时给出井轨迹距目的层顶底距离，及时调整轨迹。

（4）在满足工程前提下尽可能保证油层钻遇率，除非有特殊说明，井轨迹一般应在目的层中部平稳钻进。

（5）为确定储层厚度，距完钻井深50m处也可钻穿目的层顶或底。

重点图件：水平井段伽马与电阻率成像图、水平段随钻地震时深标定与导向过程图、水平段实时校正的地质导向模型、水平段测录井资料垂向上与邻井对比图、探边工具图件等。

4. 完钻决策

一般情况下完成地质目的即可完钻，遇复杂情况不能完全完成地质目的时请示领导决策。完钻后确定水平井入靶点数据、水平段长度、钻遇砂岩和油层长度及钻遇率、含油性等。

二、精细入靶点预测技术

准确入靶是水平井成功的关键，它基于对地质条件的准确认知，以及对随钻信息综合解释，动态判断井眼轨迹所处地层位置。精细入靶点控制基本原理是地层等厚原理和标志层可对比原理。首先建立靶区邻井精细对比剖面，确定目标区内可进行有效对比的标志层，如青山口组发育的三套标准油页岩层，以及目的层内次一级可对比砂岩层；其次是建立水平井轨迹方向地层模型（图9-3），分析实钻过程中的各项数据，如水平井段测深和垂深、钻头实钻角度、地层倾角等，最终判定钻头距目的层最小进尺。当轨迹方向地层下倾时，水平井造斜段在不同的可对比层段内，随钻进深度的增加，水平井钻进的视垂直厚度要大于地层视厚度；当轨迹方向地层上倾时，水平井钻进的视垂直厚度应小于地层视厚度。如果地层呈水平状态，水平井钻进视垂直厚度等于地层视厚度。

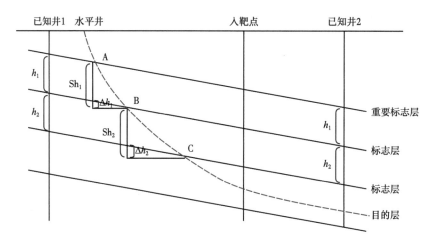

图 9-3　水平井跟踪小层精细对比模式图

三、精确跟踪防止脱靶

由于扶余油层属于河流相—浅水三角洲沉积，砂体薄，横向变化快。即使水平井沿河道展布方向设计，由于砂体侧向弯曲摆动的特点，会出现水平井轨迹方向侧向出层情况。同时，由于河道砂体规模小，横向上厚薄不均，也经常会出现上下出层情况。为解决这一问题，随钻测井为轨迹精确跟踪提供了有力手段。

根据已完钻的各类水平井实钻情况，井眼轨迹有3种切割河道砂体方式：自然伽马值由高到低，然后突然变高时，轨迹从下部穿出砂岩层（图9-4中A方向）；自然伽马值由低到高，且下值大于上值时，轨迹可能从边部穿出砂岩层（图9-4中B方向）；自然伽马值由低到高，且上值大于下值时，轨迹可能从上部穿出砂岩层（图9-4中C方向）。如果在水平井钻进过程中应用更为先进的探边工具，在靶层内钻头与砂体的相对关系会更为清晰。尽管如此，在轨迹偏离靶层的情况下，探边工具也会出现复杂情况，此时需要综合地震、地质及随钻等资料进行综合分析判断。

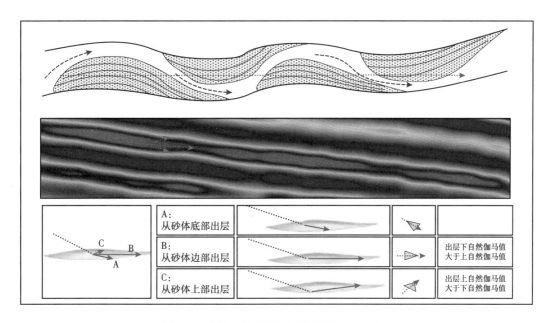

图 9-4 水平井轨迹钻遇河道砂体的 3 种模型

第三节 水平井钻后评价

根据完钻水平井实际钻探情况，开展对水平井段储层品质评价、工程品质，以及"甜点"规模综合评价，确定压裂、试油方案（图 9-5）。

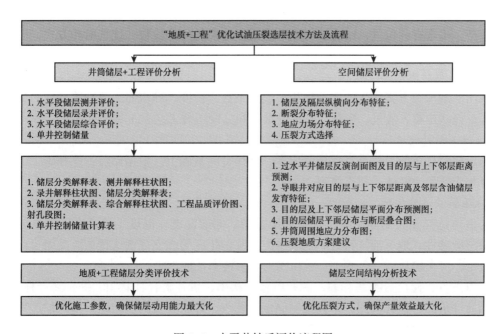

图 9-5 水平井钻后评价流程图

一、储层质量评价

1. 储层品质评价

根据储层岩性、物性、孔隙结构特征、电性、含油性等建立不同地区致密油储层评价标准，将致密油分为致密油Ⅰ-1类、致密油Ⅰ-2类、致密油Ⅱ类。

2. 工程品质评价

在分类分段评价储层品质（含油性、有效孔隙度、渗透率、饱和度、有效厚度等）的基础上，开展工程品质评价（脆性指数、岩石弹性参数、地应力大小、各向异性等），按好、中、差分类。

二、地质模型建立

利用储层评价结果，结合水平井段轨迹周围砂体空间分布特征，描述目的层砂体在空间上的分布特征。平面上确定井轨迹两侧砂体宽度、距断层距离、距邻井距离、与最大主应力方向夹角，纵向上确定目标层砂体距邻近砂体距离和泥岩可压性评价，建立储层地质（力学）模型。

三、试油压裂方案

1. 优化目标

确定合理的段数、簇数、射孔方案，以减少无效压裂和提高压裂有效率，提高"甜点"的改造率。

2. 方案优化

综合考虑水平段储层条件，以获得最佳压后效果为目标优选压裂层段；根据钻后地质评价模型，确定有利位置，结合油气藏数值模拟结果优化分段数，优选射孔方式，设计布段布簇的层段。

1）施工参数优化

找出实现压裂方案优化的改造体积、裂缝条数、长度、导流能力等裂缝参数的最佳施工方案，包括排量、液量、砂量、砂比等参数和分段压裂工艺、工具优选等。

2）施工材料优选

施工材料优选的目标是在保证低成本、低伤害的基础上，根据储层特性和施工工艺要求选择相应的压裂液体系和支撑剂。

3）压裂液体系优选

与液体选择相关的储层特征包括储层类型、储层深度、温度、渗透率、黏土矿物含量、储层敏感性、地下油气特性、地层水类型及矿化度等。支撑剂选择主要受闭合应力的大小决定，应考虑粒径、破碎率、承压能力、渗透率及成本等。

重点图件：储层分类解释表，测井解释柱状图、录井解释柱状图、综合解释柱状图，工程品质评价图、射孔段图，单井控制储量计算表，导眼井目的层与上下邻层油层发育情况，过水平井储层反演剖面及目的层与上下邻层距离预测，水平井轨迹方向上下邻层储层平面分布预测图，目的层储层平面分布与断层叠合图，井筒周围地应力分布图等。

3. 确定方案

综合以上因素确定压裂段数、簇数、射孔方案、施工规模及材料等，提交压裂地质设计和压裂工程设计。

四、单井储量评价

根据水平井产能预测结果，按照储量规范计算单井控制储量。

第四节　水平井钻探实例

本节以三肇凹陷肇源地区扶余油层水平井钻探为例，介绍水平井实施过程（李国会等，2019）。三肇凹陷位于松辽盆地北部中央坳陷区，西接大庆长垣，东侧被绥棱背斜和朝阳沟背斜环绕，是松辽盆地北部重要的勘探领域之一，油气资源丰富。构造主体从北向南发育升平、卫星—宋芳屯、尚家—榆树林、肇州、朝阳沟背斜五个三级构造。

肇源地区位于三肇凹陷南部肇州鼻状构造西翼，西至大庆长垣东翼，向南延伸至朝阳沟阶地。该区扶余油层分布在泉三段、泉四段，纵向上自下而上依次可划分为 FⅢ、FⅡ 和 FⅠ 油层组，目前钻遇的油层主要分布在 FⅠ 和 FⅡ 油层组。FⅠ 油层组厚度为 90~100m，FⅡ 油层组厚度一般为 60~70m。岩性主要为一套紫红、灰绿色泥岩夹灰色、绿灰色粉砂岩、泥质粉砂岩与灰棕、棕色含油粉砂岩不等厚互层。

肇源地区扶余油层大部分钻井是 1997 年以前的老井，虽进行了压裂试油，但压裂规模不大，除个别区块获得工业油流外，大部分井以低产为主，采油强度较低，在 0.002~0.214t/（d·m）之间，平均仅为 0.07t/（d·m）（表 9-1）。

表 9-1　肇源地区低产井采油强度数据表

井号	试油年份	层数	射开有效厚度/m	试油方法	日产油量/t	采油强度/[t/（d·m）]
T105	1997	2	10.6	压后 MFEⅡ	0.294	0.028
T701	1996	3	7.4	压后抽汲	0.060	0.008
T9	1996	1	2.0	压后 MFEⅡ	0.428	0.214
Y159	1995	2	2.4	压后抽汲	0.069	0.029
Y181	1993	2	6.0	压后提捞	0.176	0.029
Y29	1994	5	14.0	压后抽汲	0.033	0.002
Y291	1994	2	3.4	压后提捞	0.664	0.195
Z21	1980	6	17.6	压后提捞	0.324	0.018
Z403	1995	1	4.2	压后抽汲	0.494	0.118

续表

井号	试油年份	层数	射开有效厚度/m	试油方法	日产油量/t	采油强度/[t/(d·m)]
ZH164	1996	2	5.0	压后 MFE Ⅱ	0.690	0.138
ZH165	1993	4	9.5	压后提捞	0.523	0.055
ZH166	1993	3	7.6	压后提捞	0.433	0.057
ZH255	1993	1	3.0	压后气举	0.055	0.018

单井产能问题严重制约了研究区勘探开发步伐。以 P333 区块为例，该区块油层厚度相对较大、单井产能相对较高。开发试验区采取 240m×100m 井网，投产油井 124 口，注水井 76 口，单井平均初期日产油 1.45t，低效井比例达 30%，单井平均日产油 0.3t，综合含水率达 70%，证实直井常规开发的效果较差。

水平井＋大规模体积压裂技术在 YP1 井、ZP6 井、ZP20 井等为代表的致密油单井试验取得突破后，相继开辟的 YP1 井、QP2 井和 L26 井等水平井试验区获得了较好的开发效果，证实了采用水平井开发＋大规模体积压裂改造技术对致密油提产的有效性和可行性。

一、"甜点"区地质特征

1."甜点"区油藏特征

肇源地区扶余油层主要发育大型浅水三角洲沉积，分流河道、水下分流河道为主要储集体。其上的青一段为大段的黑灰色泥岩、黑褐色油页岩，既是良好的盖层，又是生油层。青一段泥岩 R_o 在 0.7%~1.6% 范围内，整体的排油强度都很大，一般在 $2×10^4t/km^2$ 以上，青一段烃源岩在生、排烃方面都能满足向下排替烃类，在下伏泉头组形成致密油藏。油气运移的驱动力有浮力、构造应力和异常流体压力，其中对油气运移起主要作用的驱动力为地层异常流体压力，即剩余压力。青一段成熟烃源岩超压为油气垂向下排提供动力，以扶杨油层砂体及断裂为输导通道。油层富集受断裂特征、储层发育状况及构造特征三种因素的控制，油藏类型主要为构造诱导下的断层—岩性、岩性油藏。

根据研究区实测温度、压力资料，温度梯度在 4.681~5.014℃/100m 之间，平均为 4.867℃/100m，属于较高地温梯度。压力系数在 0.917~0.970 之间，平均为 0.944，属于正常压力系统。根据研究区扶余油层地面原油分析资料，原油密度平均为 $0.8650t/m^3$，地面原油黏度平均为 40.9mPa·s，含蜡量平均为 27.7%，含胶量平均为 14.1%，凝固点平均为 36.2℃，初馏点平均为 132.6℃。根据区内高压物性测试结果，扶余油层平均原始饱和压力为 5.36MPa，地层原油黏度平均为 3.93mPa·s。

2."甜点"区矿物脆性特征

砂岩主要成分为长石岩屑砂岩，矿物成分主要为石英、长石及岩屑。储层中石英含量平均为 24.5%，正长石含量平均为 26.5%，斜长石含量平均为 4.3%，岩屑含量平均为 33.6%，泥质含量平均为 7.9%；粒度中值为 0.04~0.25mm。岩石颗粒较细，为粉砂岩；颗粒分选中等，胶结类型以孔隙—再生—薄膜式为主，胶结中等—致密。

岩石脆性指数指岩石中易碎矿物占总矿物的比例，反映岩石易于破裂的程度。研究区矿物组分主要为石英、长石、方解石和黏土矿物，通过钻井取心对岩石矿物成分分析及对测井数据综合分析，扶余油层致密砂岩储层脆性主要受岩性控制，粉砂岩含量越高，脆性程度越高，泥质岩脆性指数一般小于35%，粉砂岩脆性指数一般大于40%。岩石力学测井计算脆性指数大于40%的砂层组试油证实具有产能。该区扶余油层为粉砂岩、含泥含钙粉砂岩，砂岩间泥岩隔层厚度几米到几十米不等，储层脆性条件较好，脆性指数在40%~60%之间，易于后期压裂改造。

3."甜点"区平面分布及储层特征

Y63"甜点"区位于三肇凹陷南部肇源地区，是该区规模最大的"甜点"区，纵向上主要发育FI-2油层组、FI-3油层组和FII-1油层组3个"甜点"层（图9-6），其中最主要的是FII-1油层组，油层厚度大，分布范围广，本节研究的目标层就是FII-1"甜点"层。致密油"甜点"区范围受河道砂体控制，因此研究致密油单层"甜点"的平面分布，需要井震结合开展储层预测研究，准确预测出河道砂体空间上的展布特征。

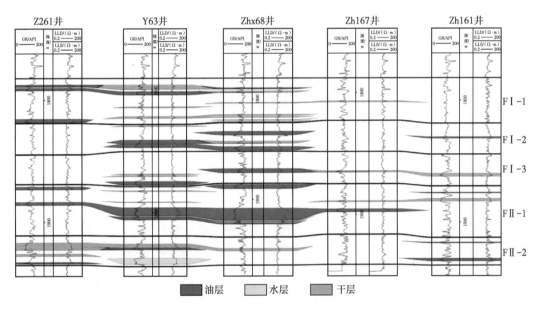

图9-6　Y63井区扶余油层Z261井—ZH161井连井对比剖面图

地震属性是沉积相划分和识别河道的重要手段之一，三肇凹陷扶余油层组整体表现为薄互层，在这种砂泥薄互层的地层中，每一个砂层组包含一个或多个单砂层。地震反射同相轴是砂岩沉积韵律的反映，反射波的振幅、频率、相位特性是每个单层相互干涉叠加的结果，因此，砂岩厚度变化等可以通过地震波形间接反映出来，地震反射波包含各种岩性的厚度、速度、波阻抗等信息，波形的变化反映了这些信息的变化，而波形的变化利用各种地震属性可以检测出来。因此，在属性分析前，应分析地震同相轴与砂体是否发育，以及与发育厚度的关系。对比发现，针对FII-1"甜点"层，砂体越厚，波形变宽、振幅能量越强；砂体越薄，波形变窄、振幅能量越弱（图 9-7 和图 9-8），说明振幅信息能比较敏感地反映砂体的相对发育程度。为此，提取了多种振幅类属性，通过对比优选，最大波峰振幅属性预测河道砂体与实钻较为相符，钻井验证符合率 85.2%（图 9-9）。依据最大波峰振幅属性，井震结合开展砂岩发育区解释，图 9-9 中黄红色强反射代表砂体发育，黄绿色中等反射代表砂体相对发育，蓝色弱反射代表砂体不发育或较薄。依据地震属性砂体预测平面展布特征，以井点沉积微相为模式，井间依据波峰振幅属性外推，井震信息优势互补、相互印证、综合分析，确定河道等沉积微相的空间配置关系（图 9-10）。

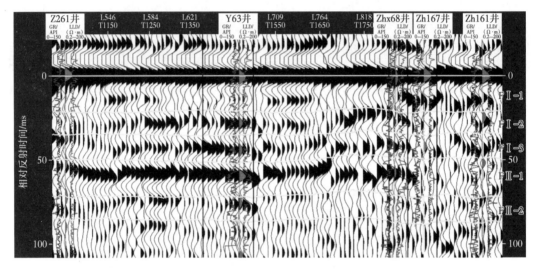

图 9-7　Y63 井区扶余油层 Z261 井—ZH161 井常规地震剖面图

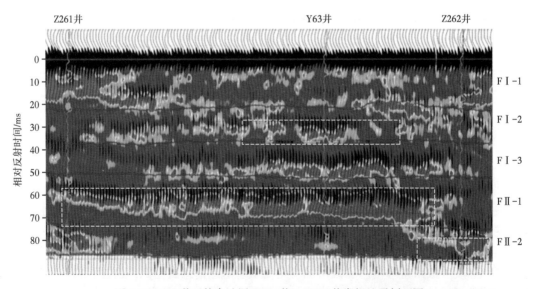

图 9-8　Y63 井区扶余油层 Z261 井—Z262 井常规地震剖面图

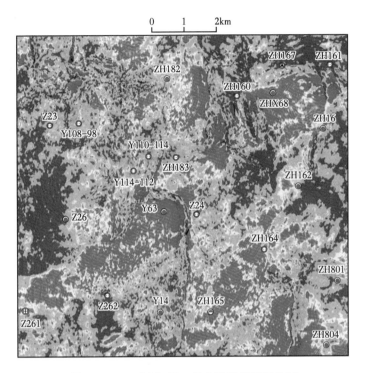

图 9-9　Y63 井区 FⅡ-1 最大波峰振幅属性图

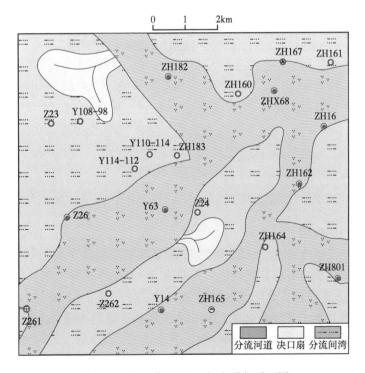

图 9-10　Y63 井区 FⅡ-1 沉积微相平面图

河道砂体的范围，就是该层致密油"甜点"范围，由于河道砂体储层厚度大、物性好，分流河道范围内钻井均见油层。河道宽度为 500~2500m，呈北东—南西向条带状展布。河道砂体厚度为 2.6~10.0m，主要为粉砂岩，曲线上呈箱形。储层物性较好，孔隙度一般在 9.0%~13.5% 之间，中值为 11.8%；空气渗透率一般在 0.1~1.5mD 之间，中值为 0.55mD。

二、平台式"工厂化"水平井设计

1. 水平井轨迹方位的确定

对于致密砂岩水平井，为了保证后期压裂改造效果、提高单井动用储量，其水平段在储层的平面展布方向上必须与地应力分布规律相匹配。地应力指赋存于地壳岩石中的内应力，是影响油层压裂改造的重要因素。三肇地区扶余油层地层最大主应力方向在 80°~90° 之间（图 9-11），即近东西向。最大主应力一般在 35~40MPa 之间，最小主应力一般在 28~34MPa 之间，压差小于 10MPa，有利于后期大规模体积压裂等工程改造。根据岩石力学特征，在不存在天然裂缝干扰的情况下，人工裂缝大致展布方向应该沿最大主应力方向，水平井设计方位应与地应力方向垂直，即近南北向。

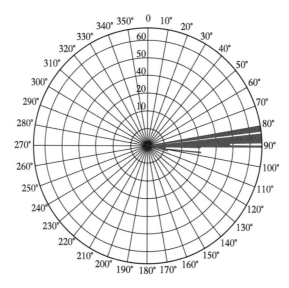

图 9-11　Y63 井区扶余油层最大水平地应力方向频率图

2. 水平井间距的确定

致密油储层由于砂体致密、储层物性差，有效驱替系统建立难度大。为了扩大水平井之间缝网系统波及体积，实现有效动用，需要确定合理的水平井间距。在目前大规模体积压裂的工艺下，通过对三肇地区扶余油层 ZP8 井、ZP12 井、ZP15 井、ZP20 井共 4 口井的微地震监测发现，水平井压裂施工过程中人工压裂造缝的半缝长主要集中在 170~230m（图 9-12），为保证相邻水平井大规模体积压裂改造后，使人工压裂造缝有效波及水平井两侧全部储层，有效合理的水平井井距为人工压裂半缝长的两倍，三肇地区扶余油层合理的水平井井距为 340~460m。

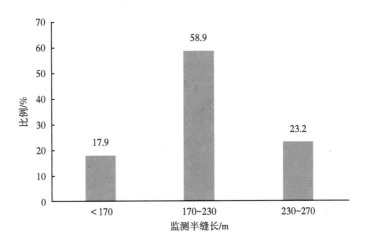

图 9-12　三肇地区水平井微地震监测压裂半缝长直方图

3. 平台式"工厂化"水平井设计

水平井设计的部署区选择 Y63 井—Z261 井这条北东方向的河道砂体，主要是因为该河道振幅能量强、地震波形特征稳定、均一，说明河道砂体稳定，储层非均质性相对较弱，有利于水平井实施。水平井设计以 Y63 井为参照井，该井钻遇河道砂体厚度为10.0m，孔隙度为 11.5%，渗透率为 0.63mD。针对 Y63 井区 FⅡ-1 层致密油"甜点"，通过地震属性对河道砂体进行了预测，为进一步落实"甜点"砂体的平面分布，开展了地质统计学反演方法的储层预测，地质统计学反演在储层薄、横向变化快的区域是一种比较实用的方法。反演预测的结果与地震属性预测结果类似，两种预测方法的相互印证，进一步证实了河道砂体地震预测的准确性。依据波峰最大振幅属性、地质统计学反演预测结果，河道砂体延伸长度 5.8km，河道宽度为 1.3~2.5km，致密油"甜点"面积为 11.3km²。设计 4个水平井井组，水平井共 11 口，井间距 300~500m，水平段长度 1084~2508m（图 9-13）。

三、钻探效果

Y63 井区完钻水平井 11 口，均获得好的钻探效果。以 ZP23 井为例，完钻井深3283m，水平段长度 1234m，砂岩 1192m，油层 1033m，其中油浸 408m、油斑 409m、油迹 117m，砂岩钻遇率 88%，油层钻遇率 76.5%（图 9-14）。

ZP23 井综合解释Ⅰ-1 类油层 10 层 418.2m，致密油Ⅰ-2 类油层 17 层 180.6m，Ⅱ类油层 11 层 335.2m。参考破裂压力、脆性指数大小，以及固井质量，将水平段工程的工程品质分为好、中、差三类。其中，好工程品质水平段长 681.4m，中等工程品质水平段长68.9m，差工程品质水平段长 483.7m。地质上分 13 段、工程上分 31 段设计，采用可溶桥塞工艺进行压裂，加液总量 28634m³，酸液 84m³，加砂总量 3413m³，压后采用水力泵求产，试油获 54.06t/d 高产工业油流。证实三肇地区扶余油层致密油"甜点"砂体具有良好开发潜力。

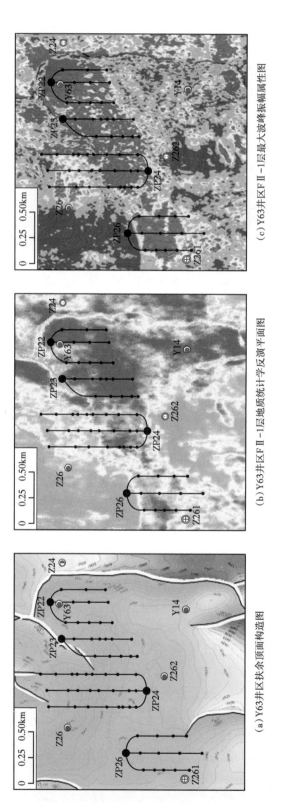

(a) Y63井区扶余顶面构造图

(b) Y63井区F Ⅱ-1层地质统计学反演平面图

(c) Y63井区F Ⅱ-1层最大波峰振幅属性图

图9-13 Y63井区F Ⅱ-1层"甜点"水平井平台式"工厂化"轨迹设计平面图

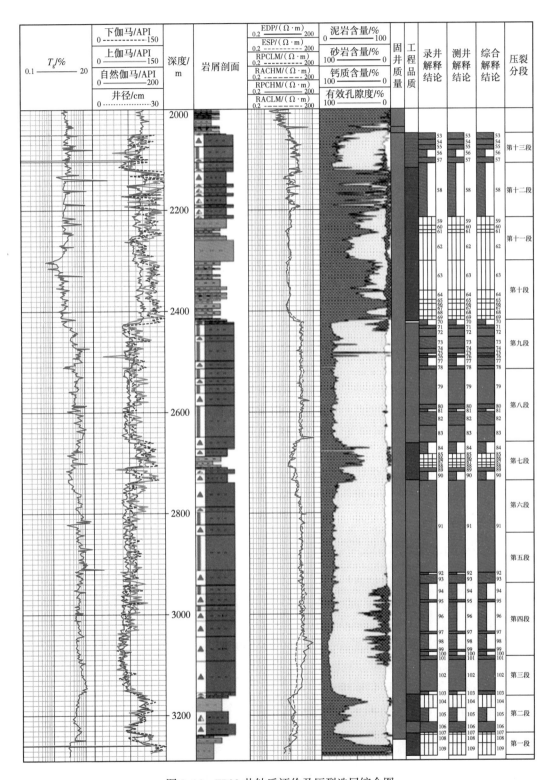

图 9-14　ZP23 井钻后评价及压裂选层综合图

第十章 致密油经济有效开发技术对策

源下扶余油层致密油运聚成藏，具有"薄层与分散"独有的地质特点，为非典型非连续型致密油资源，原有常规水驱开发和国内外厚层致密油开发技术无法满足资源高效动用。2013年以来，围绕制约有效开发和规模推广的关键瓶颈技术，不断更新理念，试验探索，创建了特色的非连续型薄层致密油开发关键技术体系，助推了致密油资源成为新的产量增长点。

第一节 致密油开发方式与开发设计技术

一、致密油藏开发技术挑战

扶余油层致密油属于国内外罕见薄小砂岩致密油资源，受储层条件的限制，产量递减快、阶段采收率低，开采难度大；单井综合成本高，开发效益差。

致密储层"甜点"纵、横向发育的不均衡性，"甜点"组合类型多样性决定了开发方式的独特性和开发设计的"定制式"性，需要立足精细地质认识和人工油藏渗流及开采机理，开展以提高单井产量和最终估算采收率（EUR）为目标的地质工程一体化设计方法等研究。同时工程技术上水平井优快钻完井技术、储层压裂改造技术和工厂化作业仍需进一步降本提效以保障规模效益开发。

二、致密油开发方式选择

1. 孔隙结构与可动流体关系

扶余油层致密岩样渗透率贡献80%以上来自亚微米级孔隙，少量来自微米级孔隙。高台子油层致密岩样渗透率贡献90%以上来自亚微米级孔隙，少量来自纳米级孔隙，几乎不见微米级孔隙贡献。总体而言，渗透率贡献90%左右来自亚微米级孔隙，同时，微米级和纳米级孔隙有少量贡献。致密储层渗流能力贡献主要来自亚微米级以上孔隙，纳米级孔隙贡献率仅为5%~17%（图10-1）。

纳米级孔隙含量是评价储层开发难易程度的一个很关键的参数。致密油储层在孔隙度小于9%时，以纳米级孔隙为主；在孔隙度大于9%时，以亚微米级和微米级孔隙为主。随着储层渗透率增加，纳米级孔隙比例下降，但纳米级孔隙度基本不随渗透率改变，绝对孔隙度一般在4%左右。随着渗透率减小，纳米级孔隙含量急剧增大，当渗透率低于 0.1mD 时，储层的孔隙空间一般以纳米级孔隙为主。但是，当渗透率增大到 0.5mD 时，纳米级孔隙含量降低到 30% 以下。因此，渗透率 0.1mD 以下储层开发难度极大，须探寻纳米油气开发技术（图 10-2 和图 10-3）。

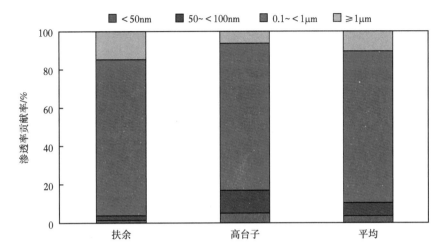

图 10-1　扶余油层和高台子油层致密岩样渗透率贡献率分布特征

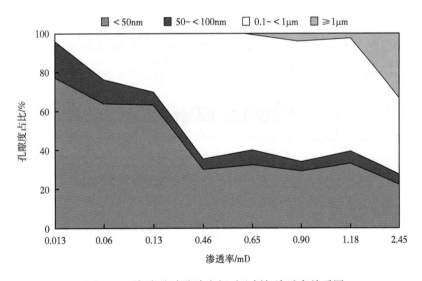

图 10-2　各类孔隙孔隙度相对比例与渗透率关系图

纳米级孔隙对可动流体贡献较小，可动流体主要来自亚微米级以上孔隙，并随渗透率增加而增加。可动孔隙度动用程度能达到 8% 左右，并且同样随着渗透率增加而增加；不同渗透率岩心，纳米级喉道（小于 0.1μm）所控制的流体体积随渗透率的增加呈现减小趋势，60% 左右的流体控制在纳米级空间里面；亚微米级喉道（0.1~1μm）所控制的流体体积随渗透率的增加而逐渐增加（图 10-4）。

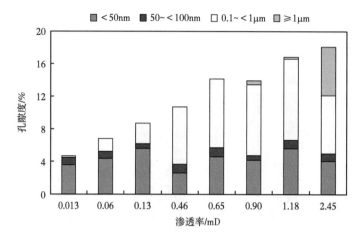

图 10-3　各类孔隙孔隙度绝对量与渗透率关系图

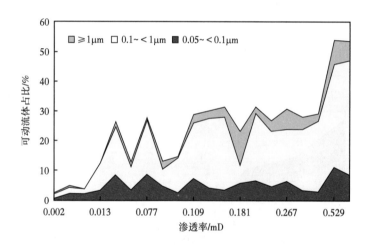

图 10-4　不同渗透率条件下各类孔隙可动流体构成曲线

2. 致密储层渗流机理

致密砂岩储层的物性较一般低渗透、特低渗透储层物性更差，渗流特征及机理的研究难度更大，因此关于致密砂岩储层渗流特征和油水运移规律的研究报道较少。为解决致密砂岩油藏的有效动用、井网部署方式等相关工程难题，必须探索研究致密砂岩储层的渗流特征并分析其渗流规律。通过完善致密油储层特征评价技术，实现了岩性矿物、孔隙结构和渗流"三位一体"精准表征，纳米级孔喉和可动油认识更清晰。

1）致密砂岩岩心油水相对渗透率处理新方法

非线性渗流实验数据在油气开发中有着广泛的应用，可以使用极限井距法、有效动用系数法和数值模拟方法来计算流体流动的极限距离。有效动用系数法和数值模拟方法可以比较准确地计算极限井距，但两种方法都需要大量数据。因此，利用极限井距法来计算流体流动的极限距离。该方法的优点是计算简捷快速，需要的基础参数少。

开展了不同物性、不同含水饱和度下致密砂岩岩心两相流时拟启动压力梯度测定实验，油水两相流拟启动压力梯度随含水饱和度增加呈现出先增加后减少的变化规律，且最大拟启动压力梯度与克氏渗透率之间存在很强的相关性。

等产量源—汇稳定径向流的渗流理论表明，在所有流线中，主流线上的渗流速度最大；在同一流线上，与源—汇等距离处的渗流速度最小。如果要使主流线上的中点处油流动，该点的驱动压力梯度必须大于启动压力梯度，则可计算出在某个渗透率条件下不同注采压差的极限注采井距，假设有效注采压差为 15MPa，忽略井筒半径，可用不同渗透率区间不同状态下平均启动压力梯度，计算流体流动极限距离（表 10-1）。

表 10-1　注采压差 15MPa 条件下不同渗透率区间流体流动的极限距离

油层	极限距离 / m				
	渗透率为 0.01mD	渗透率为 0.05mD	渗透率为 0.1mD	渗透率为 0.5mD	渗透率为 1.0mD
扶余	1.3	5.4	14.0	28.5	52.1
高台子	3.8	8.5	15.9	32.3	63.4

渗透率越低，流体流动极限距离越短；渗透率小于 0.5mD 时，储层内部基本处于非线性渗流状态。

通过对注入液中含水百分数与归一化拟启动压力梯度关系图版的拟合回归处理，建立了考虑岩石物性和含水饱和度的两相流拟启动压力梯度数学表征方法。利用拟启动压力梯度数学模型，在数据处理前先对实验监测得到的压力数据进行修正，然后利用 JBN 方法再进行处理，得到致密储层油水两相相对渗透率。新算法与 JBN 方法相比，油相相对渗透率变化不大，水相相对渗透率有所增大，这是因为新算法考虑了启动压力梯度的影响，在数据处理过程中减掉了由于拟启动压力梯度带来的附加压降。

致密岩心相对渗透率曲线的束缚水和残余油饱和度均较高，油水两相共渗区窄，最终水驱油效率较低；随着含水饱和度上升，油相相对渗透率快速降低，水相相对渗透率上升缓慢，表明该储层注水开发难度较大。

2）大规模压裂前后的渗流特征

从造缝前后两块致密岩心相对渗透率曲线对比情况可以看出，束缚水饱和度和残余油饱和度较高，随着含水饱和度上升，油相相对渗透率急剧下降，而水相相对渗透率上升缓慢，最终在残余油饱和度下，水相相对渗透率极低，平均为 9.21%。油水两相共渗区狭窄，两相跨度平均为 18.91%，等渗点对应的含水饱和度平均为 51.94%。与造缝前相比，残余油饱和度降低，水相相对渗透率有所升高，残余油饱和度下的平均水相相对渗透率较造缝前提高了 8.91 个百分点。油水两相共渗区范围扩大，平均为 23.89%，等渗点右移，对应的含水饱和度平均为 55.54%。人工缝存在改善了油水渗流条件，残余油饱和度下的水相相对渗透率显著提升。

采用大型三维物理实验平板岩心模型对比不同开发方式下的开发效果，弹性开发采出程度仅有 2.16%，而压裂后岩心弹性开发的采出程度提高 10.38 个百分点，平均剩余油饱和度降低了 7.48%，这主要是因为弹性开发过程中近井区域内原油因弹性膨胀能被动用，而由于致密岩心渗透率较低，在远离生产井区域存在不渗流区域和非线性渗流区域，使得远离生产井的微小孔隙中的原油难以被动用。而裂缝的存在增加了基质的渗透率，提供了额外的原油渗流通道。与此同时，裂缝还对原油的富集起到积极的作用，使得采出程度和波及系数都有一定程度的升高。综上所述，致密岩心压裂后的弹性开发效果更好。对比岩心 2 裂缝弹性开发和清水吞吐渗吸开发效果可知，清水吞吐渗吸开发可进一步提高采收率4.24 个百分点。对于弱波及区域，水相能够在一定的驱动力下波及更广泛的区域，并在波及的区域产生渗吸作用，同时清水的注入能够补充近井及近裂缝区域的能量，吞吐的能量使原有弹性开采时的流线发生改变，增加了该区域的压力场扰动，使油水重新分布，动用该区域的剩余油（表 10-2 ）。

表 10-2　致密岩心模型不同开发方式开发效果对比

岩心模型	开发方式	采出程度 /%	平均剩余油饱和度 /%	波及系数
岩心 1	基质弹性开采	2.16	58.40	0.192
岩心 2	裂缝弹性开采	12.53	50.92	0.592
	清水吞吐开采	16.77	48.24	0.653

人工缝存在改善了油水渗流条件，残余油饱和度下的水相相对渗透率显著提升。人工油藏开发机理主要是通过大规模增产改造扩大泄油面积和提高渗流能力。

3. 直井、水平井产量变化规律

人工油藏弹性开采过程分为初期（高速非线性流—弹性驱动）、中期（拟线性流—膨胀驱）、后期（低速非线性流—渗吸作用）三个阶段，产量变化呈幂律指数递减和双曲递减规律。初期高产高速非线性渗流阶段受压差弹性驱动、裂缝变形与闭合的压实作用，产量高、递减快，地层压力下降快；中期拟线性流阶段主要依靠岩石与流体弹性膨胀驱动，其次是压裂液的弹性驱，产量基本保持稳定、递减慢；后期低速非线性流低产阶段主要依靠溶解气驱，其次依靠渗吸作用，采油产量较低、递减缓慢。

1）产量递减模型

致密油井初期产量递减快，后期递减缓慢，长期处于不稳定流动阶段。传统产量递减分析方法（指数递减、双曲递减和调和递减）主要适合于油井生产达到拟稳态流动或边界控制流动阶段，因此需要研究可用于描述包括非稳态流、过渡流和拟稳态流（或边界控制流）在内的整个生产过程的产量递减分析方法。

油气井产量递减的快慢程度通常以递减率来表征，即单位时间内的产量递减百分数，其表达式如下：

$$D = -\frac{1}{q} \cdot \frac{\mathrm{d}q}{\mathrm{d}t} \qquad （10-1）$$

式中　D——递减率，d^{-1}；

　　　q——油井产量，t/d；

　　　t——生产时间，d。

幂律指数产量递减分析方法中的幂律递减率计算如下：

$$D = D_{\infty} + D_1 t^{-(1-n)} \qquad (10\text{-}2)$$

式中　D_{∞}——时间趋于无穷大时的递减率，d^{-1}；

　　　D_1——生产时间为 1d 时的递减率，d^{-1}；

　　　t——生产时间，d；

　　　n——递减指数，取值在 0~1 之间。

同时通过对比 Arps 模型、Duong 模型和 SEDM 模型预测符合率，幂律指数模型对高产井预测精度高，Arps 模型对低产井预测效果较好。Duong 模型和 SEDM 模型更能符合Ⅰ类储层前期快速递减阶段；而 Arps 模型更能描述Ⅱ类、Ⅲ类储层的变化。

和国内外油田对比，大庆致密油整体呈现初期递减快，平均月递减率为 20%~30%，年递减率为 36%~66%（图 10-5）。

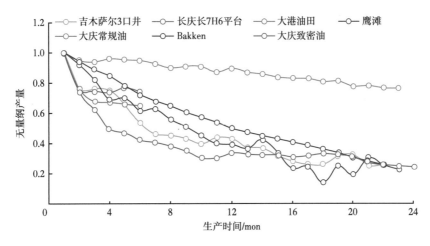

图 10-5　国内外致密油无量纲产量曲线

2）水平井生产规律分析

通过将致密油投产时间超过一年的 107 口水平井，按照初期稳定日产油量分为三类：A 类大于 10t，B 类 5~10t，C 类小于 5t。

A 类井超过设计指标，钻井效果好，储层品质好，改造效果好。钻遇油层长度 1000m 以上，压裂砂、液量适宜，改造合理，控制储量较大，平均单井加液量 16001m³，加砂量 1832 m³，初期产量高，高产期长，平均单井初期一年产油量 4839t，预测 EUR 可达到 16775t，内部收益率为 8.3%。

B 类井接近设计指标，整体钻井效果较好、改造效果较差，部分井钻井效果一般，压裂效果较好。钻遇油层 600m 以上的改造规模大，或钻遇油层 200m 左右甚至更小，加大压裂规模，平均单井加液量 12043m³，加砂量 1502m³，初期产量较低，高产期短，平均单井初期一年产油量 2482t，预测 EUR 可达到 8604t，内部收益率为 4.3%。

C 类井低于设计指标。钻遇油层小于 700m，含油性差、改造规模大，钻遇油层大于 1000m，压后未及时返排。平均单井加液量 12953m³，加砂量 1418m³，初期产量较低，高产期短,平均单井初期一年产油量876t,预测EUR可达到3037t,内部收益率小于0。

各类井生产动态遵循"L型、n型、一型"的不同递减规律。同时投产效果好的井含水率为30%~50%,效果差的井含水率达到70%以上。以芳198-133区块为例,采用幂律指数递减模型预测弹性开发采收率为8.06%,但单井在5.48%~11.6%之间,砂岩钻遇率在72.9%~100%之间,单井可采储量在(0.8~1.4)×10⁴t之间。

3)直井生产规律分析

通过将致密油投产时间超过一年的683口直井,按照初期稳定日产油量分为三类:A类大于3t,B类1~3t,C类小于3t。B类以上井占比68.6%。

A类井储层品质好,厚度大。平均单井有效厚度11.8m,加液强度454.2m³/m,加砂强度19.0 m³/m,初期产量高,稳定含水率下降到50%。B类井平均单井有效厚度9.9m,加液强度461.0m³/m,加砂强度17.4m³/m,初期产量较高,稳定含水率下降到70%。C类井平均单井有效厚度8.3m,加液强度442.5m³/m,加砂强度17.2 m³/m,初期产量较高,见油后保持85%左右高含水状态。

采用幂律指数递减模型预测典型井区产量和采出程度,不同井区受储层品质、改造工艺适应性等因素影响,差异较大。以塔21-4和葡483两个直井区为例,葡483井区采用300m×120m井网,初期第一年单井年产油量1553t,单井控制储量4.8×10⁴t,预测EUR6774t,采收率14.1%;塔21-4井区Ⅰ类储层采用500m×300m井网,初期第一年单井年产油量1202t,单井控制储量7.9×10⁴t,预测EUR5816t,采收率7.4%;塔21-4井区Ⅱ类储层采用600m×300m井网,初期第一年单井年产油量552t,单井控制储量7.3×10⁴t,预测EUR2166t,采收率仅3.0%。

4.井型组合模式

松辽盆地扶余油层为古嫩江、古松花江等多物源体系控制下的浅水河流—三角洲相,沉积体系的差异造成扶余油层平面上、纵向上砂体展布特征不同。以基于砂体组合特征研究为基础的地震相分区预测技术,精细刻画小层级微相平面展布。首次提出了主力层河道砂、主薄层河道砂错叠、多薄层河道砂体叠置三种砂体组合类型,以此为依托明确了剩余储量潜力分布。其中,主力层河道砂发育区占58.2%,主薄层河道砂错叠区占26.7%,多薄层分流河道砂叠置区占15.1%。根据致密油"甜点"组合类型,定制主力层—水平井、主薄层错叠—直平联合、多薄层叠置—斜直井三种开发模式。

主力层河道砂发育区:主力油层发育,有效厚度大于3m,采用"'甜点'砂体+人工裂缝+组段优化"水平井体积压裂立体开发(图10-6)。

主薄层河道砂错叠区:纵向上发育两个以上主力层河道砂错叠分布,采用"'甜点'砂体+水平井动用主力层+直井控制储量"多井型平台化布井个性化压裂,提高主力层河道砂控制程度,减少"甜点"区地质储量损失(图10-7)。

多薄层分流河道砂叠置区:致密油层数多,主力层"甜点"不发育,单层有效厚度薄,发育油层多于3层,单层有效厚度1~3m,小层地质储量占比较小,水平井砂体钻遇率低、储量损失大,水平井只能动用区块众多小层中20%地质储量,采用多层位平台直井大规模缝网压裂模式(图10-8)。

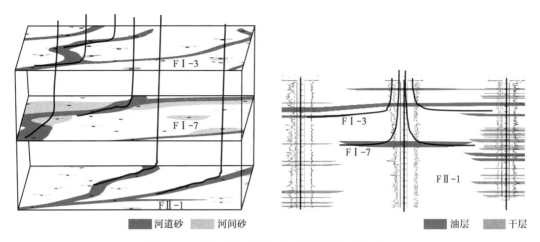

图 10-6　致密油主力层—水平井井型组合模式

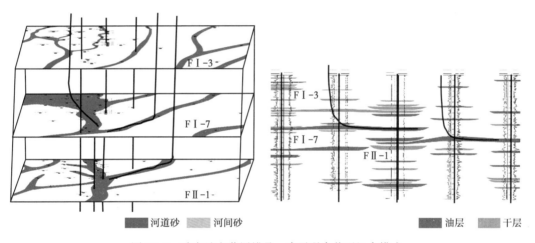

图 10-7　致密油主薄层错叠—直平联合井型组合模式

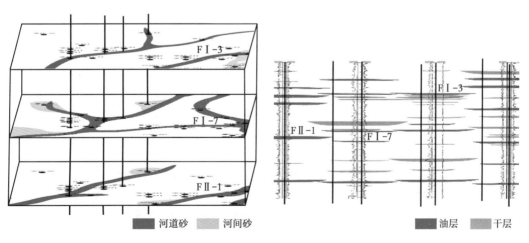

图 10-8　致密油多薄层—斜直井井型组合模式

三、开发井网及井型优化设计研究

1. 开发经济下限分析

统计试验区投产资料，弹性开发稳定产量与单井缝控地质储量有较好相关性，单井缝控地质储量越大，初期稳定产量越高。

水平井以投产满一年 35 口水平井分析，结果表明，现有水平井钻井、压裂投资，在阶梯油价条件下满足内部收益率大于 6% 效益开发，水平井缝控地质储量下限为 $14.1×10^4t$，初期单井日产油下限为 8.9t。若有效厚度 2.5m "甜点" 层部署水平井，水平段有效砂岩长度不小于 800m，才能满足效益开发单井缝控地质储量下限。直井区以塔 21-4 区块为例，缝控地质储量下限为 $4.03×10^4t$，初期单井日产油下限为 1.8t，有效厚度下限为 6.0m，井网密度不高于 14.53 口 $/km^2$。

2. 立体水平井优化设计

1）水平井方向优化

对比水平井方向和主应力方向、不同砂体展布方向，选择合理布井方式。建立了离散裂缝非结构化网格力学模型和河道砂宽度、致密油层有效厚度、平均孔隙度、空气渗透率、原始含油饱和度和体积压裂平均半缝长地质模型。数值模拟研究表明，大庆外围油田扶余油层最大主应力方向为近东西向，当主力层河道砂南北向延伸时，沿河道部署水平井，平均单井缝控地质储量比横切河道方向部署水平井多 29.1%，平均单井 10 年累计多产油 28.7%。可见，水平井部署在满足垂直最大主应力方向的同时，应尽可能沿河道砂延伸方向。大庆长垣外围扶余油层最大主应力方向为近东西方向，首选南北延伸方向的河道砂 "甜点"。随着水平井钻遇有效砂岩长度增大，压裂后缝控地质储量增加，有利于最大程度提高单井最终估算采收率。

2）水平井长度确定

考虑到大庆外围油田扶余油层主力层河道砂规模小、宽度一般小于 900m，在满足水平井开采经济界限条件下，应大力提高水平井钻遇率和有效砂岩段长度，以保证单井地质储量。大庆外围油田试验区完钻水平井长度一般为 800~1200m，平均为 1009m。

3）水平井井距优化

合理井距以对河道砂控制程度最高、单井缝控地质储量和 EUR 最大为原则，根据试井分析、数值模拟，以及矿场动态资料分析综合确定。数值模拟无限大均质模型，水平段长度为 1200m，模型物性参数按照垣平 1 井区实际值取值，分析计算水平井井底流压波及范围。结果表明，水平井开采满 1 年时，井底流压波及半径为 340m。应用 Topaze 试井解释系统，通过井的生产数据（压力历史和产量数据）进行解释分析，利用地层压力分布变化确定水平井流动控制边界。初期压降区域范围主要在压裂缝周围；随着生产时间的延长，主要压降区域范围扩大到 520m×1400m，控制半径为 260m；随着时间的推移，主要压降区域范围为 640m×1814m，控制半径为 320m。结合水平井技术经济下限，建立 "甜点" 品质、"甜点" 厚度与井网参数、工艺参数定量关系图版，考虑 "甜点" 规模、人工缝缝控储量相匹配优化水平井设计参数。根据 "甜点" 层段含油厚度和压裂布缝方式综合优化水平井长度、井距。"甜点"层有效厚度为 3.0m、水平段长度为 800~1000m 时，合理井距为 450~560m。考虑致密砂岩河道砂体宽度小于 900m 和体积压裂人工缝的有效性，综合确定水平井弹性开采合理井距为 350~500m。

3. 平台直井优化设计

按照与直井弹性开采井网相匹配的适度规模压裂概念，即压裂设计和施工参数既满足打碎致密油层"人造油藏"，又要避免主缝过长形成干扰，井网密度界限以砂体控制程度最高为原则，追求的目标是产油量最大化、采收率最大化和投资最小化。根据扶余油层致密性质和适度规模压裂人工裂缝资料，采用油藏工程公式法计算得到井网密度为 6~8 口 /km²。合理井排距优化以适度规模压裂监测的人工缝参数和井网密度界限作为开发井网优化的约束条件，基于"甜点"类型—井网协同—人工缝匹配的直井井距、排距优化图版，优化 I 类储层井距 435~670m、排距 145~230m。为进一步提高效率、降低成本，在薄层分流河道砂叠置区优选有效厚度大的"甜点"区部署钻井平台，平均每个平台控制 5~9 口井，平台率 100%。

第二节　致密油经济有效开发的技术对策

松辽盆地北部薄层致密油资源的特殊性决定了其开发方式的独特性，规模开发具有单井综合成本高、产量递减快，面临水平井优快钻完井技术降本增效力度不够，体积压裂提产空间、工厂化作业提效空间较大，弹性开发后能量补充提高采收率技术空白等问题与挑战。在单井突破基础上，历经"先导试验探索主体技术，分类扩大试验配套技术，工业化推广提质增效"三个阶段，逐步定型了具有大庆特色的薄层致密油开发关键技术体系，工程技术降本提效效果显著，能量补充提高采收率技术成功探索。

一、致密油水平井优快钻完井技术

致密油水平井优快钻完井技术是提高致密油开发效率、降低开发成本的主体技术之一。陆相致密油横向上的不连续性决定了开发平台的分散性和单一平台井数的有限性，这一特殊性也决定了松辽盆地薄层致密油工厂化作业技术的建立与完善只能自主创新。

1. 水平井优快钻井技术

以优化井身结构、优化井身剖面、优化工具优选和简化完井工序为核心的"三优一简"配套技术及薄油层有效钻遇技术，通过优选个性化 PDC 钻头、研发旋冲螺杆、推广"一趟钻"快捷钻井、强化钻进参数，固化形成了致密油钻完井提速提效技术模板，应用 45 口井，钻速提高 34.3%；优化改进了 LWD+ 录井地质导向、近钻头和旋转导向三种随钻导向模式，地质导向符合率提高至 95.7%。通过优选高效 PDC 钻头与长寿命螺杆，优化随钻仪器与钻具组合，形成全井技术套管（技套）、造斜段、水平段"三个一趟钻"施工模式。完善旋冲螺杆提速工具和水力振荡器减摩降阻工具，通过优化工具的流道设计，将工具压耗降低 2.2MPa，寿命延长至 240h，机械钻速提高 14.5%。

2. 水平井固井集成配套技术

大庆油田致密油水平井由于水平段长、砂泥岩互层多、井眼轨迹呈波浪形、井径不规则等因素，导致套管下入与居中困难、提高顶替效率难度大，固井质量难以保证。此外，大型压裂对水泥石力学性能要求高，在压裂过程中，易造成水泥石损伤，不利于水泥环的有效封固。2016年以前水平段优质井段比例为40%~50%。为提高水平井固井质量，分析了影响水平井固井质量的主要因素，从井眼准备、套管下入与居中、钻井液性能、冲洗顶替及注替工艺优化等重点环节入手，对可控因素进行量化分析，针对性地制定技术措施和解决方案，同时研制配套工具及完井液体系，形成提高水平井固井封隔质量配套技术并进行现场实践，取得了较好效果。通过数值模拟，实现了固井流体、固井施工和套管居中等参数的定量化，研发了具有冲洗、隔离双重功能的高效冲洗隔离液，形成了四级组合模式，冲洗效率由82.4%提高到90.8%；研发了树脂增韧水泥浆体系，解决了水泥石韧性增加、强度降低的矛盾，水泥石弹性模量降低了44.5%，改善了体积压裂对水泥环损伤。固井合格率100%，水平段平均优质率由42.3%提高到64.8%。

二、致密油压裂技术

扶余油层单层厚度薄，纵向集中度、横向连续性相对较差，储层孔隙度、渗透率条件差，物性及含油性差异大，非均质性严重，天然裂缝不发育。基于体积裂缝扩展特征，通过平面密切割、纵向穿层压裂，纵横兼顾地质工程一体化体积改造，大幅度提高单井产能，体积压裂增产改造技术的发展，带动了致密油藏的开发。

1. 薄层体积裂缝扩展规律

三轴岩石力学与地应力测试试验表明，岩石杨氏模量为10.14~25.5GPa，泊松比为0.048~0.176，抗压强度为90.9~271.1MPa，最大、最小水平主应力差为4.5~8.9MPa，应力差较大。采用全应力应变法评价储层脆性，脆性指数范围为0.25~0.65，大部分岩心脆性指数处于中等及以下，主要表现为单一的剪切破坏，部分岩心脆性指数较高，表现为劈裂破坏。另外，扶余储层层理不发育，高台子储层层理较发育。裂缝扩展物理模拟实验表明：裂缝形态主要受层理面控制，水平应力差影响明显，脆性指数影响不明显。当储层无层理时，在储层应力差下形成单一裂缝，脆性指数影响不大，应力差小于3MPa可形成较少分支缝；当储层存在层理时，应力差小于6MPa，水力裂缝易沿着层理附近延伸形成分支缝，且应力差越小，裂缝形态越复杂。

2. 水平井体积压裂技术

基于大庆致密油裂缝起裂及扩展机理，结合物理、数值模拟实验及产能主控因素分析，明确了裂缝以单一缝为主，切割密度与动用程度正相关，确定了缩小簇距、增加簇数的密切割改造思路，工艺技术系列化、集成化、配套化。创新形成了以"高强度、低成本、大SRV"为核心的地质工程一体化致密油水平井超级压裂技术，推动了水平井压裂工艺升级换代。

（1）完善了突出主力"甜点"层段、小簇距密切割布缝、高砂比大规模加砂等"高强度"改造技术方法，簇间距为10~15m，加砂强度达5.3t/m，加液强度达29.8m³/m，最高砂比为40%~45%，提高了致密油改造效果。

（2）形成了滑溜水携砂液、石英砂支撑剂、速钻桥塞等"低成本"工艺，滑溜水和石英砂比例均 100%，可溶桥塞比例不断提高，大幅度降低作业施工成本，与示范区建设前相比，水平井压裂同等施工规模综合成本降低了 10.1%。

（3）创新了等孔径簇式射孔、变粒径组合支撑、层间缝内多簇暂堵转向、压裂增能一体化等"大 SRV"技术，20~100 目不同粒径组合支撑、段内 4~6 簇暂堵转向压裂、老缝补液新缝压裂一体化压补，实现最大程度增加裂缝与储层接触面积。

3. 直井缝网压裂技术

扶余油层致密油需要通过直井才能有效开发的致密油占 52.7%。基于体积缝扩展机理和工艺技术完善，创新了直井缝网精细压裂技术。横向上，通过裂缝半长等压裂相关参数与工艺技术双优化，实现缝网压裂与井网井距相匹配；纵向上，通过坐压多层管柱的单层单压与多层暂堵转向压裂双结合，实现分层充分改造与施工效率提升；内涵上，通过储层细化分类与"量层设计"的个性化压裂方案相统一，实现小层精准压裂与合理的 SRV。

（1）实现缝网压裂与井网井距相匹配，依托不同井网井距地质模型，通过液量、液性、排量等与裂缝半长相关的参数优化，确定与井网大小匹配的改造体积，提高裂缝复杂程度。同时，采用多粒径石英砂组合支撑，逐级支撑微缝、支缝、主缝，提高缝网系统导流能力。

（2）实现分层充分改造与施工效率双提升，优化定型了机械与工艺分层设计方法，有效解决了多层大砂量正常过砂难题，坐压多层管柱的单层单压与多层暂堵转向压裂工艺有机结合，一趟管柱实现坐压 8 层、最大过砂量超过 600m³，提升分层改造程度和施工效率。

（3）实现小层精准压裂与合理的 SRV，创新压裂规模优化方法，依据储层物性，逐井层将储层细分为 Ⅰ 类、Ⅱ 类、Ⅲ 类，明确了"压足 Ⅰ 类、压好 Ⅱ 类、控制 Ⅲ 类"的改造原则，建立了示范区不同类别储层压裂规模优化标准：Ⅰ 类加砂强度 20m³/m、加液强度 450~475m³/m；Ⅱ 类加砂强度 18m³/m、加液强度 420~450m³/m；Ⅲ 类加砂强度 16m³/m、加液强度 380~420m³/m。基于储层细化分类实施"量层个性化"压裂方案，实现了各类储层合理改造。

三、工厂化作业技术

致密油工厂化作业，通过完善自动化控制技术，定型工厂化作业模式，建立远程辅助决策支持系统，实现松辽盆地薄层致密油规模、效益开发。

1. 施工流程全自动控制操作方法

对工厂化施工流程四个独立单元的相关设备进行优化集成，各施工单元按需同步调整控制参数，全系统一体化自动响应，提高设备设施自动化程度。

（1）联动供水控制单元。该单元的缓冲罐设施，设定合理液位高度，利用液位平衡的原理，当缓冲罐液位低于目标值时，供水设备转速提升，自动增加排量；当缓冲罐液位高于目标值时，供水设备转速降低，自动减少排量，实现供水设备、缓冲罐与混砂车之间变排量施工条件下的全自动控制。

（2）智能配液控制单元。依据压裂液原材料的物理特性（黏度高，没有电导率，长时间存放易凝结成块堵塞管线等），为提高配液精度，利用变频器频率、电动机转速参数与流量的关系，绘制关系图版，实现变频调整。

（3）变速供砂控制单元。供砂速度的大小与压裂排量和施工砂比有关，供砂速度的调整依据变速供砂拟合图版，电动机转速远程操控，实现混砂环节无人值守。

（4）液控分流控制单元。考虑推塞、挤酸时间长影响压裂时效问题，设计液动分流管汇，单井压裂的同时，邻井可同步进行推塞作业，流程间互不干扰，实现多井拉链式连续作业。

对比以往，井场设备由 75 台套减至 34 台套，减少 54.7%，操作人员由 80 人减至 28人，减少 65%，控制精度得到大幅度提升。

2. 工厂化作业模式特征

定型了三种工厂化作业模式，实现了平台相对分散的陆相致密油工厂化压裂全覆盖。

（1）集中作业模式。为实现平台井交叉压裂，流水线作业，固定压裂系统，地面流程分井连接，井间分段交叉压裂，集中施工。

（2）分散作业模式。建立区域保障中心，通过共用供水及配液设备，使水、液远程输送，压裂车组移动作业，物料、设备等资源区域共享。

（3）独立作业模式。应用夜间照明系统、夜间安全泵送桥塞技术、连续供液供砂系统，解决夜间不能施工导致效率低的难题，实现独立井各道工序的无缝衔接，24h 昼夜连续施工，效率大幅度提升。

3. 信息化远程辅助决策系统

围绕提速提效目标，进一步强化过程控制，再造管理模式，释放管理效能，建立信息化管控平台，形成高效的信息化指挥系统。

（1）动态数据远程传输技术。为了实现压裂施工链条全工序的信息化指挥、动态实时数据的远程高度共享，建立数据提取和回传的秒级算法，优选高压缩率的数据处理工艺，施工数据、视频图像集成控制 + 远程输送，传输时间降低到 2s 以内。

（2）开发建立信息化指挥平台，具备生产、技术、设备、物资、安全同步在线功能，提高运行管理效率。

四、致密油能量补充技术

致密油藏储层物性差，水平井体积压裂可获得较高的初期产量，但仅靠弹性开采递减速度快，阶段采收率低。寻找经济有效的能量补充提高采收率方式是实现致密油规模效益开发的关键，松辽盆地致密油也是如此，2017 年以来，有序开展了以 CO_2 吞吐为主的能量补充提高采收率试验，见到了一定效果。

1. 水平井 CO_2 吞吐为主多介质能量补充技术

通过系统建立致密储层水平井压裂后能量补充方式的室内物理模拟实验方法，揭示了致密储层压裂前后的渗流差异和不同介质能量补充吞吐效果，首次揭示了不同介质吞吐开发促进了储层不流动区向非线性区转化，明确了 CO_2 吞吐可动用孔喉下限为 $0.05\mu m$，水介质为 $0.1\mu m$。优选 CO_2 为目标储层最佳的能量补充介质，阐明了 CO_2 吞吐开发的主控机理、生产规律，明确了能量补充时机和影响吞吐效果的敏感性因素。在物理模拟实验分析基础上，以增油量和换油率为目标，油藏工程与数值模拟同步优化吞吐关键参数，形成了以选井择机"两"优选和注入量、焖井时间等"五参数"优化为核心的吞吐开发设计技术。建立以产量综合系数和水平井经济生产能力为指标的能量补充地质工程一体化选井图版，考虑应力敏感性与换油率，确定了地层压力系数为 0.6~0.65 的合理注入时机，优化确定合理的注入量为 0.06~0.08PV，注入速度为 120~150t/d，焖井时间为 30~40d，创立了基于压力拟合的现场动态控制技术；并通过开展现场试验验证了多种补能方式的经济技术可行性和适应性。CO_2 吞吐增油效果最显著，平均单井第一周期增油 2256t，采收率提高 2.25%，以垣平 1-7 井为例，2017 年 1 月完成第一周期 CO_2 吞吐注入，共注入前置液 616m³，注入二氧化碳 9890t，注入压力为 11.2MPa，注入速度为 7.3t/h。焖井前期压力快速上升至 13.5MPa，随之快速下降，降到注入末点压力后缓慢下降，焖井 48d 后压力降至 9.3MPa，压力下降幅度较大。焖井 53d，压力为 8.7MPa 时开井放喷，放喷 21d 后开始间歇出油。放喷前期压力下降缓慢，套管压力达到 5MPa 时开始明显产液，产液前后压力快速下降。前期放喷阶段最高日产油 28.0t，后期采用机采方式生产，套管压力控制在 0.4~1.0MPa 生产，有效期 945d，累计产油 4568t，增油 3615t，采收率提高 3.33%。目前正在开展第二周期现场试验，两轮次累计增油 5076t，提高采出程度 4.5 个百分点，投入产出比 1:1.7。致密油水平井 CO_2 吞吐开发技术试验规模与效果走在世界前列。

2. 多种介质能量补充开发试验探索

开展活性水吞吐现场试验。在垣平 1、龙 26 致密油水平井示范区试验 3 口井，平均单井增油 928t，采收率提高 0.92%。其中垣平 1-2 井，吞吐后有效期 664d，累计增油 2066t，采收率提高 2.12%，按照油价为 45 美元 /bbl 计算，投入产出比为 1:3.17，经济效益较好，但存在施工周期长、见油慢等生产实际问题。

低温自生气增能吞吐具有较好的降黏减阻效果，改善油水流度比，降低原油流动阻力。现场实施 10 井次，平均单井增油 575t，采收率平均提高 0.65%（0.36%~1.16%），投入产出比为 1:2.03（按照油价为 45 美元 /bbl），施工周期短，见效快，经济效益好，但有效期短、增油量少。

第三节　典型区块致密油开发效果

通过多年技术攻关和管理创新，依托国家示范工程和中国石油重大专项，探索三种"甜点"砂体组合类型储层效益动用方式，成功打造垣平 1、塔 21-4 等多个国家级致密油开发示范区，加快了松辽盆地致密油上产步伐，先后开展 50 个致密油先导和工业化推广试验区，动用地质储量 $1.17×10^8t$、累计建成产能 $123×10^4t/a$，实现了致密油资源规模动用。

一、水平井开发实例（芳 198-133 示范区）

针对致密油储层纵向主力油层发育少、储层预测难度大及经济效益差等矛盾和问题，为了持续攻关水平井体积压裂弹性开发技术，开辟了芳 198-133 扶余油层水平井开发示范区。通过示范应用致密油"甜点"预测与评价、一体化开发设计、优快钻完井、"高强度、低成本、大SRV"体积压裂、工厂化作业及提高采收率等技术，强化焖井返排及精细化资料管理。为完善松辽盆地致密油开发配套技术和指导三肇地区扶余油层同类储量有效动用提供试验应用和借鉴。

芳198-133示范区位于宋芳屯油田南部，处于肇州鼻状构造上，为断层切割形成地垒的断块，目的层为扶余油层。储层发育较稳定，按照水平井+体积压裂开发方式，充分发挥水平井少井高效优势。示范区地质储量238.51×10⁴t，一体化设计，共部署水平井9口，其中FI7号层水平井8口，FI4号层水平井1口，水平段长度1000~1200m，水平井间距400~500m，设计产能3.65×10⁴t/a。

示范区完钻水平井9口，平均水平段长度1172m，平均钻遇含油砂岩长度1032m，平均含油砂岩钻遇率88.1%。利用"平台布井、优快钻井、连续压裂"，降低钻井及压裂投入，缩短施工周期，平均单井压裂18段53簇，簇间距10~30m，液量13353m³，砂量1822m³。

针对水平井压裂后自喷排液过程中易出砂等问题，通过建立防砂预测图版，确定了油嘴控制放喷技术界限，严格按照标准执行，有效保障了现场试验效果；同时以精细示范区资料管理为目标，多手段结合确保现场管理质量，加强返排实时监督，加强过程资料管理，确保资料及时准确。

示范区2018年9月陆续投产9口井，平均单井初期日产油17.6t，建成产能3.26×10⁴t/a。截至2021年底，区块累计产油61490t。芳198-133示范区的高效建成为松辽盆地扶余油层薄差致密油储量的经济效益开发提供可借鉴技术模板。

二、直平联合开发实例（葡48示范区）

葡48是大庆油田致密油第一个直平联合一体化开发的示范区。通过攻关示范，初步解决了松北薄层致密油储层品质差异大、选区选层难、窄小河道砂体识别刻画难、布井区储量动用率低、单井提产效果差等问题，形成了以"'甜点'量化分类评价、多方法融合薄层甜点预测、直平联合因地制宜定制开发模式、'四模型'为核心的地质工程一体化开发设计、压裂—开发一体化的精细储层改造提产"为核心的效益建产技术，创建了松北非连续型薄层致密油特色的直平联合建产模式。

方案采用一体化组织模式，按照"逆向设计、顺向实施、实时优化"非常规设计理念，通过精细构造解释，落实布井区构造特征；通过多方法储层预测技术组合应用，直井区强化薄层多轮次滚动预测，水平井区强化"甜点"层多方法联合刻画，夯实井位部署依据，提高地质目标设计符合率；通过单层"甜点"细分类，"甜点"层组合细分区，井震结合优选有利区，指导开发技术政策制定；厘清致密储层砂体组合特点，定制多薄层——斜直井、主力层——水平井、主薄层——直平联合三种开发模式，提高储量整体动用效果；强化"储层、应力、裂缝、经济"四模型为核心的地质工程一体化设计，实现"两网匹配、EUR最大"；通过地下—地上一体化组合优化平台设计、分类施策一体化提产等技术手段，多措并举提质提效，油藏方案、钻采方案和地面方案三个环节循环优化，实现示范区整体效益开发。

示范区优选 7 个有利布井区，分两批共设计直井 119 口、水平井 24 口，预测开发初期直井日产油 2.3t、水平井日产油 8.5t，设计产能 14.35×10⁴t/a。在前两批实施的基础上，通过钻后储层精细再认识，进一步优选多薄层储层潜力区，2021 年推广编制了葡 48 外扩布井方案，动用地质储量 396.82×10⁴t、设计直井 84 口、设计产能 7.51×10⁴t/a，进一步提高整个示范区整体动用效果。

直井采用"三轮三定"滚动实施，完钻 106 口，单井平均实钻砂岩厚度 46.5m，比预测厚 6.9m，砂岩预测符合率 85.2%，实钻有效厚度 11.5m，比预测厚 1.4m，油层预测符合率 87.8%，钻井成功率 100%。水平井优化井身结构、井眼轨迹，优选工艺工具，成立钻井提质提速专班，葡 48 钻井创大庆油田致密油水平井最快平均机械钻速、最短钻井周期等 3 项钻井纪录。采用"入靶导向四步 + 随钻三预警"跟踪调整，完钻 20 口，平均实钻水平段长度 1010m，"甜点"预测对井符合率 85.1%，砂岩钻遇率平均为 82.3%，油层钻遇率平均为 69.5%，实际动用地质储量 836×10⁴t。

基于储层品质和工程品质，分类施策重点改造，提高"甜点"砂体与裂缝参数的匹配程度，实现缝控储量与井控储量统一。针对单井储层品质差异大、提产效果差的难点，在地质精细评价分类基础上，综合评价完钻井压裂段的储层品质及工程品质，按照"压足Ⅰ类、压好Ⅱ类、控制Ⅲ类"的储层改造理念，考虑井网、压裂段砂体横纵向展布规模，优化缝网改造规模，对Ⅰ类、Ⅱ类储层进行充分改造。直井Ⅰ类区块平均加液 7648.6m³、加砂 335.2m³，Ⅱ类区块平均加液 10557.2m³、加砂 455.6m³，水平井由"全井均一"向"分段精细"转变，减少无效改造，平均加液 20398m³、加砂 2004.2m³。

已压裂投产直井 99 口，平均单井初期第一年日产油 4.2t；压裂投产水平井 16 口，平均单井初期第一年日产油 11.0t。截至 2021 年底，示范区已建成产能 17.7×10⁴t/a，产能到位率超过 100%，累计产油达到 18.13×10⁴t，其中水平井单井平均日产油 6.3t。

三、直井开发区块实例（塔 21-4 示范区）

塔 21-4 示范区构造位置处于松辽盆地中央坳陷区齐家—古龙凹陷龙虎泡阶地，扶余油层主要受西部、西北部和北部物源控制，以河道沉积为主，储层横向变化较快；单层厚度较薄，储层物性差，无明显主力层。通过"依托直井、高砂液比、缝控油藏、规模动用"设计理念，按照"大井丛、平台式、工厂化"模式，利用"甜点组合—井型协同—人工缝匹配"多薄层错叠砂体斜直井开发思路，降低钻井风险、提高储量动用程度、提高单井产量，开创国内外致密油直井开发的先例。

在常规的考虑储层沉积类型、孔隙度、渗透率、含油饱和度等物性参数基础上，创新性考虑杨氏模量、泊松比、脆性指数等岩石力学参数，客观评价储层可压性，确定全区的地质"甜点"、工程"甜点"及综合"甜点"。综合考虑地质"甜点"、工程"甜点"等因素，将龙西地区在平面上进行分类。结合地震属性预测及地面平台建设等多方面因素，在储层发育较好的Ⅰ类、Ⅱ类区块开展井位部署，Ⅰ类区块采用 500m×300m 井网，Ⅱ类区块采用 600m×300m 井网，设计平台斜直井 290 口，优化部署钻井平台 54 个，平均每个平台控制 5~9 口井，平台率 100%，动用地质储量 1758×10⁴t，储量动用率 95% 以上，设计产能 26.89×10⁴t/a。

通过持续攻关，创新应用了"三轮三定"滚动预测"甜点"做法，适应平台化布井和钻井，地震预测符合率由 72.5% 提高到 80.0%，钻遇有效厚度符合率达到 98%；完善配套了"高砂液比、高加砂强度"压裂改造技术，单井采油强度由常规压裂的 0.16t/（d·m）提高到 0.46t/（d·m）；探索制定了"控排、焖井、适时采"排采工作制度，见油天数缩短 9d，返排率降低 7.7 个百分点。

通过不断探索，创新机制体制，降低单井投资。采用"3511"效益建产模式，充分发挥"油田公司、所属单位、采油厂"三级支撑作用，按照"扁平化管理、市场化服务、一体化组织、集成化技术、数字化建设"的五化运行，将大庆油田公司管控的招标自主权、市场化运作权等 11 项权限下放到采油厂项目部，开展自主市场化服务，全力推进示范区建设。塔 21-4 示范区单井投资降幅 32.7%、百万吨产能投资降幅 37.5%、操作成本降幅 65.4%，内部收益率由 -3.8% 提升到 7.5%。

2018 年开始陆续投产 213 口井，建成产能 22.1×10⁴t/a，单井初期日产油 3.2t，截至 2021 年底，累计产油 31.48×10⁴t。

参考文献

陈传平, 梅博文, 易绍金, 等, 1995. 地层水中低分子量有机酸成因分析 [J]. 石油学报, 16 (4): 48-53.

迟元林, 殷进垠, 朱德丰, 1999. 松辽盆地基底构造演化及油气聚集 [C]// 大庆油田发现40年论文集. 北京: 石油工业出版社.

戴国威, 2016. 扶余油层致密油水平井优化设计及随钻调整技术 [J]. 长江大学学报 (自然科学版), 13 (20): 50-55.

邸世祥, 祝总祺, 曲志浩, 等, 1991. 中国碎屑岩储集层的孔隙结构 [M]. 西安: 西北大学出版社.

付广, 孙克智, 2008. 大庆长垣东西两侧青一段泥岩超压形成与演化的差异 [J]. 大庆石油学院学报, 32 (5): 1-4.

付广, 王超, 2011. 断裂密集带在上生下储油运聚成藏中的作用——以松辽盆地三肇凹陷扶杨油层为例 [J]. 山东科技大学学报 (自然科学版), 30 (1): 21-26.

付广, 王有功, 2008. 源外鼻状构造区油运移输导通道及对成藏的作用——以松辽盆地尚家地区为例 [J]. 地质论评, 54 (5): 646-652.

高瑞祺, 蔡希源, 1997. 松辽盆地油气田形成条件与分布规律 [M]. 北京: 石油工业出版社.

郭秋麟, 李峰, 陈宁生, 等, 2016. 致密油资源评价方法、软件及关键技术 [J]. 天然气地球科学, 27 (9): 1566-1575.

郭秋麟, 周长迁, 陈宁生, 等, 2011. 非常规油气资源评价方法研究 [J]. 岩性油气藏, 23 (4): 12-19.

侯启军, 冯志强, 冯子辉, 2009. 松辽盆地陆相石油地质学 [M]. 北京: 石油工业出版社.

胡素云, 陶士振, 白斌, 等, 2023. 中国陆相致密油勘探开发理论与技术 [M]. 北京: 石油工业出版社.

胡素云, 陶士振, 闫伟鹏, 等, 2019. 中国陆相致密油富集规律及勘探开发关键技术研究进展 [J]. 天然气地球科学, 30 (8): 1083-1093.

胡素云, 朱如凯, 吴松涛, 等, 2018. 中国陆相致密油效益勘探开发 [J]. 石油勘探与开发, 45 (4): 737-748.

贾承造, 2017. 非常规油气对经典石油天然气地质学理论的突破及意义 [J]. 石油勘探与开发, 44 (1): 1-11.

贾承造, 邹才能, 李建忠, 等, 2012. 中国致密油评价标准、主要类型、基本特征及资源前景 [J]. 石油学报, 33 (3): 343-350.

姜丽娜, 2016. 超压对三肇凹陷扶余油层致密油藏油气运聚的控制作用 [J]. 大庆石油地质与开发, 35 (2): 7-13.

康德江, 2021. 松辽盆地北部源下致密油成藏源岩下限与分类标准 [J]. 世界地质, 40 (4): 889-897.

李国会, 康德江, 姜丽娜, 等, 2019. 松辽盆地北部扶余油层致密油成藏条件及甜点区优选 [J]. 天然气地球科学, 30 (8): 1106-1113.

李国会, 孙海雷, 王金伟, 等, 2019. 致密油平台式"工厂化"水平井优化设计——以松辽盆地三肇凹陷肇源地区 Y63 井区扶余油层为例 [J]. 天然气地球科学, 30 (11): 1619-1628.

李娟, 舒良树, 2002. 松辽盆地中、新生代构造特征及其演化 [J]. 南京大学学报 (自然科学版), 38 (4): 525-531.

刘宝珺, 张锦泉, 1992. 沉积成岩作用 [M]. 北京: 科学出版社.

刘明洁, 刘震, 刘静静, 等, 2014. 砂岩储集层致密与成藏耦合关系——以鄂尔多斯盆地西峰—安塞地区延长组为例 [J]. 石油勘探与开发, 41 (2): 168-175.

卢双舫, 李娇娜, 刘绍军, 等, 2009. 松辽盆地生油门限重新厘定及其意义 [J]. 石油勘探与开发, 36 (2): 166-173.

蒙启安，白雪峰，梁江平，等，2014. 松辽盆地北部扶余油层致密油特征及勘探对策 [J]. 大庆石油地质与开发，33（5）：23-29.

孟繁奇，李春柏，刘立，等，2013. CO_2—咸水—方解石相互作用实验 [J]. 地质科技情报，32（3）：171-176.

史基安，晋慧娟，薛莲花，1994. 长石砂岩中长石溶解作用发育机理及其影响因素分析 [J]. 沉积学报，12（3）：67-75.

唐振兴，赵家宏，王天煦，2019. 松辽盆地南部致密油"甜点区（段）"评价与关键技术应用 [J]. 天然气地球科学，30（8）：1114-1124.

陶士振，胡素云，王建，等，2023. 中国陆相致密油形成条件、富集规律与资源潜力 [J]. 石油学报，44（8）：1222-1239.

王成，邵红梅，1999. 大庆长垣以西地区中部油层组合次生孔隙研究 [J]. 大庆石油地质与开发，18（5）：5-7.

王社教，李峰，郭秋麟，等，2016. 致密油资源评价方法及关键参数研究 [J]. 天然气地球科学，27（9）：1576-1582.

王社教，蔚远江，郭秋麟，等，2014. 致密油资源评价新进展 [J]. 石油学报，35（6）：1095-1104.

王有功，张艳会，付广，等，2012. 松辽盆地尚家油田油气输导体系及特征 [J]. 西安石油大学学报（自然科学版），27（1）：17-22.

向才富，冯志强，庞雄奇，等，2007. 松辽盆地晚期热历史及其构造意义：磷灰石裂变径迹（AFT）证据 [J]. 中国科学 D 辑，37（8）：1024-1031.

邢顺洤，姜洪启，1991. 松辽盆地白垩系富长石砂岩中次生孔隙形成机制与控制因素 [J]. 石油勘探与开发（1）：14-21.

闫伟鹏，杨涛，马洪，等，2014. 中国陆相致密油成藏模式及地质特征 [J]. 新疆石油地质，35（2）：131-136.

杨智，唐振兴，李国会，等，2021. 陆相页岩层系石油富集区带优选、甜点区段评价与关键技术应用 [J]. 地质学报，95（8）：2257-2272.

杨喜贵，刘宗堡，2009. 大型凹陷斜坡区倒灌式成藏模式——以三肇凹陷扶杨油层为例 [J]. 西安石油大学学报（自然科学版），24（3）：13-16.

姚秀云，张凤莲，赵鸿儒，1989. 岩石物性综合测定——砂、泥岩孔隙度与深度及渗透率关系的定量研究 [J]. 石油地球物理勘探，24（5）：533-541，618.

云金表，金之钧，殷进垠，2002. 松辽盆地继承性断裂带特征及其在油气聚集中的作用 [J]. 大地构造与成矿学，26（4）：379-385.

张照录，王华，杨红，2000. 含油气盆地的输导体系研究 [J]. 石油与天然气地质，21（2）：133-135.

赵政璋，杜金虎，等，2012. 致密油气 [M]. 北京：石油工业出版社.

赵忠新，王华，郭齐军，等，2002. 油气输导体系的类型及其输导性能在时空上的演化分析 [J]. 石油实验地质，24（6）：527-532.

钟宁宁，卢双舫，黄志龙，等，2004. 烃源岩生烃演化过程 TOC 值的演变及其控制因素 [J]. 中国科学 D 辑 地球科学，34（增刊 1）：120-126.

朱如凯，邹才能，吴松涛，等，2019. 中国陆相致密油形成机理与富集规律 [J]. 石油与天然气地质，40（6）：1168-1184.

邹才能，杨智，朱如凯，等，2015. 中国非常规油气勘探开发与理论技术进展 [J]. 地质学报，89（6）：979-1007.

邹才能，朱如凯，白斌，等，2015. 致密油与页岩油内涵、特征、潜力及挑战 [J]. 矿物岩石地球化学通报，34（1）：3-17.

邹才能，朱如凯，吴松涛，等，2012. 常规与非常规油气聚集类型、特征、机理及展望——以中国致密油和致密气为例 [J]. 石油学报，33（2）：173-187.

Athy L F, 1930. Density, porosity and compaction of sedimentary rocks [J]. AAPG Bulletin, 14（1）: 1-24.

Carothers W W, Kharaka Y K, 1978.Aliphatic acid anions in oil-field waters: implications for origin of natural gas[J]. AAPG Bulletin, 62（12）: 2441-2453.

Clarkson C R, Pedersen P K, 2011.Production analysis of western Canadian unconventional light oil plays[C]. SPE 149005.

Kharaka Y K, Law L M, Carothers W W, et al., 1986. Roles of Organic matter in sediment diagenesis[J]. SEPM Special Publication, 38: 111-122.

Leeder M R, 1973. Fluviatile fining-upward cycles and the magnitude of paleochannels[J]. Geological Magazine, 110（3）: 265-276.

Nelson P H, 2009. Pore throat size in sandstone, tight sandstone, and shale[J]. AAPG Bulletin, 93（89）: 329-340.

Shamugam G, 1985.Significance of secondary porosity in interpreting sandstone composition[J]. AAPG Bulletin, 69（3）: 378-384.

Sternbach C A, 2020. Super basin thinking: Methods to explore and revitalize the world's greatest petroleum basins[J]. AAPG Bulletin, 104（12）: 2463-2506.

Surdam R C, Boese S W, Crossey L J, 1984. The chemistry of secondary porosity[J]. AAPG Memoir, 37（2）: 124-151.

Surdam R C, Crossey L J, Svenhagan E, et al., 1989. Organic-inorganic interaction and sandstone diagenesis[J]. AAPG Bulletin, 73（1）: 1-23.